Karsten Wolff

Integrationstechniken für Feldeffekttransistoren mit halbleitenden Nanopartikeln

Karsten Wolff

Integrationstechniken für Feldeffekttransistoren mit halbleitenden Nanopartikeln

Einzel- und Multipartikel-Bauelemente

VIEWEG+TEUBNER RESEARCH

Bibliografische Information der Deutschen Nationalbibliothek
Die Deutsche Nationalbibliothek verzeichnet diese Publikation in der
Deutschen Nationalbibliografie; detaillierte bibliografische Daten sind im Internet über
<http://dnb.d-nb.de> abrufbar.

Dissertation Universität Paderborn, 2011

1. Auflage 2011

Umschlaggestaltung: KünkelLopka Medienentwicklung, Heidelberg
Gedruckt auf säurefreiem und chlorfrei gebleichtem Papier
Printed in Germany

ISBN 978-3-8348-1767-9

Danksagung

Diese Arbeit entstand während meiner Zeit als wissenschaftlicher Mitarbeiter im Fachgebiet Sensorik der Universität Paderborn. Ohne die Unterstützung zahlreicher Personen und Institutionen wäre diese Arbeit nicht möglich gewesen, so dass ich an dieser Stelle meinem Dank Ausdruck verleihen möchte.

Bei meinem Doktorvater, Herrn Prof. Dr.-Ing. Ulrich Hilleringmann, bedanke ich mich für die Bereitstellung des interessanten Forschungsthemas, die gute Betreuung, fruchtbare Diskussionen sowie die Freiheit, eigene Vorstellungen und Ideen verfolgen zu können.

Herrn Prof. Dr.-Ing. John Thomas Horstmann von der Technischen Universität Chemnitz danke ich für die Übernahme des Zweitgutachtens.

Den Mitarbeitern, Ehemaligen, Studierenden und Auszubildenden des Fachgebiets Sensorik des Instituts für Elektrotechnik und Informationstechnik an der Universität Paderborn danke ich für die zahlreichen Diskussionen, die tatkräftige Unterstützung und das angenehme Arbeitsklima.

Bei der Deutschen Forschungsgemeinschaft und der Evonik Degussa GmbH, Creavis Technologies & Innovation bedanke ich mich für die finanzielle und materielle Unterstützung des Projekts.

Herrn Dr.-Ing. Tobias Balkenhol, Herrn Dipl.-Ing. Christopher Wiegand und meinem Vater Dipl.-Ing. Johannes Wolff danke ich für die gewissenhafte Durchsicht des Manuskripts und ihre wertvollen Anmerkungen.

Besonderer Dank gilt meinen Eltern und Sophia Scholz für ihr entgegengebrachtes Verständnis, den moralischen Rückhalt, die Motivation und ihre Liebe. Meine Eltern unterstützten mich fortwährend auf meinem Bildungsweg und gaben mir die Möglichkeit, diesen nach meinen Wünschen und Vorstellungen zu beschreiten.

Karsten Wolff

Inhaltsverzeichnis

Abbildungsverzeichnis

Tabellenverzeichnis

Abkürzungsverzeichnis

Abkürzungen

AFM	*A*tomic *F*orce *M*icroscope
ALD	*A*tomic *L*ayer *D*eposition
ALILE	*AL*uminum *I*nduced *L*ayer *E*xchange
BSG	*B*oro*S*ilikat*G*las
CVD	*C*hemical *V*apor *D*eposition
DIBL	*D*rain *I*nduced *B*arrier *L*owering
DITL	*D*rain *I*nduced *T*hreshold *L*owering
DUV	*D*eep *U*ltra*V*iolet
EPT	*E*inzel*P*artikel*T*ransistor
EUV	*E*xtreme *U*ltra*V*iolet
FEM	*F*inite-*E*lemente *M*ethode
HMDS	*H*exa*M*ethyl*DiS*ilazan
HS	*H*igh-*S*pin
IC	*I*nverted *C*oplanar
IS	*I*nverted *S*taggered
LPCVD	*L*ow *P*ressure *C*hemical *V*apor *D*eposition
LS	*L*ow-*S*pin
LTO	*L*ow *T*emperature *O*xide
MIS	*M*etal-*I*nsulator-*S*emiconductor
MOSFET	*M*etal-*O*xide-*S*emiconductor *F*ield*e*ffect-*T*ransistor
NIL	*N*ano*I*mprint *L*ithography
NIS	*N*on*I*nverted *S*taggered
NMP	*N*-*M*ethyl-2-*P*yrrolidon

OFET	**O**rganic **F**ield**e**ffect-**T**ransistor
OLED	***O**rganic **L**ight **E**mitting **D**iode*
PDMS	**P**oly**D**i**M**ethyl**S**iloxan
PECVD	***P**lasma **E**nhanced **C**hemical **V**apor **D**eposition*
PEN	**P**oly**E**thylen**N**aphtalat
PET	**P**oly**E**thylen**T**erephtalat
PGMEA	**P**ropylen**G**lycol**M**onomethyl**E**ther**A**cetat
PI	**P**oly**I**mid
PL	**P**hoto**L**uminiszenz
PMCF-m	**P**oly(**M**elamin-**C**o-**F**ormaldehyd)-**m**ethyliert
PMMA	**P**oly**M**ethyl**M**eth**A**crylat
PMS	**P**artikel-**M**assen-**S**pektroskopie
PP	**P**oly**P**ropylen
PVD	***P**hysical **V**apor **D**eposition*
PMS	**P**oly(4-**V**inyl**P**henol)
REM	**R**aster**E**lektronen**M**ikroskopie
RFID	***R**adio **F**requency **ID**entification*
RIE	***R**eactive **I**on **E**tching*
RLZ	**R**aum**L**adungs**Z**one
RMS	***R**oot **M**ean **S**quare*
RTA	***R**apid **T**hermal **A**nnealing*
SB	**S**CHOTTKY-**B**arriere
SCLC	***S**pace **C**harge **L**imited **C**urrent*
TEM	**T**ransmissions**E**lektronen**M**ikroskopie
TEOS	**T**etra**E**thyl**O**rtho**S**ilikat
TES	**T**ri**E**thyl**S**ilan
TFT	***T**hin-**F**ilm **T**ransistor*
UV	**U**ltra**V**iolett
VE	**V**öllig **E**ntsalzt
WKB	**W**ENTZEL-**K**RAMERS-**B**RILLOUIN

Formelverzeichnis und Kurznotationen

Allgemeine Variablen und Konstanten

Größe	Name	Einheit
A	geometrische Fläche	m^2
A^{**}	effektive RICHARDSON-Konstante	$\mathrm{A\,cm^{-2}\,K^{-2}}$
C	elektrische Kapazität	F
e_{rel}	relativer Fehler	–
f	Frequenz	Hz
F_{C}	COULOMB-Kraft	N
G	elektrischer Leitwert	S
h	PLANCKsches Wirkungsquantum	eV s
I	elektrische Stromstärke	A
I_{s}	elektrische Sperrstromstärke	A
J	elektrische Stromdichte	$\mathrm{A\,m^{-2}}$
J_{s}	elektrische Sperrstromdichte	$\mathrm{A\,m^{-2}}$
J_{t}	Tunnelstromdichte	$\mathrm{A\,m^{-2}}$
k	BOLTZMANN-Konstante	$\mathrm{eV\,K^{-1}}$
L_{B}	Leiterbahnlänge	m
m^{*}	effektive Masse	kg
m_0	Ruhemasse	kg
M	molare Masse	$\mathrm{kg\,mol^{-1}}$
P	elektrische Leistung	W
q	Elementarladung	A s
Q	elektrische Ladung	A s
R	elektrischer Widerstand	Ω
T	Temperatur	°C bzw. K
T_{bp}	Siedepunkt	°C
V	elektrische Spannung	V

Z	Ordnungszahl im Periodensystem	–
$\mathscr{E}$	elektrische Feldstärke	$\mathrm{V\,m^{-1}}$
ε_r	relative Dielektrizitätszahl	–
ε_s	relative Dielektrizitätszahl bei SCHOTTKY-Effekt	–
ε_0	Dielektrizitätskonstante	$\mathrm{A\,s\,V^{-1}\,m^{-1}}$
Θ	Tunnelwahrscheinlichkeit	–
λ	Wellenlänge	m
ν	Wellenfrequenz	Hz
ξ	Massenanteil/-konzentration	–
ρ	Raumladungsdichte	$\mathrm{A\,s\,cm^{-3}}$
$\rho_R, \rho_\mathrm{R,c}$	spezifischer Widerstand, Kontaktwiderstand	$\Omega\,\mathrm{cm^2}$
ρ	Dichte	$\mathrm{kg\,m^{-3}}$
σ	spezifischer Leitwert	$\Omega\,\mathrm{cm}$
$\tau, \tau_\mathrm{dec}, \tau_\mathrm{deg}$	Zeit- bzw. Verzögerungskonstanten	s
φ	elektrisches Potenzial	V
Ψ	Wellenfunktion	–

Halbleitereigenschaften

Größe	Name	Einheit
E_C	Leitungsbandkante	eV
E_F	Fermienergie	eV
E_g	Bandlücke	eV
E_i	intrinsische Fermienergie	eV
E_V	Valenzbandkante	eV
$E_\mathrm{vac,HL}$	Vakuumenergieniveau für Halbleiter	eV
$E_\mathrm{vac,M}$	Vakuumenergieniveau für Metalle	eV
L_D	DEBYE-Länge	m
n	Elektronendichte	$\mathrm{cm^{-3}}$
n_int	Ladungsträgerdichte an Grenzflächen	$\mathrm{cm^{-3}}$
$N_\mathrm{D}, N_\mathrm{A}$	Donator- bzw. Akzeptorkonzentration	$\mathrm{cm^{-3}}$
N_t	Störstellendichte	$\mathrm{cm^{-3}}$
$N_\mathrm{t,E}$	energetische Störstellendichte	$\mathrm{cm^{-3}\,eV^{-1}}$

p	Löcherdichte	cm^{-3}
V_{bi}	*Built-in*-Spannung	V
W_ρ	Raumladungszonenweite	m
μ	Ladungsträgerbeweglichkeit	$\text{cm}^2\,\text{V}^{-1}\,\text{s}^{-1}$
$W_{\phi_{\text{Bn}}}$	Barrierenweite für Elektronen	m
$\phi_{\text{Bn}}, \phi_{\text{Bp}}$	Barrierenhöhe für Elektronen bzw. Löcher	V
ϕ_t	Barrierenhöhe in Störstellen, Tiefe der Störstelle	V
$\Delta\phi$	Abnahme der Barrierenhöhe durch SCHOTTKY-Effekt	V
$\phi_{\text{HL}}, \phi_{\text{M}}$	Austrittspotenzial für Halbleiter bzw. Metalle	V
χ	Elektronenaffinität	V

Transistor- und Schaltungsparameter

Größe	**Name**	**Einheit**
C_{i}	Gate-Kapazität	$\text{F}\,\text{m}^{-1}$
f_{T}	Transitfrequenz	Hz
g_{d}	Ausgangsleitwert	S
g_{m}	Steilheit	$\text{A}\,\text{V}^{-1}$
$I_{\text{D}}, I_{\text{DS}}$	Drain- bzw. Drain-Source-Strom	A
I_{G}	Gate-Leckstrom	A
Q_{s}	akkumulierte Ladung	A s
t_{i}	Schichtdicke des Gate-Dielektrikums	m
$V_{\text{A}}, V_{\text{DD}}, V_{\text{E}}$	Ausgangs-, Versorgungs-, Eingangsspannung	V
V_{DS}	Drain-Source-Spannung	V
V_{GS}	Gate-Source-Spannung	V
$V_{\text{th}}, V_{\text{t0}}$	Schwellenspannungsgrößen	V
$\mathscr{E}_{\text{DS}}$	Kanalfeldstärke	$\text{V}\,\text{cm}^{-1}$
$\mathscr{E}_{\text{BD}}$	Durchbruchfeldstärke	$\text{V}\,\text{cm}^{-1}$
$\alpha, \beta, \gamma, \delta$	Modellparameter zum *DITL*-Effekt	diverse
μ_{eff}	effektive Ladungsträgerbeweglichkeit	$\text{cm}^2\,\text{V}^{-1}\,\text{s}^{-1}$
$\mu_{\text{FE}}, \mu_{\text{FE0}}$	Feldeffektladungsträgerbeweglichkeit	$\text{cm}^2\,\text{V}^{-1}\,\text{s}^{-1}$
$\mu_{\text{n}}, \mu_{\text{p}}$	Elektronen-, Löcherbeweglichkeit	$\text{cm}^2\,\text{V}^{-1}\,\text{s}^{-1}$

μ_{sat}	Sättigungsladungsträgerbeweglichkeit	$\mathrm{cm^2\,V^{-1}\,s^{-1}}$
θ	Modellparameter zur Gate-induzierten Schwellenspannungsabsenkung	$\mathrm{V^{-1}}$

Größen der Prozesstechnik und Schichtgeometrie

Größe	Name	Einheit
D_{NP}	Nanopartikeldurchmesser	m
DoF	Tiefenschärfe	m
f_{RF}	RF-Anregungsfrequenz	Hz
h_{HL}	Schichtdicke der Halbleiterschicht	m
$h_{h,\mathrm{OS}}$	Schichtdicke der Opferschicht	m
$h_{h,\mathrm{SS}}$	Schichtdicke der Strukturschicht auf horizontalen Flächen	m
$h_{v,\mathrm{SS}}$	Schichtdicke der Strukturschicht auf vertikalen Flächen (Kantenbedeckung)	m
k_{SS}	Konformität der Strukturschicht-Abscheidung	–
NA_0	Nummerische Apertur in Luft	–
n_λ	optischer Brechungsindex	–
N_{F}	Partikelflächendichte	$\mathrm{cm^{-2}}$
R	Auflösungsvermögen einer Optik	m
S_{q}	*RMS*-Oberflächenrauheit	m
T_{a}	*Annealing*-Temperatur	°C
Γ	Schichtbedeckungsgrad	–

Mathematische Operatoren und abkürzende Notationen

$\mathrm{Cov}\{\cdot\}$	Kovarianz
$\mathrm{div}\{\cdot\}$	Divergenz
$\mathrm{Korr}\{\cdot\}$	Kreuzkorrelation
$\mathrm{Var}\{\cdot\}$	Varianz
$\overline{\{\cdot\}}$	Mittelwert
$\widehat{\{\cdot\}}$	approximierte Größe

1 Einleitung

Obwohl der Begriff der NANOTECHNOLOGIE ein besonderes Maß an Innovation und Fortschritt suggeriert, werden nanotechnologische Phänomene seit der Antike beschrieben. Insbesondere Nanopartikel und die damit verbundenen kolloidalen Dispersionen wurden häufig in ihren Erscheinungen beobachtet und ihre Auswirkungen genutzt. Als Beispiele hierfür seien kolloidale Flusssedimente im Babylon des 13. Jahrhunderts vor Christus, rotgefärbte Kirchenfenster durch Plasmonenresonanz in Gold-Nanopartikeln im mittelalterlichen Europa oder aber auch nanoskalige Rußadditive in Gummireifen zur Steigerung der Abriebfestigkeit ab dem frühen 20. Jahrhundert nach Christus genannt. Die ersten Anwendungen sind somit hauptsächlich der Materialwissenschaft und der Chemie zuzuordnen.

Das Interesse am Einsatz von Nanopartikeln in elektronischen Anwendungen wuchs erst mit der Suche nach Möglichkeiten, elektronische Schaltungen auf flexiblen Trägermaterialien (Substraten) und kosteneffizient in Druckverfahren (Rolle-zu-Rolle) herstellen zu können. Die konventionelle Siliziumhalbleitertechnologie kann zwar technisch für einen Großteil der Anwendungen eingesetzt werden, die Material- und Produktionskosten sind jedoch bezüglich des Nutzens unverhältnismäßig hoch [Won09]. Zunächst konzentrierte sich die Forschung auf die organische Elektronik, deren entscheidender Nachteil die Degradation darstellt. Bis auf das Gebiet der organischen Leuchtdioden (OLED) existieren bislang nur sehr wenige marktreife Produkte [VDM09]. Dabei wird das Marktpotenzial auf bis zu 43 Milliarden Euro im Jahr 2020 geschätzt [Mau10]. Mögliche Anwendungsgebiete sind unter anderem die Displaytechnik, Photovoltaik, Batterien, Sensoren, *RFID* und intelligente Textilien.

Im Laufe der letzten Jahre blieb die Degradation organischer Transistoren (*OFET*) ein dominantes Problem, so dass auch anorganische Halbleitermaterialien für die flexible Elektronik in Betracht gezogen wurden [SR07]. Diese lassen sich zwar als Dünnschichten in flexibler Elektronik integrieren, doch nur als kolloidale Dispersion lassen sich anorganische Materialien auch im Druckverfahren abscheiden. Insbesondere Zinkoxid (ZnO) wird als aussichtsreiches Material angesehen, da zur Prozessierung geringe Temperaturen benötigt werden, aber dennoch relativ leistungsstarke Transistoren möglich sind [OHM10, Won09].

Das Einsatzgebiet der Nanopartikelelektronik besteht zunächst aus Anwendungen der *Makroelektronik*. Dieses Gebiet zielt nicht auf eine ausschließliche Erhö-

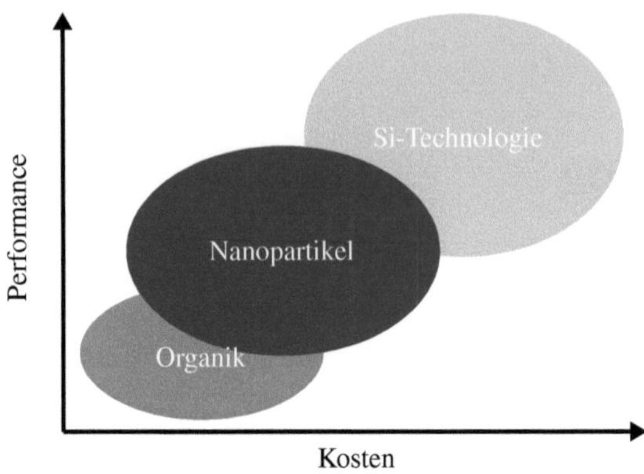

Abbildung 1.1: Einordnung der nanopartikelbasierten Elektronik gegenüber der organischen Elektronik und der konventionellen Siliziumtechnologie im Kosten-Performance-Verhältnis

hung der Integrationsdichte wie die *Mikro-* oder *Nanoelektronik* ab, sondern auf die Größe des Gesamtsystems. In Applikationen, bei denen Größe eine untergeordnete Rolle spielt bzw. gezielt erwünscht ist (z. B. großflächige Displays), soll nanopartikelbasierte Elektronik im sogenannten *low-cost/low-performance*-Segment eingesetzt wird, also einem Bereich, in der eine mittelmäßige Leistungsfähigkeit bei niedrigen Kosten akzeptabel ist. Es ist durchaus möglich, bessere Ladungsträgerbeweglichkeiten in anorganischen Nanopartikeln als in organischen Dünnfilmen zu erreichen und gleichzeitig die Produktionskosten konstant zu halten, wenn nicht sogar zu senken. Die Nanopartikelhalbleitermaterialien stellen somit ein Bindeglied zwischen den organischen Halbleitern und der konventionellen Siliziumtechnik dar [siehe Abbildung 1.1].

Vorteilhafterweise zeigt sich, dass ein Teil der Forschungsergebnisse aus der OFET-Technologie auf die Nanopartikeltechnologie transferiert werden kann. So ist es möglich, auf dieselben Isolatoren und Substrate zurückzugreifen [Hal06, Won09]. Auch die späteren Druckverfahren können unter Anpassung der Dispersionsrheologie auf die Nanopartikelelektronik übertragen werden.

1.1 Zielsetzung

Im Mittelpunkt dieser Arbeit stehen Transistoren mit halbleitenden Nanopartikeln, die den Aufbau elektronischer Schaltungen auf isolierenden Substraten ermöglichen. Mit Blick auf alternative Herstellungsverfahren für flexible Trägermaterialien wird der maximal zulässige Temperaturbereich bereits in dieser Arbeit berücksichtigt. Unter diesen Maßgaben werden sowohl Dünnfilm- als auch Einzelpartikeltransistoren integriert, charakterisiert, Prozess- und Materialeinflüsse analysiert und die Leistungsfähigkeit bzw. Eignung der Bauelemente anhand von Standardtransistorparametern bewertet. Dieses ermöglicht die Selektion einer geeigneten Transistorarchitektur und Prozessführung. Die Vorgehensweise soll letztendlich zur Integration eines Inverters als einfache logische Schaltung führen. Die Materialauswahl konzentriert sich auf Silizium als Elementhalbleiter und Zinkoxid als transparenten Verbindungshalbleiter. Für den Halbleiter Silizium beschäftigen sich bisherige Arbeiten nahezu ausschließlich mit vertikal integrierten Einzelpartikelbauelementen, also Transistoren mit einer Kanallänge in der Dimension des Nanopartikeldurchmessers. Von Nachteil ist der vertikale Aufbau der Transistoren, der mit einer aufwändigen Prozessführung und einer nicht bestimmbaren Position der Bauelemente einhergeht, so dass eine gezielte Verschaltung einzelner Transistoren nicht möglich ist. Nanopartikuläres Zinkoxid als Halbleitermaterial wird in bisherigen Forschungsarbeiten nur als Dünnschichtmaterial eingesetzt. Die Erhöhung der Ladungsträgerbeweglichkeit – jedoch unter Vernachlässigung der Kontakteigenschaften – ist ein zentraler Punkt der aktuellen Forschung. Berichte über Zinkoxid in Einzelpartikelarchitekturen sind aus der Literatur nicht bekannt.

In der vorliegenden Arbeit werden daher lateral aufgebaute Einzelpartikeltransistoren sowohl mit Silizium- als auch Zinkoxid-Nanopartikeln vorgestellt. Darüber hinaus werden Dünnfilmtransistoren mit beiden Partikelarten integriert, wobei eine Steigerung der Leistungsfähigkeit zunächst nicht im Vordergrund stehen soll.

1.2 Gliederung

Zunächst werden in Kapitel 2 ausgewählte physikalische Grundlagen erläutert, die für die Funktionsweise der Transistoren eine entscheidende Rolle einnehmen. Hauptaugenmerk liegt auf dem Metall-Halbleiter-Kontakt, der das zentrale Element in der Gruppe der SCHOTTKY-Barrieren-Drain-/Source-Feldeffekttransistoren (SB-*(MOS)FET*) darstellt, zu der auch die vorgestellten Feldeffekttransistoren mit halbleitenden Nanopartikeln zählen. Weiterhin wird auf Ladungsträgertransportmechanismen eingegangen, die im Zusammenhang mit störstellenbehafteten Nanopartikeln und Grenzflächen auftreten. Daraufhin werden die Herstellungsverfahren von Nanopartikeln aus Halbleitermaterialien und der Einfluss einer Überführung des Feststoffs in kollodiale Suspensionen behandelt. Neben den allgemeinen Eigenschaften von Nanopartikeln und den Unterschieden zu den Materialien in ihrer Makroform werden Untersuchungen zur Grundcharakterisierung der verwendeten Silizium- und Zinkoxid-Nanopartikel vorgestellt.

Im darauf folgenden Kapitel 3 werden typische Bauformen von Dünnschicht-Transistoren erläutert. Diese werden anschließend auch auf Einzelpartikeltransistoren übertragen und bewertet. Da die in dieser Arbeit zu präsentierenden Bauelemente auf dem Konzept der Feldeffekttransistoren beruhen, die pn-Übergänge konventioneller *MOSFET* aber durch Metall-Halbleiter-Kontakte ersetzt werden, wird sowohl das Funktionsprinzip der SB-*MOSFET* als auch die Herleitung stark vereinfachter Modellgleichungen erklärt. Zum Abschluss des Kapitels werden die Methoden zur Ermittlung der elektrischen Transistorparameter ausgeführt. Ein Standard für nanopartikelbasierte Transistoren steht bislang nicht zur Verfügung.

Wie bereits in der Einleitung erwähnt, wird sich der Dünnfilmprozesse der herkömmlichen Halbleitertechnologie bedient, um Bauelemente zu integrieren. Insbesondere im Zusammenhang mit der großflächigen und effizienten Integration von Einzelpartikeltransistoren wird die technologisch realisierbare Schwelle auf herkömmlichem Wege überschritten, so dass die Problematiken der Strukturierungstechnik in Kapitel 4 kurz diskutiert und das sogenannte Kantenabscheideverfahren als alternative Lösung zur großflächigen Nanostrukturierung vorgestellt wird.

Inhalt des 5. Kapitels ist die Präsentation der Ergebnisse der experimentellen Integration von Feldeffekttransistoren mit Silizium-Nanopartikeln. Die Resultate unter Verwendung von Zinkoxid-Nanopartikeln werden in Kapitel 6 vorgestellt. In beiden Fällen sind die Transistoren sowohl als Dünnfilm- als auch als Einzelpartikeltransistoren in verschiedenen Architekturen mit gemeinsamer Rückseiten-Gate-Elektrode aufgebaut. Hierdurch ist es möglich, die Herstellungsverfahren und grundlegenden Eigenschaften zu untersuchen. Das Verhalten der Bauelemente und die Einflüsse der Prozesstechnik – beispielsweise die Auswirkungen einer thermischen Behandlung der Nanopartikel – auf die elektrische Charakteristik werden diskutiert. Anhand der gewonnenen Resultate wird im Hinblick auf den Schaltungsaufbau anschließend der Übergang zu frei beschaltbaren Transistoren mit ZnO-Nanopartikeln vollzogen.

Anhand der in den Kapiteln 5 und 6 gewonnenen Ergebnisse wird ein zum Schaltungsaufbau geeignetes Transistorkonzept ausgewählt und eine Inverterschaltung auf Silizium- bzw. Glassubstrat integriert. Die Charakterisierung und Bewertung der Inverterschaltungen wird in Kapitel 7 behandelt, wobei die Performance der Schaltungen zunächst zweitrangig ist; im Vordergrund steht die Demonstration der Realisierbarkeit.

2 Grundlagen, Nanopartikel und deren Eigenschaften

Aufgrund des Aufbaus von Feldeffekttransistoren mit halbleitenden Nanopartikeln und der elektrischen Eigenschaften von Nanopartikeln werden im Folgenden die für diese Arbeit relevanten physikalischen Modelle für die Raumladungszone, den Metall-Halbleiter-Kontakt und für die Ladungsträgertransportvorgänge vorgestellt. Die Betrachtungen stützen sich im Wesentlichen auf [Sze81]. Weiterhin werden in Abschnitt 2.2 eine Auswahl von Synthese- und Dispergierverfahren von Nanopartikeln sowie die Eigenschaften von Nanopartikeln – inbesondere im Vergleich mit den entsprechenden Volumenmaterialien – erläutert.

2.1 Ausgewählte physikalische Grundlagen

2.1.1 Raumladungszone

Durch die im Vergleich zu Metallen geringere Ladungsträgerkonzentration in Halbleitern können elektrische Felder an der Oberfläche eines Halbleiters erst in der Tiefe kompensiert werden, während Metalle oder entartete Halbleiter eine oberflächennahe Gegenladung bereitstellen können und die Tiefe dieser Kompensationsschicht vernachlässigbar ist. Infolgedessen entsteht in Halbleitern eine Raumladungszone (RLZ). Die vollständige Kompensation des auf der Oberfläche festgelegten Potenzials φ_s tritt erst mit Erreichen der Raumladungszonenweite W_ρ ein. Diese lässt sich allgemein aus dem Potenzial $\varphi(x)$ und den Ladungsträgerdichten im Gleichgewichtszustand n_{n0} und p_{n0} berechnen. Für die Ladungsträgerverteilungen und die Raumladung ρ gilt mit den Bezeichnungen in Abbildung 2.1

$$n_n(x) = n_{n0} \cdot \exp\left(-\frac{q\varphi}{kT}\right), \tag{2.1a}$$

$$p_n(x) = p_{n0} \cdot \exp\left(\frac{q\varphi}{kT}\right), \tag{2.1b}$$

$$\rho(x) = q\left[N_D^+ - N_A^- + p_n(x) - n_n(x)\right]. \tag{2.1c}$$

Die hochgestellten Indizes in Gleichung (2.1c) deuten die Ionisierung der Donatoren N_D bzw. Akzeptoren N_A an. Der Verlauf des Bändermodells ist zur Verdeutli-

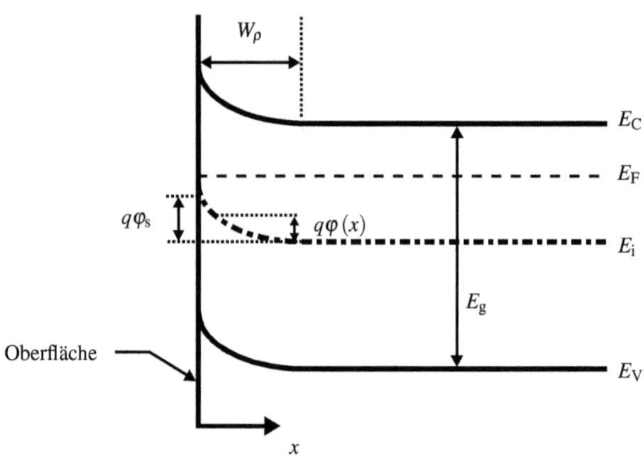

Abbildung 2.1: Banddiagramm eines n-Halbleiters mit Oberflächenpotenzial φ_s

chung in Abbildung 2.1 abgebildet. Unter der Annahme einer Störstellenerschöpfung für einen n-Halbleiter[1] mit

$$N_D^+ = N_D,\tag{2.2}$$

sowie mit $N_A^- = N_A = 0$ und der Störstellennäherung vereinfacht sich die Raumladungsdichte zu

$$\rho = qN_D,\tag{2.3}$$

womit sich die eindimensionale POISSON-Gleichung

$$\operatorname{div} E = -\frac{\partial^2 \varphi}{\partial x^2} = \frac{\rho}{\varepsilon_0 \varepsilon_r} = \frac{qN_D}{\varepsilon_0 \varepsilon_r}\tag{2.4}$$

ergibt. Die Gleichung (2.4) lässt sich unter den Randbedingungen $\mathscr{E}\left(x \geq W_\rho\right) = 0$ und $\varphi\left(x \geq W_\rho\right) = 0$ lösen. Die Weite der Raumladungszone für $\varphi(0) = \varphi_s$ stellt sich nach

$$W_\rho = \sqrt{\frac{2\varepsilon_0 \varepsilon_r \varphi_s}{qN_D}}\tag{2.5}$$

ein. Für die Flächenladungsdichte der Raumladungszone gilt

$$\rho_{RLZ} = qN_D W_\rho.\tag{2.6}$$

---

[1] Analog lässt sich die Herleitung auch für einen p-Halbleiter durchführen.

2.1.2 Metall-Halbleiter-Grenzfläche

Im Gegensatz zu konventionellen MOSFET, deren sperrende Eigenschaften auf zwei gegeneinander geschalteten pn-Homoübergängen basieren, stehen bei Feldeffekttransistoren mit halbleitenden Nanopartikeln die metallischen Drain- und Source-Elektroden im direkten Kontakt mit dem Kanalgebiet. Die Eigenschaften des Metall-Halbleiter-Kontaktes spielen daher eine zentrale Rolle für die Funktion Nanopartikel-basierter Bauelemente.

Die genauen physikalischen Vorgänge am Metall-Halbleiter-Kontakt sind bislang nicht vollständig geklärt. Dennoch lässt sich der Metall-Halbleiter-Übergang mit dem bekannten und stark vereinfachten MOTT-SCHOTTKY-Modell beschreiben [Sch38, Mot38]. Im idealen Fall ist das Kontakt-System gegeben durch das Metall mit der Fermienergie E_F und der Austrittsarbeit $q\phi_M$ und dem (idealen) Halbleitermaterial, welches energetisch durch die Valenzbandkante E_V, die Leitungsbandkante E_C, das Fermienergieniveau E_F und die Elektronenaffinität χ definiert ist. In Abbildung 2.2a ist das System graphisch dargestellt. Vor dem Kontakt befinden sich beide Materialien im thermodynamischen Gleichgewicht. Werden die beiden Materialien einander angenähert, so ist das System bestrebt, die Fermienergieniveaus anzugleichen, indem sich im Metall eine negative Ladung und im Halbleiter eine positive Gegenladung bildet. Aufgrund der hohen Leitfähigkeit des Metalls kann die Ladung direkt als Oberflächenladung existieren, während sich im Halbleiter mit einer relativ geringen Ladungsträgerkonzentration die Ladung über eine Raumladungszone verteilt. Hierdurch tritt im Barrierengebiet eine Krümmung der Energiebänder auf [siehe Abbildung 2.2b]. Im Grenzfall, dem direkten Kontakt beider Materialien, entsteht so eine Ladungsträgerbarriere. Für Elektronen und Löcher als Ladungsträger gilt für die Barrierenhöhen

$$\phi_{Bn} = \phi_M - \chi \tag{2.7a}$$

$$\phi_{Bp} = \frac{E_g}{q} - [\phi_M - \chi]. \tag{2.7b}$$

Die Barrierenhöhe wird demnach in erster Näherung durch die Austrittsarbeit des Metalls und die Elektronenaffinität des Halbleiters bestimmt. Im Falle einer negativen Differenz zwischen Austrittsarbeit des Metalls und Elektronenaffinität des Halbleiters entsteht eine Anreicherungsschicht und der Kontakt zeigt ohmsches Verhalten. Für die Summe der Barrierenhöhen für Minoritäts- und Majoritätsladungsträger ergibt sich die Bandlücke zu

$$E_g = q\left[\phi_{Bn} + \phi_{Bp}\right]. \tag{2.8}$$

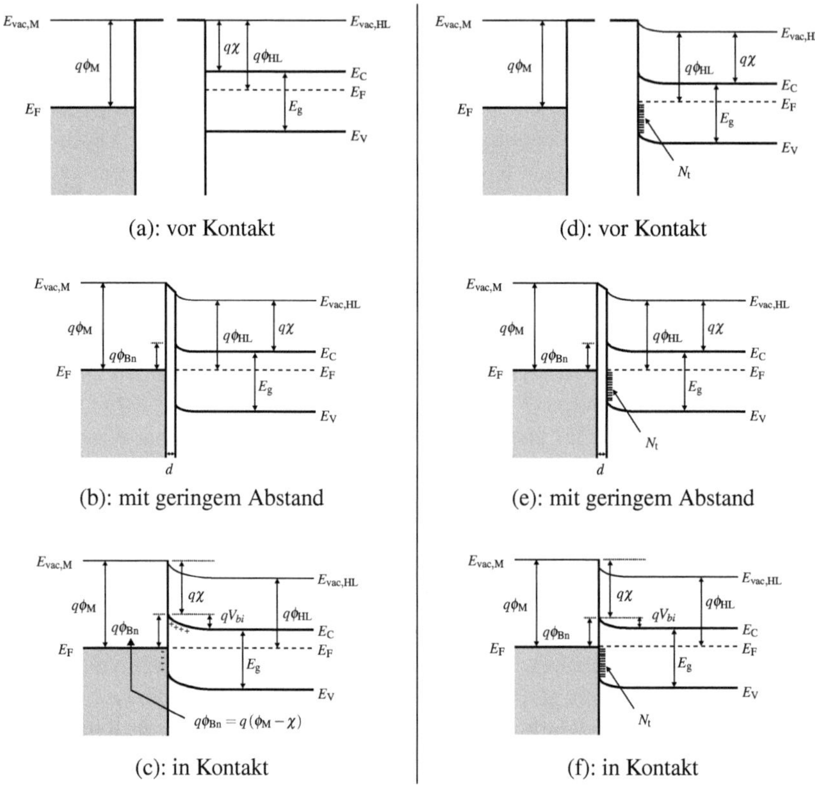

Abbildung 2.2: Banddiagramme von Metall-Halbleiter-Kontakten. (a)-(c): idealer Metall-Halbleiter-Kontakt, (d)-(f): Metall-Halbleiter-Kontakt mit Oberflächen-Störstellen im Halbleiter

Da in einem realen Halbleitermaterial zumindest Störstellen durch Abbruch der Gitterstruktur an der Oberfläche entstehen, müssen diese für das Verhalten des Metall-Halbleiterkontakts berücksichtigt werden. Es wird daher davon ausgegangen, dass an der Oberfläche eine Störstellenkonzentration der Dichte N_t vorliegt. Die Störstellen sind bis zum Ferminiveau besetzt, und die Energiebänder des Halbleiters sind im thermodynamischen Gleichgewicht auch ohne einen Kontakt zum Metall bereits aufgewölbt [siehe Abbildung 2.2d]. Bei Annäherung beider Materialien [siehe Abbildung 2.2e] tritt ebenso die Generation von grenzflächennahen Ladungen auf. Unter der Voraussetzung, dass die Dichte N_t ausreichend groß ist, um zusätzliche Ladungen aufzunehmen, tritt jedoch keine weitere nennenswerte

Veränderung der Bandstruktur des Halbleiters auf. Im direkten Kontakt existiert wiederum eine Ladungsträgerbarriere ϕ_{Bn}. Ihre Höhe ist nicht mehr von der Austrittsarbeit des Metalls abhängig, sondern wird durch die Oberflächeneigenschaften des Halbleiters bestimmt.

Für den Ladungsträgertransport an Metall-Halbleitergrenzflächen ist die Barrierenhöhe von besonderer Bedeutung, da sie direkten Einfluss auf die Anzahl der Ladungsträger hat, die von dem einen in das andere Material gelangen können. Daher ist der SCHOTTKY-Effekt zu berücksichtigen, der eine Absenkung der Barrierenhöhe durch das elektrische Feld am Übergang bewirkt. Der Effekt lässt sich an einer idealen Metalloberfläche erklären. Wird ein Elektron aus dem Metall herausgelöst, so muss die Austrittsarbeit $q\phi_M$ geleistet werden. Geichzeitig gilt, dass ein Elektron, welches sich an der Position x außerhalb des Metalls befindet, eine COULOMB-Kraft erfährt. Diese Kraft wird durch eine Spiegelladung, die sich im Metall an der Position $-x$ befindet, hervorgerufen [KMR06]. Dabei ist die COULOMB-Kraft durch

$$F_C = -\frac{q^2}{4\pi\varepsilon_0\,(2x)^2} = -\frac{q^2}{16\pi\varepsilon_0 x^2} \tag{2.9}$$

gegeben. Damit lässt sich die Arbeit angeben, die durch ein Elektron auf seinem Weg verrichtet werden muss, wenn es aus dem Unendlichen zum Punkt x geführt wird.

$$E(x) = \int\limits_{\infty}^{x} F_C\,dx = \frac{q^2}{16\pi\varepsilon_0 x}. \tag{2.10}$$

Wenn ein externes elektrisches Feld $\mathscr{E}$ angelegt wird, überlagert sich die Kraft des elektrischen Feldes auf das Elektron mit dem Feld der Spiegelladungskraft, so dass sich die resultierende Energie

$$E_{ges}(x) = \frac{q^2}{16\pi\varepsilon_0 x} + q\mathscr{E}x \tag{2.11}$$

ergibt. Abbildung 2.3 zeigt schematisch die Metalloberfläche und die Verteilung der potenziellen Energie außerhalb des Metalls. Ein Elektron benötigt demnach nur die Energie $q\phi_B$, um das Metall zu verlassen, wobei $q\phi_B = q\,(\phi_M - \Delta\phi)$ ist. Der SCHOTTKY-Effekt lässt sich auch auf den Metall-Halbleiter-Kontakt anwenden, wenn das elektrische Feld $\mathscr{E}$ durch die maximale elektrische Feldstärke an der Grenzfläche und die Permittivität im Vakuum durch eine entsprechende Permittivität $\varepsilon_0\varepsilon_s$ ausgetauscht werden. Die Größe ε_s kann je nach Übergangsdauer und

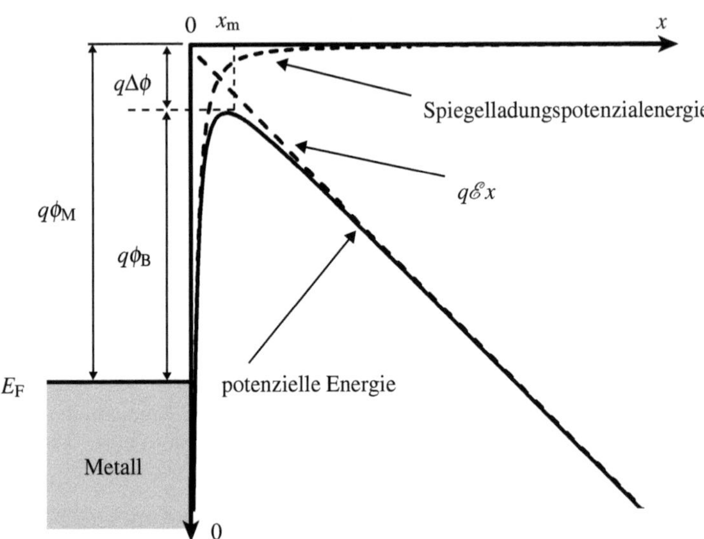

Abbildung 2.3: Energiediagramm des Übergangs von einer Metalloberfläche zum Vakuum

dielektrischer Relaxationszeit verschieden von der relativen Dielektrizitätszahl ε_r des Halbleiters sein. Die Absenkung der Ladungsträgerbarriere ist dann definiert als

$$\Delta\phi = \sqrt{\frac{q\mathscr{E}}{4\pi\varepsilon_0\varepsilon_s}}. \tag{2.12}$$

Weiterhin kann die Barrierenhöhe durch ein externes elektrisches Feld beeinflusst werden, welches durch das Anlegen einer Spannung am Metall-Halbleiter-Übergang entsteht. Je nach Vorzeichen der Spannung kann die Barriere vergrößert oder verkleinert werden[2].

Der Ladungsträgertransport an Metall-Halbleiter-Grenzflächen wird im Gegensatz zum pn-Übergang durch Majoritätsladungsträger bestimmt. Die vier grundlegenden Transportprozesse sind in Abbildung 2.4 dargestellt. Sie treten parallel auf, wobei die Gewichtung je nach Materialbeschaffenheit und Feldstärken variiert. Gemäß der Abbildung sind die vier wichtigsten Mechanismen:

---

[2]Typische Werte für $\Delta\phi$ liegen nach Gleichung (2.12) im Bereich von 0,035 eV mit der relativen Permittivität $\varepsilon_s = 12$ und der elektrischen Feldstärke $\mathscr{E} = 10^5$ V/cm [Sze81].

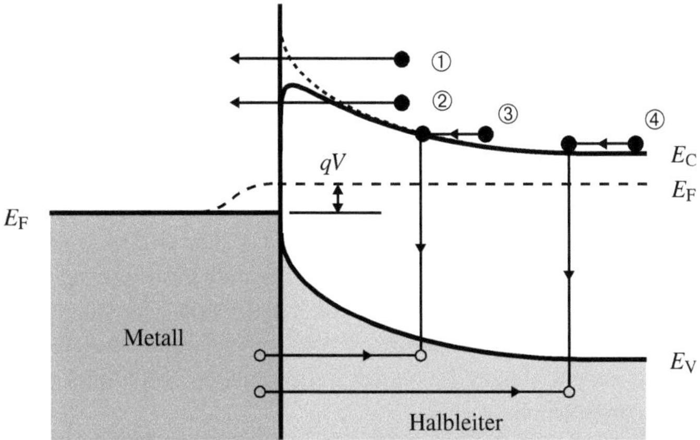

Abbildung 2.4: Transport-Prozesse am Metall-Halbleiter-Übergang in Vorwärtsrichtung: ① thermische Emission über die Barriere, ② Tunneleffekt durch die Barriere, ③ Rekombination in der Raumladungszone, ④ Löcherinjektion aus dem Metall (Rekombination im neutralen Bereich) (nach [Sze81])

① (feldunterstützte) thermische Emission <u>über</u> die Barriere. Dieser Prozess ist dominant für Metall-Halbleiter-Übergänge mit moderaten Dotierstoffkonzentrationen und Temperaturen;

② Tunneleffekt <u>durch</u> die Barriere. Dominant bei hohen Dotierstoffkonzentrationen bzw. sehr schmalen Barrieren;

③ Rekombination in der Raumladungszone, vergleichbar mit einem pn-Homoübergang;

④ Rekombination im neutralen Bereich (Löcherinjektion vom Metall in den Halbleiter).

Für einen Ladungsträgertransport in Sperrrichtung treten diese Mechanismen ebenfalls auf. Hierbei ist jedoch zu berücksichtigen, dass die Barrieren aufgrund ihrer Form in anderer Weise auf den Transportprozess wirken. Je nach Ladungsträgerbeweglichkeit des Halbleiters lässt sich der Strom über den Übergang berechnen; für Halbleiter mit großer Mobilität (z. B. Silizium) gemäß der *Theorie der thermischen Emission*. Bei geringen Mobilitäten ist die *Diffusionstheorie* anwendbar. Da die Ladungsträgerbeweglichkeiten für halbleitende Nanopartikel je nach Verarbeitung und Partikelmorphologie sehr verschieden sind, soll an dieser Stelle die Kombination aus beiden vorgenannten Theorien, die

Thermische Emissions - Diffusionstheorie genannt werden. Für nähere Erläuterungen und die Herleitung wird auf [Sze81] verwiesen[3]. Die Stromdichte J am Übergang ergibt sich zu

$$J = A^{**} T^2 \exp\left(-\frac{q\phi_{Bn}}{kT}\right) \left[\exp\left(\frac{qV}{kT}\right) - 1\right], \qquad (2.13)$$

wobei A^{**} die effektive RICHARDSON-Konstante ist[4]. Die Größe A^{**} ist wiederum abhängig von der Rekombinationsgeschwindigkeit und der Übergangswahrscheinlichkeit der Ladungsträger am Metall-Halbleiter-Kontakt. Die Charakteristik ähnelt durch die exponentielle Abhängigkeit von der Spannung einer pn-Diode. Die Stromdichte ist zudem abhängig von der Barrierenhöhe und nimmt exponentiell mit zunehmender Höhe ab.

Für den Tunneleffekt haben theoretische und experimentelle Untersuchungen gezeigt, dass die Stromdichte die Abhängigkeit

$$J = J_s \left[\exp\left(\frac{qV}{nkT}\right) - 1\right] \qquad (2.14)$$

besitzt. Die Variable n wird als Idealitätsfaktor bezeichnet. Für stark dotierte Halbleiter tritt eine Dominanz des Tunneleffekts auf. Der Anteil an der Stromdichte, der durch den Tunneleffekt getragen wird, ist durch

$$J_t \propto \exp\left(-\frac{q\phi_{Bn}}{E_{00}}\right) \quad \text{mit} \quad E_{00} = \frac{q\hbar}{2}\sqrt{\frac{N_D}{\varepsilon_s m^*}} \qquad (2.15)$$

gegeben. Auch in diesem Fall ist zu erkennen, dass die Stromdichte von der Barrierenhöhe ϕ_{Bn} abhängig ist. Es lässt sich demnach schlussfolgern, dass die Barrierenhöhe eine Schlüsselrolle in Halbleiterbauelementen spielt, deren Funktion auf Metall-Halbleiter-Kontakten gründet. Zwar ist die Barrierenform unter anderem abhängig von der Dotierung des Halbleiters, doch nimmt – unabhängig von der Dotierung – die Stromdichte exponentiell mit steigender Barrierenhöhe ab. Es ist weiterhin zu bemerken, dass nicht nur die Barrierenhöhe, sondern auch die Barrierenweite $W_{\phi_{Bn}}$ die Stromdichte beeinflusst. Diese ist bereits in Form der Spannung V bzw. der Dotierstoffkonzentration in den Gleichungen (2.13) und (2.15) inbegriffen. Wie in Abschnitt 3.3 gezeigt werden wird, bestimmt nicht ausschließlich die

---

[3]Im englischen Sprachgebrauch werden für die Theorien die Bezeichnungen *Thermionic Emission Theory*, *Diffusion Theory* bzw. *Thermionic Emission - Diffusion Theory* verwendet.

[4]Die ersten drei Faktoren der rechten Seite in Gleichung (2.13) können zur Sperrstromdichte J_s zusammengefasst werden, so dass $J_s = A^{**}T^2 \exp\left(-\frac{q\phi_{Bn}}{kT}\right)$ gilt.

angelegte Spannung V (im Speziellen die Drain-Source-Spannung V_{DS}) die Weite $W_{\phi_{Bn}}$, sondern auch das elektrische Feld, welches von der Gate-Elektrode ausgeht. Je nach Betriebszustand des Transistors dominiert entweder die thermische Emission oder der Tunneleffekt.

Es ist bislang nicht geklärt, inwiefern dieses stark vereinfachte Modell des Metall-Halbleiterübergangs, beruhend auf idealen Metallen und perfekten Einkristallen, auf die Kontakte zwischen Metallen und halbleitenden Nanopartikeln angewendet werden kann. Insbesondere Nanopartikel weisen eine hohe Störstellendichte und eine nanokristalline Struktur auf. Für Silizium als weitverbreitetes Halbleitermaterial wird dieses Problem sehr kontrovers diskutiert. Es wurde lange davon ausgegangen, dass sich die Kontakteigenschaften in porösem Silizium – einem den Nanopartikeln strukturell ähnlichen System – entsprechend dem vorgestellten Modell einstellen. BEN-CHORIN ET AL. legten jedoch dar, dass aufgrund der hohen Zustandsdichte in porösem Material und eines *Hopping*-Transportmechanismus' anstelle eines Ladungstransports über thermisch generierte Ladung die Kontakte quasi-ohmsches Verhalten zeigen [BCMK95]. Übertragen auf Silizium-Nanopartikelfilme folgte BURR ET AL. dieser Annahme [BSWK97], jedoch sind auch Beispiele bekannt, in denen das Verhalten von Nanopartikeltransistoren gezielt durch die Auswahl eines Kontaktmetalls von p- auf n-leitenden Typ verändert werden kann [DDB$^+$06, SDB$^+$07]. Dies ist aber nur möglich, wenn die Barriereneigenschaften der Metall-Halbleiter-Grenzflächen Einfluss nehmen. Es ist folglich anzunehmen, dass keine allgemeingültige Aussage getroffen werden kann, da zu viele Faktoren (Herstellungsverfahren, Verarbeitung, Reinheit etc.) auf die Eigenschaften der Übergänge einwirken. Für die Realisierung von Nanopartikeltransistoren ist es zunächst nicht entscheidend, ob die Kontakte ohmsch oder gleichrichtend sind. Mit ohmschen Kontakten können ebenfalls Transistoren integriert werden, sofern der Ladungsträgerabtransport nach der Injektion durch das Halbleitermaterial stark eingeschränkt ist, also eine Anreicherung von Ladungsträgern in der Halbleiterschicht in unmittelbarer Nähe der Metall-Halbleiter-Grenzfläche stattfindet (Strombegrenzung). Sobald durch die Gate-Elektrode ein Feldeffekt auf den Kanal wirkt und die Leitfähigkeit erhöht wird, kann der Abtransport gesteigert werden, so dass sich der Transistor im leitenden Zustand befindet. Nähere Ausführungen zur Funktionsweise sind dem Abschnitt 3.3 zu entnehmen.

2.1.3 Ladungsträgertransportmechanismen

Da Nanopartikel und aus ihnen hergestellten Schichten im Allgemeinen eine sehr hohe Störstellendichte besitzen, sollen drei Transportmechanismen vorgestellt werden, die im engen Zusammenhang mit störstellenbehafteten Halbleitern und Isolatoren stehen.

Feldunterstützte thermische Emission (FRENKEL-POOLE-Effekt)

Der FRENKEL-POOLE-Effekt beschreibt den Ladungsträgertransport in störstellenbehafteten Feststoffen, in denen ein elektrisches Feld existiert [Fre38]. Grundlage des Mechanismus' ist das Anhaften von Ladungsträger an Störstellen und deren anschließende Anregung zum erneuten Übergang in das Leitungsband. Im Banddiagramm werden die Störstellen als Potenzialtopf endlicher Tiefe repräsentiert. Bei angelegtem elektrischen Feld werden die Energiebänder geneigt, so dass der Potenzialtopf gemäß Abbildung 2.5 die mittlere Tiefe $q\overline{\phi_t}$ besitzt. Das elektrische Feld bewirkt in Bewegungsrichtung der Ladung eine Absenkung der Barrierenhöhe, so dass diese lediglich $q\phi_t < q\overline{\phi_t}$ beträgt. Wird von der idealen Vorstellung eines Kastenpotenzials abgewichen und die COULOMB-Kräfte der Bildladung berücksichtigt, tritt (ähnlich dem SCHOTTKY-Effekt) eine weitere Absenkung der Barrierenhöhe um $\Delta\phi$ auf (gestrichelter Bandverlauf). Ladungsträger können somit den Potenzialtopf leichter verlassen, indem sie thermisch angeregt über den „Potenzialtopfrand" bewegt werden [dunkelgrauer Pfeil in Abbildung 2.5]. Die Stromdichte in einer Isolator- bzw. Halbleiterschicht der Dicke d wird durch

$$J \propto V \cdot \exp\left(\frac{2a\sqrt{V}}{T}\right) \cdot \exp\left(-\frac{q\phi_t}{kT}\right) \quad \text{mit} \quad a = \sqrt{\frac{q}{4\pi\varepsilon_0\varepsilon_\mathrm{r}d}} \tag{2.16}$$

beschrieben.

Feldunterstützter Tunneleffekt (FOWLER-NORDHEIM-Tunneleffekt)

Für den Ladungsträgertransport durch einen störstellenbehafteten Halbleiter bewirkt ein elektrisches Feld – vergleichbar zum FRENKEL-POOLE-Effekt – auch einen günstigen Übergang eines im Potenzialtopf gefangenen Ladungsträgers, wenn das Teilchen die Störstelle mittels Durchtunneln der Barriere verlässt. Die Weite der Barriere wird durch das elektrische Feld dermaßen verringert, dass die Tunnelwahrscheinlichkeit starkt zunimmt [hellgrauer Pfeil in Abbildung 2.5]. Für den Zusammenhang zwischen Stromdichte und anliegender Spannung gilt

$$J \propto V^2 \cdot \exp\left(-\frac{b}{V}\right) \quad \text{mit} \quad b = \text{const.} > 0. \tag{2.17}$$

Es ist zu bemerken, dass die Stromdichte unabhängig von der Temperatur ist, da eine thermische Anregungsenergie für den Effekt nicht notwendig ist[5].

---

[5]Hiervon abzugrenzen ist die thermisch unterstützte Tunnelemission, bei der das Energieniveau des Ladungsträgers durch Aufnahme von thermischer Energie zunächst erhöht wird. Mit zunehmendem

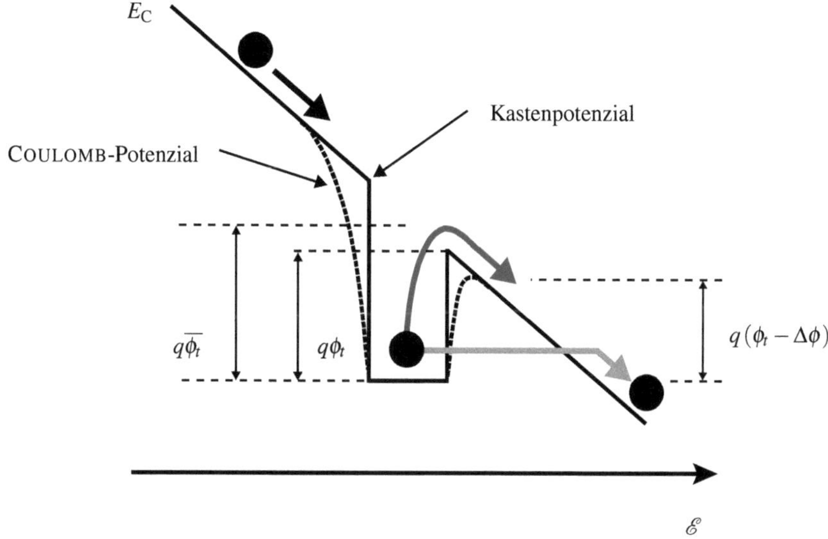

Abbildung 2.5: Ladungsträgertransport durch FRENKEL-POOLE-Effekt (dunkelgrauer Pfeil) und FOWLER-NORDHEIM-Tunneleffekt (hellgrauer Pfeil)

Raumladungsbegrenzter Strom

Der Effekt des raumladungsbegrenzten Stroms[6] berücksichtigt den eigenen Einfluss der transportierten Ladungsträger auf das elektrische Feld, welches den Transport hervorruft. Als Erklärung dient die Vorstellung, dass die Feldlinien des elektrischen Feldes auf Ladungen enden. Somit schirmen Ladungsträger, die sich auf der Strecke zwischen zwei Elektroden befinden, das Feld von einer Elektrode ab. Historisch ist die Theorie über den raumladungsbegrenzten Stromfluss aus der Betrachtung von Isolatoren erwachsen; sie ist aber auch auf Halbleitermaterialien anwendbar. Als einfachster Fall sei ein perfekter Isolator mit einer vernachlässigbaren Anzahl freier Ladungsträger gegeben, der zudem störstellenfrei ist [LM70].

Energieniveau nimmt die effektive Barrierenweite ab, so dass die Tunnelwahrscheinlichkeit ansteigt [SN07].

[6]Im englischen Sprachgebrauch ist die Bezeichnung *Space Charge Limited Current* mit der Abkürzung *SCLC* üblich [LM70]. Im folgenden Verlauf dieser Arbeit wird der raumladungsbegrenzte Strom ebenfalls mit *SCLC* abgekürzt.

Die Strom-Spannungs-Charakteristik bei Injektion von Ladungsträgern wird dann durch

$$J \propto \frac{\varepsilon_0 \varepsilon_\mathrm{r} \mu V^2}{L_\mathrm{B}{}^3} \tag{2.18}$$

beschrieben. Diese Charakteristik wird nur durch die Überschussladungsträger hervorgerufen, die in das Material injiziert werden. Gleichung (2.18) ist in seiner Form dem MOTT-GURNEY-Gesetz ähnlich, das lediglich einen Vorfaktor von $9/8$ enthält. Dieses lässt sich unter der Annahme, dass der Strom nur eine Driftstromkomponente enthält, aus der POISSON-Gleichung analytisch herleiten. Befinden sich bereits freie Ladungsträger mit der Dichte n_0 im Leitungsband, so ergibt sich das bekannte OHMsche Gesetz:

$$J = \frac{q n_0 \mu V}{L_\mathrm{B}}. \tag{2.19}$$

Der lineare Zusammenhang zwischen Strom und Spannung ist nur anwendbar, so lange die Dichte der thermisch generierten Ladungsträger wesentlich größer ist als die Dichte der injizierten Ladungsträger n_inj. Sobald die mittlere Dichte der injizierten Ladungsträger die Größenordnung von n_0 erreicht, tritt wiederum der quadratische Zusammenhang in Gleichung (2.18) in den Vordergrund. Da Isolatoren bzw. Halbleiter Störstellen aufweisen, müssen diese in die Berechnungen mit einbezogen werden, weil sie freie Ladungen einfangen und je nach Störstellenenergieniveau mehr oder weniger leicht wieder entlassen. Nach [LM70] ergibt sich für flache Störstellen, d. h. Störstellen für die $|q\phi_t| < kT$ gilt, eine Strom-Spannungs-Charakteristik nach

$$J \propto \theta \frac{\varepsilon_0 \varepsilon_\mathrm{r} \mu V^2}{L_\mathrm{B}{}^3} \quad \text{mit} \quad \theta = \frac{n_0 + n_\mathrm{inj}}{n_t}. \tag{2.20}$$

Auch in diesem Fall ist die Ähnlichkeit zum MOTT-GURNEY-Gesetz zu erkennen. Für den realistischen Fall einer energetisch verteilten Störstellenkonzentration weicht die Charakteristik vom quadratischen Verlauf ab. Wird eine BOLTZMANN-Verteilung der Störstellenkonzentration mit

$$N_{\mathrm{t,E}}(E) = N_0 \cdot \exp\left(\frac{E - E_\mathrm{C}}{kT_\mathrm{t}}\right) \tag{2.21}$$

angenommen, wobei T_t ein Temperaturparameter ist, der ein charakterisierendes Maß der Störstellenverteilung bezüglich der Energie darstellt, berechnet sich der Zusammenhang zwischen Stromdichte und Spannung als

$$J \propto \left[\frac{\varepsilon_0 \varepsilon_\mathrm{r}}{q N_0 k T_\mathrm{t}}\right]^l \cdot \frac{V^{l+1}}{L_\mathrm{B}{}^{2l+1}} \quad \text{mit} \quad l = \frac{T_\mathrm{t}}{T}. \tag{2.22}$$

Wird berücksichtigt, dass für eine geringe Ladungsträgerinjektionsrate das OHMsche Gesetz gilt, lässt sich Gleichung (2.22) als Superposition von OHMschem- und MOTT-GURNEY-Gesetz mit den Faktoren a und b vereinfacht als

$$J = aV + bV^{l+1} \qquad (2.23)$$

darstellen. Dabei dominiert der erste Summand für geringe und der zweite für hohe elektrische Feldstärken. Aufgrund des linearen Zusammenhangs zwischen dem Faktor l und dem Parameter T_t beschreibt auch l die Verteilung der Störstellenkonzentration. Während ein großes l eine nahezu gleichverteilte Konzentration beschreibt, stellt $l \leq 1$ den Fall flacher Störstellen aus Gleichung (2.20) dar, weil Störstellen in der Nähe des Leitungsbandes die Störstellen nahe des Quasi-Ferminiveaus dominieren [LM70].

2.2 Nanopartikel und deren Eigenschaften

Funktionale Elemente der im Rahmen dieser Arbeit entwickelten Feldeffekttransistoren sind halbleitende Nanopartikel. Dabei handelt es sich per Definition um Material mit Dimensionen unter 100 Nanometer, das sich in seinen chemischen und physikalischen Eigenschaften von massiven Materialien gleicher Zusammensetzung unterscheidet. Die Vielzahl der synthetisierbaren nanopartikulären Stoffe lässt sich anhand der Stoffklassen in drei Hauptgruppen unterteilen. Neben Nanopartikeln aus elektrischen Leitern (z. B. Gold) und Isolatoren (z. B. Siliziumdioxid), existiert die Gruppe der Halbleiter [Sch05, Fen98]. Da sich die vorliegende Arbeit ausschließlich mit Silizium-Nanopartikeln als Elementhalbleiter und Zinkoxid-Nanopartikeln als Verbindungshalbleiter beschäftigt, beschränken sich die folgenden Ausführungen auf diese beiden Materialien.

2.2.1 Synthese

Nanopartikel lassen sich durch kolloidale Synthese aus wässrigen Lösungen bzw. durch sogenannte Sol-Gel-Prozesse herstellen [YBK$^+$99, PBD$^+$99, VRR$^+$95, RPCV$^+$01]. Ebenso ist eine Synthese aus der Gasphase möglich, bei der ein oder mehrere *Precursor*-Gase durch einen geeigneten Energieeintrag derart zur Reaktion angeregt werden, dass nanopartikuläre Produkte aus dem gewünschten Material entstehen. Die notwendige Aktivierungsenergie kann in Form von thermischer, elektrischer[7] oder elektromagnetischer Energie[8] zugeführt werden. Die Anregungen durch Laserlicht und durch gleichspannungsangeregte Gasentladung [ZX94] ermöglichen zwar die Nanopartikelsynthese, sind jedoch qualitativ und bezüglich des Materialertrags den Verfahren in Heißwand- oder Mikrowellenreaktoren unterlegen. Da sämtliche verwendete Nanopartikel entweder aus Heißwand- oder Mikrowellenreaktoren stammen, werden diese Prozesse aus Gründen der Vollständigkeit erläutert.

Gasphasensynthese im Heißwand- und Flammenreaktor

Die Nanopartikelsynthese im Heißwandreaktor nach [WSR01] basiert auf einer thermischen Zersetzung von Silan (SiH_4) bei hohen Temperaturen ($\approx 1000°C$) unter Atmosphärendruck. Vergleichbar mit dem APCVD-Verfahren[9] strömt ein Gasgemisch aus Argon und SiH_4 mit einer Geschwindigkeit von $5...7\,cm/s$ durch ein Reaktorrohr. Das Mischungsverhältnis der Gase beträgt 10%...40% SiH_4 in Argon. Die Gase werden in einer beheizten Zone des Reaktors auf Prozesstemperatur aufgeheizt, so dass sich das Silan in der Reaktion

$$SiH_4 \xrightarrow{1000°C} Si + 2H_2 \tag{2.24}$$

zersetzt und sich Siliziumkristalle bilden. Der Primärpartikeldurchmesser liegt im Bereich von $15...30\,nm$. In der heißen Zone des Reaktors tritt eine Sinterung von Primärpartikeln auf, so dass Partikel mit Größen von $60...270\,nm$ entstehen. Während diese sich entlang eines negativen Temperaturgradienten in Richtung des Auslasses bewegen, kühlen diese ab und koagulieren zu Agglomeraten. Die Agglomerate werden gefiltert und gesammelt. Der schematische Aufbau eines Heißwandreaktors zur Herstellung von Silizium-Nanopartikeln ist in Abbildung 2.6 dargestellt. Die Agglomerate weisen lediglich schwache Bindungen der Einzelpartikel untereinander und eine geringe Dichte auf, so dass die Bindungen durch entsprechende Dispersionsverfahren aufgebrochen werden können [vergleiche Abschnitt 2.2.2]. Untersuchungen durch Röntgenbeugung und Transmissionselektronenmikropskopie ergeben eine polykristalline Struktur der Nanopartikel. Die Primärpartikelgröße ist im Wesentlichen abhängig von der Strömungsgeschwindigkeit bzw. der Ver-

---

[7]Hauptsächlich findet eine Anregung durch die Einkopplung einer elektrischen Leistung im Radio-Frequenz (RF) statt. HOFMEISTER ET AL. und DUTTA ET AL. verwenden für die Si-Nanopartikelsynthese eine Anregungsfrequenz $f_{RF} = 30\,MHz$ [HKD98, DBH95], KNIPPING ET AL. eine Frequenz $f_{RF} = 2,45\,GHz$ [KWR+04].

[8]KLEINWECHTER ET AL. nutzen zum Energieeintrag 2,45 MHz-Mikrowellen [KJK+02b], HUISKEN ET AL. hingegen Laserlicht [HHK+00].

[9]_**A**tmospheric **P**ressure **C**hemical **V**apour **D**eposition_

weildauer des Gasgemisches in der Heißzone, so dass die Größe in gewissen Grenzen frei eingestellt werden kann. Da die nanopartikulären Pulver nach der Synthese mit dem Sauerstoff in der Luft beziehungsweise mit Sauerstoff aus anderen Medien (z. B. Ethanol als Dispergiermedium) in Kontakt kommen, tritt eine Oxidation der Silizium-Nanopartikel auf. Es bildet sich eine Hülle aus amorphem Siliziumdioxid, welche durch Infrarot-Spektroskopie nachgewiesen werden kann. Die Spektren enthalten Si-O- und Si-O-Si-H-charakteristische Linien [KWR$^+$04].

Soll zur Erzeugung von ZnO-Partikeln ebenfalls die thermische Zersetzung und Reaktion von Gasen eingesetzt werden, kommen anstatt Heißwandreaktoren sogenannte Flammenreaktoren zum Einsatz [KJK$^+$02b]. Durch die Reaktion von Di-

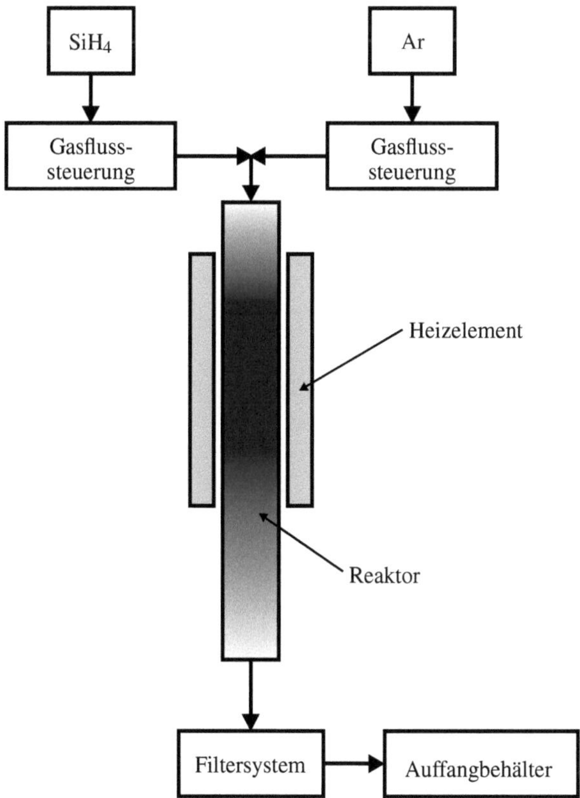

Abbildung 2.6: Schematischer Aufbau eines Heißwandreaktors zur Silizium-Nanopartikelsynthese nach [WSR01]

methylzink ($Zn\,[CH_3]_2$) und Sauerstoff bildet sich bei Unterdruck Zinkoxid. Das
Gemisch enthält inertes Argon, um die Konzentration der Edukte einstellen zu können. Zusätzlich wird Wasserstoff in den Brennkopf geleitet, um eine kontrollierte
H_2-O_2-Verbrennung als Energiequelle nutzen zu können. Die Gesamtreaktion findet nach

$$2Zn\,(CH_3)_2 \;+\; 2H_2 \;+\; 9O_2 \;\rightarrow\; 2ZnO \;+\; 8H_2O \;+\; 4CO_2 \qquad (2.25)$$

statt. Der Aufbau eines Flammenreaktors ist in Abbildung 2.7 ersichtlich. Die Primärpartikelgröße lässt sich durch Variation der Dimethylzink-Konzentration im
Quellgas steuern, so dass ebenfalls die Größe frei eingestellt werden kann. Vergleichbar mit der Silizium-Nanopartikelsynthese im Heißwandreaktor bilden sich
zwischen den ZnO-Partikeln Sinterhälse aus, so dass die effektive Partikelgröße

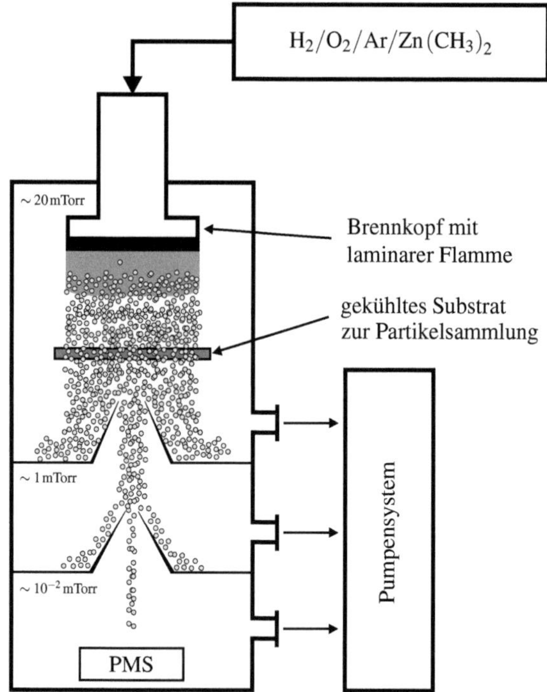

Abbildung 2.7: Schematischer Aufbau eines Flammreaktors zur Zinkoxid-
Nanopartikelsynthese mit integrierter Partikel-Massen-Spektroskopie (PMS) zur in-
situ-Messung der Partikelgrößenverteilung nach [KJK$^+$02b]

ein Vielfaches der Primärpartikelgröße misst. Nachteil des Verfahrens ist die Behinderung der Nanopartikelformation durch die Anwesenheit des Wassers im Reaktor, welches unweigerlich durch die Verbrennung von Wasserstoff und Sauerstoff entsteht. Das Wasser verhindert eine gleichmäßige Nanopartikelbildung im gesamten Reaktor. Vielmehr kommt es zu einer ausgeprägten Synthese im Bereich kalter Flächen, wohingegen auf warmen Flächen keine Nanopartikel gewonnen werden können [KJK+02b].

Gasphasensynthese im Mikrowellenreaktor

Prinzipiell lassen sich Mikrowellenreaktoren sowohl zur Herstellung von Silizium- als auch von Zinkoxid-Nanopartikeln nutzen. Als Quellgase werden im Falle von Silizium Argon, Wasserstoff und Silan, im Falle von ZnO Argon, Sauerstoff und Dimethylzink verwendet [KWR+04, KJK+02b, GWKR05, VSH97].

Die Bauart der Mikrowellenreaktoren [vergleiche Abbildung 2.8] ähnelt stark dem Flammreaktor aus Abschnitt 2.2.1. Anstatt der Verwendung eines Brennkopfes wird das Quellgasgemisch derart durch Mikrowellen (2,45 MHz) angeregt, dass ein Plasma entsteht, in dem die chemische Umsetzung der Ausgangsstoffe entsprechend den Gleichungen (2.24) und (2.25) stattfindet. Die benötigte Leistungsdichte ist abhängig von den zur Gasreaktion erforderlichen Energien und beträgt bei der Silizium-Nanopartikelsynthese $5...10\,\mathrm{kWcm}^{-2}$, bei der Zinkoxid-Synthese lediglich $1...2,5\,\mathrm{kWcm}^{-2}$ [KWR+04, KJK+02b]. Die Partikelgröße lässt sich durch Änderung der Gasmischungsverhältnisse, des Prozessdrucks und der eingespeisten Leistung variieren. Die Synthese beider Materialien führt zu einkristallinen Nanopartikeln mit Primärpartikelgrößen von $5...25\,\mathrm{nm}$. Nach Abschluss der Gasphasenreaktion neigen auch die Partikel aus dem Mikrowellenreaktor zur Agglomeratbildung [KJK+02b, GWKR05]. Auch die Siliziumpartikel aus dem Mikrowellenreaktor zeigen aufgrund der chemischen Reaktion mit umgebendem Sauerstoff amorphe Siliziumdioxidschichten an der Oberfläche. Das Siliziumdioxid besitzt dabei nur eine kleine Schichtdicke von wenigen Nanometern und ist unterstöchiometrisch [KWR+04].

Im Rahmen dieser Arbeit wurden auch dotierte Siliziummaterialien verwendet. Die Dotierung kann durch die Zugabe von entsprechenden Dotiergasen in den Reaktor erreicht werden. Für die p-Dotierung wird hierzu Diboran (B_2H_6), für die n-Dotierung Phosphin (PH_3) genutzt [SPK+08, LSP+08]. Der Dotierstoff wird während der Gasphasenreaktion in die Nanopartikel eingebaut, wobei die Dotierstoffkonzentration durch die Konzentration des Dotiergases im Reaktor beeinflusst werden kann.

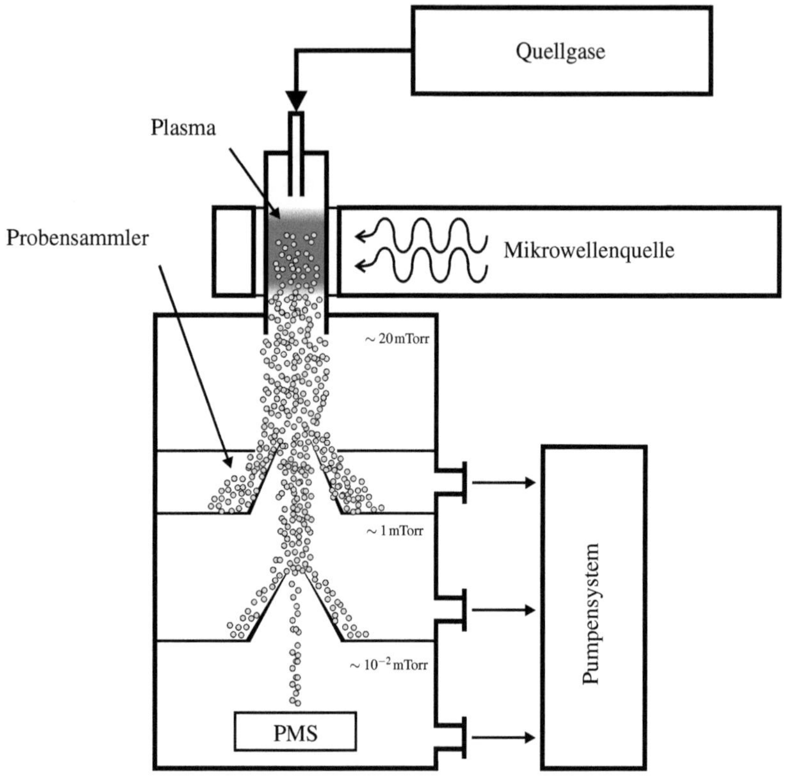

Abbildung 2.8: Schematischer Aufbau eines Mikrowellenreaktors zur Nanopartikelsynthese mit integrierter Partikel-Massen-Spektroskopie (PMS) zur in-situ-Messung der Partikelgrößenverteilung nach [KJK⁺02b]

2.2.2 Dispergierprozess und Nanopartikeldispersionen

Die einfachste und kostengünstigste Art, Nanopartikel in elektronische Schaltungen zu integrieren, besteht in der Verwendung von Dispersionen. Bei den verwendeten Dispersionen handelt es sich um ein homogenes Flüssigkeit-Feststoff-Gemisch, auch *Suspension* genannt, bei dem der Feststoffanteil nicht in Lösung geht, sondern erhalten bleibt. Es treten lediglich an der Oberfläche der Feststoffpartikel Wechselwirkungskräfte zwischen dem flüssigen Dispergiermittel und dem Feststoff auf, die die Partikel homogen im Dispergiermittel halten. Befindet sich die Größe der Feststoffteilchen im Größenbereich von 1 nm bis 1 µm, so wird die

Dispersion auch als *kolloidale Suspension* bezeichnet und der Feststoff als *Kolloid*. Die verwendeten Nanopartikelsuspensionen sind per Definition dieser Gruppe zuzuordnen [LSZ97].

Grundsätzlich werden zwei Ziele in der Kolloidwissenschaft verfolgt: während einige Anwendungen (z. B. die Filterung) eine Vermeidung von kolloiddispersen Systemen erfordert, benötigt der Einsatz von Dispersionen zur Herstellung gleichmäßiger Strukturen eine homogene Verteilung der Feststoffe. Daher ist das Vorliegen einer stabilen Dispersion bis zum Zeitpunkt der Verarbeitung unabdingbar. Im Allgemeinen streben physikalische Systeme stets zum Zustand der geringsten freien Energie; im Speziellen wird dieser Zustand bei Dispersionen durch Annäherung bzw. Zusammenhaftung der Partikel erreicht, da hierbei die freie Oberflächenenergie minimiert wird. Das Dispergiermedium bildet jedoch eine Barriere zum Erreichen des minimalenergetischen Zustandes. Eine Suspension ist demzufolge metastabil, d. h. sie ist solange stabil bis genügend Energie zur Verfügung steht, die Barriere zu überwinden und dem energetisch günstigeren Zustand entgegenzustreben. Die Wechselwirkungen, die die Eigenschaften eines kolloidalen Systems maßgebend beeinflussen, sind:

- zwischenmolekulare Kräfte,

- zwischenpartikuläre Kräfte,

- Wirkung des umgebenden Mediums,

- elektrostatische Kräfte

- und sterische Abstoßung.

Der Verlauf der Wechselwirkungsenergie zeigt in Abhängigkeit vom Abstand neben dem primären Energieminimum, das eine Zerstörung der Suspension bedeutet, ein sekundäres, flaches Minimum. Liegt die Tiefe dieses Minimums in der Größenordnung von wenigen kT, so bilden sich schwach gebundene Aggregate (Flocken), die jedoch leicht wieder zu lösen sind [Eve92].

Die Wahl des Dispergiermediums nimmt eine entscheidende Rolle für die Stabilität der Dispersion ein. Zumeist werden polare Flüssigkeiten genutzt, da diese eine ausreichende Barriere ausbilden können, um eine Reagglomeration zu vermeiden [RVG$^+$08]. Die verwendeten Nanopartikeldispersionen basieren im Falle von Silizium auf Ethanol und im Falle von ZnO auf Wasser als Dispergiermittel. Sowohl Ethanol- als auch Wassermoleküle sind polar und erfüllen damit die Grundvoraussetzung für die Herstellung stabiler Suspensionen. Die Herstellung geschieht unter Mischung des Feststoffes in nanopartikulärer Pulverform, des Dispergiermittels und Zirkoniumoxid als Mahlstoff in Rührwerksmühlen. Zusätzlich können noch Dispergieradditive hinzugefügt werden, die die Stabilität der Suspension darüber hinaus verbessern. Auf die Verwendung solcher Additive wird jedoch in den Dispersionen, die zur Verfügung stehen, verzichtet. Das Zirkoniumoxid dient dem Eintrag von mechanischer Energie in das Kolloidsystem, wodurch zum Einen ein Aufbrechen von bereits bestehenden Agglomeraten, d. h. die Dispergierung von Primärpartikeln erreicht wird, und zum Anderen die Partikel noch kleiner zermahlen werden können. Der Energieeintrag kann eine strukturelle Veränderung der Nanopartikel bewirken. So wird beobachtet, dass ein zu langer Mahlvorgang die Kristallstruktur von Silizium-Nanopartikeln bis hin zur Amorphisierung verändert und damit auch die elektrischen Eigenschaften entscheidend verschlechtert [RAA$^+$07].

Die verwendeten Dispersionen zeigen unabhängig vom Feststoffanteil eine ausreichende Stabilität [GHW10]. Die Silizium-Nanopartikeldispersionen zeigen mindestens für einen Monat, die Zinkoxid-Dispersionen mindestens für drei Monate keinerlei Veränderungen (z. B. Auftreten einer Phasenseparation).

2.2.3 Physikalische und elektrische Eigenschaften von Nanopartikeln

Allgemeine Eigenschaften von Nanopartikeln

Im Vergleich zu Schichten gleicher Materialien, die mittels physikalischer Gasphasenabscheide- (*PVD*) oder chemischer Gasphasenabscheideverfahren (*CVD*) hergestellt werden, weisen Nanopartikel entscheidende Unterschiede auf. Die vorliegende Arbeit beschäftigt sich ausschließlich mit Nanopartikeln aus Silizium und Zinkoxid, so dass anhand dieser beiden Nanopartikelsorten die wesentlichen Eigenschaften von Nanopartikeln erläutert werden.

Das offensichtlichste Merkmal von Nanopartikeln ist ihre äußere Form. Aus der Gasphase synthetisierte Si- und ZnO-Nanopartikel treten in Form von Kugeln bzw. Ellipsoiden auf [WSR01, KWR$^+$04, KJK$^+$02b, DBH95, Fen98, HHK$^+$00, HKD98]. Andere Synthese-Verfahren (z. B. die Sol-gel-Synthese) können ebenfalls diese Partikelformen ergeben [PBD$^+$99, YBK$^+$99], aber auch Formen wie die sogenannten *Nanorods* (Stäbchenform) [LJJ$^+$08]. Als Ausnahme gelang es BAPAT ET AL. kubische Silizium-Nanopartikel zu erzeugen [BGD$^+$07]. Zur Erklärung der Effekte in halbleitenden Nanopartikeln wird vereinfachend von sphärischen Partikeln ausgegangen, die bis zur Randschicht eine perfekte einkristalline Struktur aufweisen. Im Fall von Silizium wird von der typischen Diamantstruktur und bei ZnO von der ebenfalls typischen hexagonalen Wurtzitstruktur ausgegangen [Fas05, Jag06].

Grenzflächeneffekte spielen in Nanopartikeln und Nanopartikelschichten eine dominante Rolle, da die effektive Oberfläche einer dichtesten Kugelpackung um den Faktor $\pi/2$ größer als die Grundfläche ist. Die projizierte Dichte oberflächenbedingter Störstellen ist demnach ebenfalls mit $\pi/2$ skaliert. Chemisch betrachtet führt der Abbruch des Gitters an der Oberfläche zu freien Bindungen, die sehr leicht mit umgebenden Stoffen in Wechselwirkung treten können. Bei Silizium führt diese Eigenschaft in erster Linie zur Bildung einer unterstöchiometrischen Siliziumoxidschicht in Kontakt mit sauerstoffhaltigen Stoffen (Umgebungsluft, Ethanol, etc.) [KWR+04, Fen98, PMCK07]. Der Oberflächenprozess ist für Temperaturen unterhalb von 950°C selbstterminierend [LBP+94, LGP+00, LGH01], wobei die Schichtdicke des umgebenden Oxids ca. 2...5 nm [KWR+04] bzw. 10% des Primärpartikeldurchmessers beträgt [HHK99]. Neben der elektrisch isolierenden Wirkung des natürlichen Oberflächenoxides treten an der Grenzfläche zwischen der Siliziumoxidhülle und dem Siliziumkern Ladungszustände auf, die typischerweise in der Summe positiv sind [Hil04, Sze81]. Des Weiteren können dort Störstellenzustände – sogenannte Haftstellen oder *traps* – existieren, die freie Ladungsträger binden. Zinkoxid als Metalloxid hat bereits nahezu vollständig mit Sauerstoff reagiert, so dass keine weitere nennenswerte chemischen Reaktion mit Sauerstoff im Sinne einer Oberflächenoxidbildung auftritt. Stattdessen können durch Reaktionen des Sauerstoffs bzw. durch die Besetzung von Sauerstofffehlstellen im Kristall reduzierende und oxidierende Prozesse ablaufen, die das elektrische Verhalten bzw. die Halbleitereigenschaften des Materials verändern [MO09, CCDN+09, EKS+09].

Bisher wurde davon ausgegangen, dass zumindest der Kern der Nanopartikel einkristallin aufgebaut ist. Diese Annahme ist jedoch nicht für alle Partikel gültig. Zwar gibt es eine Vielzahl an Forschungsarbeiten, in denen einkristalline Nanopartikel synthetisiert wurden [KWR+04, KJK+02b, HHK+00], doch wird in anderen Arbeiten auch von amorphen und polykristallinen Partikeln berichtet. Eine Mischform ist ebenso möglich [Fen98, WSR01, DBH95, CDD+95]. Dabei ist stets zu beachten, dass Korngrenzen sowohl Rekombinations- und Streuzentren als auch potenzielle Haftstellen darstellen, wodurch die Leitfähigkeit reduziert wird. Die kristalline Struktur lässt sich nicht nur durch die Herstellungsparameter variieren, sondern ist außerdem auch von der Partikelbehandlung, insbesondere vom Dispersionsverfahren abhängig. REINDL ET AL. zeigen, dass Silizium-Nanopartikel mittels einer Rührwerkskugelmühle zwar intrinsisch stabil dispergierbar sind, sich der Amorphisierungsgrad aber von 25% auf 76% verdreifacht [RAA+07]. Als Maßnahme gegen eine Amorphisierung lässt sich eine thermische Rekristallisation durchführen [Fen98]. Während der Temperung bilden sich innerhalb der Partikel einzelne Kristalldomänen, die letztendlich an Korngrenzen zusammenführen und somit polykristalline Partikel bilden [RFPB05, HOS06, Fen98].

Die Rekristallisation ist ein bekanntes Verfahren aus der Dünnschichttechnik und wird zum Beispiel bei der Herstellung von Dünnfilmtransistoren eingesetzt [HXY06, Hil88, HG92]. Als Grenzfläche ist auch der Übergang zwischen zwei Nanopartikeln, z. B. innerhalb eines Agglomerates, anzusehen. Ein Annealing-Schritt ermöglicht die feste Verbindung der Nanopartikel über Sinterbrücken. Bei Silizium-Nanopartikeln setzt dieser Effekt für Temperaturen oberhalb von 700°C ein [STW$^+$08, Fen98, KPL$^+$95]. Für Zinkoxid-Nanopartikel zeigen eigene Arbeiten, dass ein sichtbares Zusammenwachsen für *Annealing*-Temperaturen bereits ab ca. 350°C in Sauerstoffatmosphäre stattfindet [WH10].

In Abschnitt 2.2.1 wurde bereits erläutert, dass sich auch Silizium-Nanopartikel mit Fremdstoffen dotieren lassen. So ist eine Dotierung mit Bor für p-Halbleiter und mit Phosphor für n-Halbleiter möglich. Es ist jedoch zu beachten, dass einige der oben erwähnten Effekte (Grenzflächen, Korngrenzen, Morphologie etc.) als elektrische Störstellen in Erscheinung treten. Diese Störstellen maskieren den Dotiereffekt dermaßen, dass die Dotierung erst wirksam wird, wenn die Dotierstoffkonzentration die Störstellenkonzentration übersteigt [LSP$^+$08]. Weiterhin sind Segregations- und Diffusionseffekte zu beobachten, so dass ein Teil des Phosphors sich während der Bildung an der Grenzfläche zur Oxidhülle vermehrt ansammelt, während bei Bor eine Anreicherung des Siliziumkerns mit dem Dotierstoff stattfindet [LSP$^+$08, NA96].

Charakterisierung der verwendeten Nanopartikel

Die verwendeten Silizium-Nanopartikel werden von der Firma Evonik Degussa GmbH, Creavis Technologies & Innovation bezogen[10]. Die Partikel liegen als Dispersion in Ethanol mit Massenanteilen von $\xi(Si) = 0{,}1\,\text{Gew.-\%}$ bzw. $\xi(Si) = 6{,}25\,\text{Gew.-\%}$ vor, so dass die Farbe von leicht bräunlich bis grau-braun variiert. Der Probenumfang beinhaltet Nanopartikel, die sowohl im Mikrowellenreaktor als auch im Heißwandreaktor synthetisiert wurden. Neben undotierten Nanopartikeln sind ebenfalls Nanopartikel verfügbar, die durch Zugabe von Phosphin oder Diboran während des Herstellungsprozesses eine entsprechende Dotierung aufweisen. Laut Herstellerangaben beträgt die Primärpartikelgröße ca. 16...20 nm und die mittlere Agglomeratgröße 70...90 nm. Die Stabilität der Dispersionen ist über einen Zeitraum von mindestens einen Monat gegeben, ohne dass eine Ausfällung des Kolloids sichtbar ist. Nach dieser Zeit kann eine ausreichende Redispergierung durch eine Ultraschallbehandlung erreicht werden. Die Bandlücke für sehr kleine Silizium-Nanopartikel wurde

---

[10]Die verwendeten Nanopartikel sind in ihren Eigenschaften vergleichbar mit den Nanopartikeln in [LSP$^+$08, KWR$^+$04, WSR01]

durch Photoluminiszenz-Messungen (PL) ermittelt. Partikel mit Durchmessern unterhalb von 4,8 nm zeigten eine PL-Emission bei Energien oberhalb von 1,4 eV, wobei die Bandlückenenergie mit kleinerem Durchmesser auf über 2,05 eV ansteigt [LGP$^+$00, GKWW10, RKS02]. Die Bandlücke der in dieser Arbeit verwendeten Silizium-Nanopartikel (16...20 nm) beträgt nach dem in [LGP$^+$00] vorgestellten Zusammenhang zwischen Primärpartikelgröße und Bandlücke ungefähr der von einkristallinem Silizium (c-Si). Aussagen über die Elektronenaffinität von nanokristallinem Silizium sind nicht bekannt. Da jedoch die Bandlücke der von monokristallinem Silizium entspricht, wird vermutet, dass die Elektronenaffinität von Si-NP ebenfalls ausreichend mit $q\chi_{\text{c-Si}} = 4{,}05$ eV abgeschätzt werden kann.

Zur elektrischen Charakterisierung der Silizium-Nanopartikel werden Messelektroden aus Aluminium auf oxidiertem Siliziumsubstrat strukturiert und ein Nanopartikeldünnfilm durch Spin-Coating auf die Elektroden aufgetragen. Anschließend werden die Proben bei unterschiedlichen Temperaturen in Luft (100°C) bzw. Argon-Atmosphäre (200°C...500°C) behandelt. Der schematische Querschnitt ist in Abbildung 2.9a und eine topographische *AFM*[11]-Aufnahme der Messstruktur einschließlich der aufgebrachten Nanopartikel in Abbildung 2.9b dargestellt. Das vereinfachte elektrische Ersatzschaltbild (ohne parallele Strompfade) einer kontaktierten Nanopartikelschicht besteht aus einer Serienschaltung von RC-Gliedern [siehe Abbildung 2.10], die die Kontaktimpedanzen zu den Metall-

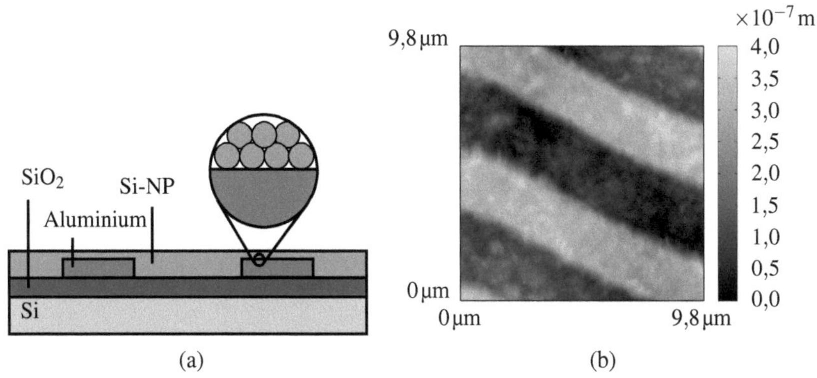

Abbildung 2.9: Elektrische Charakterisierung von Silizium-Nanopartikelschichten: (a) Schematischer Aufbau der Messstruktur, (b) Rasterkraftmikroskopaufnahme einer Messstruktur mit Silizium-Nanopartikeln

---

[11] *A*tomic *F*orce *M*icroscope

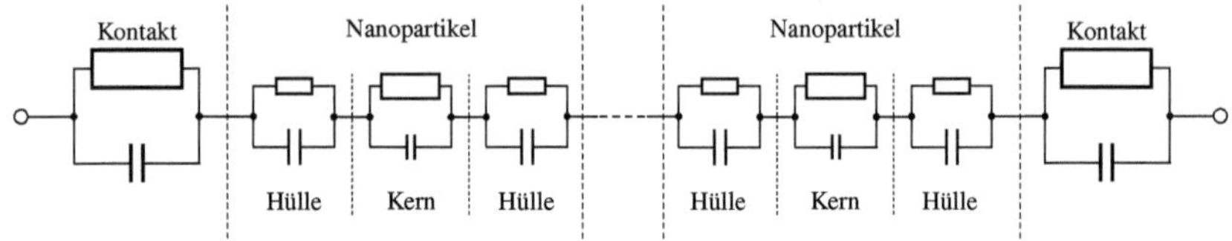

Abbildung 2.10: Vereinfachtes elektrisches Ersatzschaltbild einer kontaktierten Nanopartikelschicht

Elektroden und die Impedanzen der Nanopartikelhüllen und -Kerne abbilden. Die Übergangsimpedanz zwischen zwei Nanopartikelhüllen wird aus Gründen der Vereinfachung als Beitrag zur Nanopartikelhüllenimpedanz angenommen. Zwischen den zwei Elektroden wird mittels eines Parameter-Analysators (HEWLETT PACKARD 4156A) eine DC-Vierpunkt-Messung durchgeführt, um eine Strom-Spannungscharakteristik der Messsystems zu erhalten. Für den Gleichspannungsfall entfallen somit die kapazitiven Anteile des Systems unter Berücksichtigung von Aufladungsvorgängen während des Messvorgangs. Die Abbildung 2.11 zeigt eine typische Charakteristik, wobei die gefüllten Kreise die Mess-

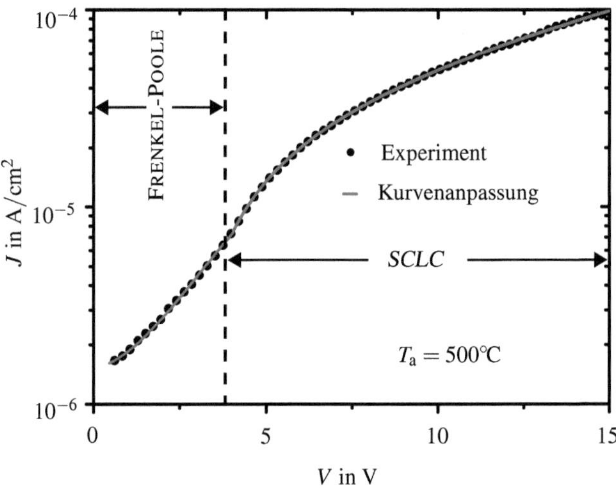

Abbildung 2.11: Typische Strom-Spannungs-Charakteristik einer Silizium-Nanopartikelschicht. Die Messwerte wurden in lateraler Messanordnung mit Aluminium-Elektroden aufgenommen.

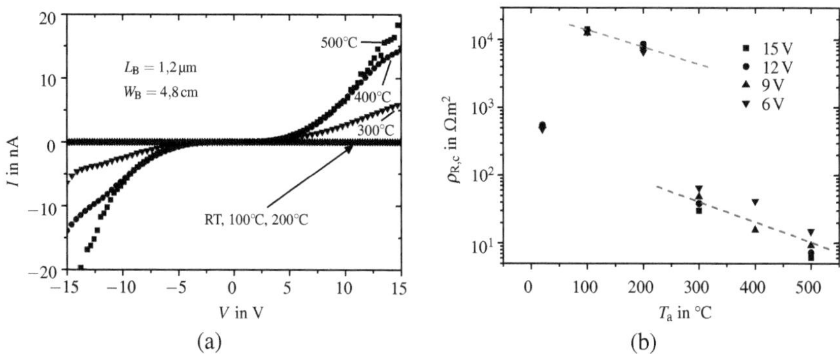

Abbildung 2.12: Elektrische Charakteristiken von Silizium-Nanopartikelschichten in Abhängigkeit von der *Annealing*-Temperatur. (a) typische Strom-Spannungs-Charakteristik, (b) spezifischer Kontaktwiderstand

werte und die graue Kurve eine Approximation des Kurvenverlaufs darstellen. Der Verlauf des Stroms in Abhängigkeit von der Spannung lässt sich in zwei Bereiche unterteilen. Für „hohe" Spannungen (rechts) folgt der Strom einem Zusammenhang gemäß Gleichung (2.22). Für den linken Bereich ist gemäß Gleichung (2.23) ein OHMscher Zusammenhang zu erwarten. Aufgrund der Störstellen innerhalb der Nanopartikelschicht tritt jedoch die Dominanz eines Ladungsträgertransports nach dem FRENKEL-POOLE-Effekt auf. Beide Bereiche lassen sich unabhängig von der *Annealing*-Temperatur T_a erkennen. Der Gesamtwiderstand der Messanordnung, der aus Kontakt- und Bahnwiderstand besteht, sinkt mit höheren T_a [siehe Abbildung 2.12a]. Wird davon ausgegangen, dass sich die Kontakte bei ausreichend großer Spannung im *SCLC*-Bereich ohmsch verhalten, so kann unter Zugrundelegung des Modells über den raumladungsbegrenzten Strom der Kontaktwiderstand aus der Extrapolation der Gesamtwiderstände verschiedener Messgeometrien gewonnen werden. Abbildung 2.12b zeigt, dass der spezifische Kontaktwiderstand mit steigender *Annealing*-Temperatur tendenziell sinkt, wobei zwischen 200°C und 300°C ein Sprung um zwei Größenordnungen auftritt. Es ist bekannt, dass zwischen 200°C und 450°C eine Diffusion des Aluminiums in Siliziumdioxid stattfinden kann [UTA+74], so dass das Aluminium der Kontaktelektroden während der Temperung in die Oxidhülle der Nanopartikel eindringen kann und den Leitwert erhöht. Verglichen mit herkömmlichen Kontakten in der Mikroelektronik ist jedoch der Kontaktwiderstand hoch. Die Gründe hierfür sind einerseits die immer noch bestehende Oxidhülle und andererseits die sehr kleinen Kontaktflächen zwischen (sphärischen) Partikeln und ebenen Metallkontakten [vergleiche vergrößerter Ausschnitt in Abbildung 2.9a]. Abhilfe würde eine nachfolgende Herstellung der Kontakte auf Nanopartikelschichten bieten, um schlüssige Kontakte zu erhalten. Dieses ist nicht möglich, da Silizium-Nanopartikel sehr leicht abzutragen sind und somit eine Abscheidung der Nanopartikel nur als finaler Prozessschritt durchzuführen ist. Da eine Leitwerterhöhung auch für andere Kontaktmaterialen (z. B. Titan) auftritt [SKC04], ist es naheliegend, dass während der Temperung eine Veränderung der elektrischen Eigenschaften der Nanopartikel auftritt. Wie *AFM*-Untersuchungen zeigen, ändert sich die Oberflächenbeschaffenheit als Maß für die Partikelgröße nicht, so dass die Veränderung der elektrischen Eigenschaften nicht durch einen Versinterungsprozess der Nanopartikel hervorgerufen wird. Diese Beobachtung deckt sich mit TEM[12]-Untersuchungen in der Literatur, die ein Zusammenwachsen von Silizium-Nanokristallen erst für Temperaturen oberhalb von 700°C nachweisen [STW$^+$08]. Mit steigender *Annealing*-Temperatur ist ein Anstieg des Temperatur-Parameters T_t zu beobachten, der als Maß für die Breite der Störstellenverteilung auf ein Ausheilen der Nanopartikel hindeutet. Wird die Störstellendichte anhand der *Cross-over*-Spannung V_x mit der Näherung

$$V_x \approx \frac{qkT_tN_0L_B{}^2}{\varepsilon_r\varepsilon_0} \tag{2.26}$$

abgeschätzt, so ergibt sich eine von der Energie abhängige Dichte der Störstellenkonzentration von $N_t \approx 10^{19}\,\mathrm{cm}^{-3}$ für $T_a = 300°C$ bis zu $N_t \approx 10^{15}\,\mathrm{cm}^{-3}$ für $T_a = 500°C$. Die Störstellendichte liegt somit in der Größenordnung der Störstellenkonzentration vergleichbarer Partikel und amorphen Siliziums [LSP$^+$08, NHO78]. In der Literatur wurden an Silizium-Nanopartikeln Störstellenkonzentrationen von $N_t = 2 \cdot 10^{19}\,\mathrm{cm}^{-3}$ [SKC04] und $N_t = 2{,}3 \cdot 10^{17}\,\mathrm{cm}^{-3}$ [RTM$^+$05] gemessen, wobei letztere Konzentrationsmessung an ungetemperten Nanopartikeln durchgeführt wurde, die nach der Herstellung durch Laserablation *in-situ* auf der Probenoberfläche abgeschieden wurden und somit keinen strukturschädigenden Dispersionsprozess durchlaufen haben [RAA$^+$07]. Die Störstellenkonzentration der verwendeten Nanopartikel liegt so hoch, dass vermutet werden kann, dass eine Dotierung mit Phosphor und Bor wirkungslos ist. Dass die Anwendung von dotierten Nanopartikeln in Transistoren qualitativ nahezu keine Auswirkungen hat, zeigen die Untersuchungen an Einzelpartikeltransistoren in Abschnitt 5.2.2.

Nanopartikuläres Zinkoxid wurde ebenfalls in dispergierter Form verwendet. Der Massenanteil lag bei 35 Gew.-% in Wasser als Dispergiermittel. Das verwendete Zinkoxid wurde bis zum Jahr 2009 kommerziell von der Firma DEGUSSA AG, ADVANCED NANOMATERIALS unter der Bezeichnung *AdNano ZnO 20 DW* vertrieben [Deg06]. Die weiße Dispersion enthält Nanopar-

---

[12]TransmissionsElektronenMikroskopie

tikelagglomerate mit einer relativ breiten Größenverteilung, die einen Mittelwert von ca. 128 nm aufweist. Untersuchungen im TEM zeigen, dass Primärpartikel praktisch nicht isoliert auftreten [Deg06]. Die Stabilität der Dispersion ist für mindestens drei Monate nach Dispergierung gewährleistet. Nach dieser Zeit kann eine ausreichende Redispergierung durch eine Ultraschallbehandlung erreicht werden. Die Bandlücke ähnlicher Nanopartikel wird in [KJK$^+$02b] mit $3{,}24\,\mathrm{eV} \leq E_\mathrm{g} \leq 3{,}28\,\mathrm{eV}$ bestimmt. Diese Werte liegen nahe der in der Literatur für Bulk-ZnO angegebenen Bandlücken von $3{,}3\,\mathrm{eV} \leq E_\mathrm{g} \leq 3{,}4\,\mathrm{eV}$ [Sze81, MO09, Jag06]. Die Elektronenaffinität von Bulk-ZnO beträgt je nach Oberfläche des Kristalls $4{,}19\,\mathrm{eV} \leq q\chi \leq 4{,}6\,\mathrm{eV}$ [JZG84]. Für Nanostrukturen reduziert sich die Elektronenaffinität aufgrund des Größeneffekts, so dass in der Literatur Werte von $q\chi = 4{,}0\,\mathrm{eV}$ berichtet werden [ZDZC09, YLPC07]. Die elektrische Charakterisierung von ZnO-Nanopartikeln wird an vertikalen Messstrukturen durchgeführt [siehe Abbildung 2.13a]. Eine Strukturierung von Schichten auf ZnO-Nanopartikeln ist möglich, da diese bei nachfolgenden Prozessen nicht von der Oberfläche abgelöst werden [WH10]. Der Vorteil einer vertikalen Messanordnung ist der schlüssige Kontakt zwischen oberer Metallelektrode und den Nanopartikeln, da im Bedampfungsprozess das Metall in die Zwischenräume eindringen kann. An der unteren Grenzfläche bleibt der hohe Übergangswiderstand durch die geringe effektive Kontaktfläche bestehen. Wie im Diagramm in Abbildung 2.13b zu erkennen ist, zeigen Zinkoxid-Nanopartikel ein ähnliches elektrisches Verhalten wie Silizium-Nanopartikel. Die Strom-Spannungs-Charakteristik lässt sich in zwei Bereiche un-

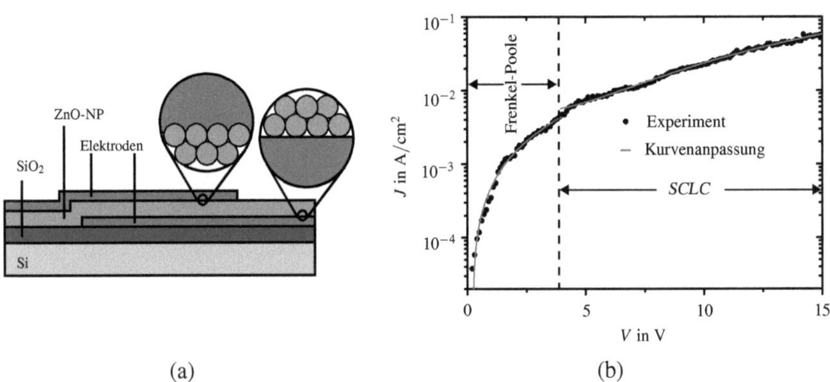

(a)   (b)

Abbildung 2.13: Elektrische Charakterisierung von Zinkoxid-Nanopartikelschichten: (a) Vertikale Messstruktur, (b) typische Strom-Spannungs-Charakteristik einer ZnO-Nanopartikelschicht

terteilen, von denen der eine wiederum mit dem FRENKEL-POOLE-Effekt und der andere mit dem raumladungsbegrenzten Strom modelliert werden kann. Insgesamt ist die gemessene Stromdichte jedoch um ein Vielfaches höher, da die Kontaktflächen zwischen einzelnen Nanopartikeln keine dem Ladungsträgertransport entgegenwirkende Potenzialbarrieren beinhalten. Wird die Störstellendichte der ZnO-Partikel aus der charakteristischen Temperatur und der *Cross-over*-Spannung ermittelt, ergibt sich eine Konzentration von $N_t \approx 3 \cdot 10^{17}\,\mathrm{cm}^{-3}$ für Nanopartikel, die eine maximale Temperatur von 120°C erfahren haben und $N_t = 1 \cdot 10^{13}\,\mathrm{cm}^{-3}$ für $T_a = 600$°C. Störstellenkonzentrationen in der selben Größenordnung werden von Untersuchungen an Zinkoxid-Presspillen berichtet, die aus Mikropulver unter Druck und einer Temperatur von 1100°C gesintert wurden [GC83].

Die Ladungsträgerbeweglichkeit in Nanopartikelschichten ist stark davon abhängig, wie die Schichten behandelt werden und wie viele Nanopartikel am Ladungsträgertransport beteiligt sind. Allgemein ist in amorphen Schichten der Ladungsträgertransport durch die fehlende Kristallstruktur stark eingeschränkt. Teilweise tritt in ihnen ein Transport nach dem *Hopping*-Mechanismus auf [BB85]. Für polykristalline Schichten kann das Modell von SETO, das eine örtliche δ-förmige Störstellenverteilung annimmt, angewendet werden. Die Ladungsträgerbeweglichkeit wird mit zunehmender Korngrenzenbarrierenhöhe reduziert [SJ75]:

$$\mu_{\mathrm{eff}} = \mu_0 \cdot \exp\left(-\frac{q\phi_B}{kT}\right). \tag{2.27}$$

Die Barrierenhöhe selbst wird von der Störstellendichte, der Ladungsträgerdichte und der Korngröße (bzw. in diesem Fall dem Nanopartikeldurchmesser) bestimmt, wobei für große Ladungsträgerdichten ($n > N_t/D_{\mathrm{NP}}$) die Höhe der Barrieren mit zunehmender Störstellenkonzentration und sinkender Korngröße steigt [EKR08]. Die Ladungsträgerbeweglichkeiten der verwendeten Nanopartikel werden aus der Struktur bzw. aus der ermittelten Störstellenkonzentration nach oben abgeschätzt. Die gemessenen, hohen Störstellenkonzentrationen, von denen ein Anteil auf Korngrenzen zurückzuführen ist, erlauben den Schluss, dass die Beweglichkeit der Ladungsträger den jeweiligen Eigenschaften von amorphem (Si-NP), nano- (Si-, ZnO-NP) oder mikrokristallinem (ZnO-NP) Material entspricht, so dass ein Mobilitätslimit für Silizium-Nanopartikel bei $1\,\mathrm{cm}^2(\mathrm{Vs})^{-1}$ und für ZnO-Nanopartikel bei ca. $40\,\mathrm{cm}^2(\mathrm{Vs})^{-1}$ gegeben ist [UTNK91, HNT$^+$03, EKR08, CMRN03].

3 Transistoraufbau und -funktionsweise

Die in dieser Arbeit vorgestellten Transistoren sind mit konventionellen *MOSFET* bzw. Dünnfilmtransistoren verwandt [Sze81, Kag03]. Daher werden in diesem Kapitel zunächst die verschiedenen Bauformen der Transistoren erläutert und wesentliche Unterschiede zu den konventionellen Bauelementen hervorgehoben. Des Weiteren wird die physikalische Funktionsweise der Transistoren dargestellt und eine Herleitung der für die Nanopartikeltransistoren gültigen Transistorgleichungen durchgeführt, die im Kern auf den Standardtransistorgleichungen basieren. Abschließend werden die verwendeten Methoden zur Bestimmung der wichtigsten elektrischen Transistorparameter erläutert.

3.1 Dünnfilmtransistoren

Die wesentlichen Eigenschaften eines Feldeffekttransistors mit halbleitenden Nanopartikeln sind stark von der gewählten Architektur abhängig. Bei den Dünnfilmtransistoren[1] haben sich in den vergangenen Jahren drei Architektur-Konzepte durchgesetzt:

- *Inverted Coplanar*-Aufbau (IC) mit Bottom-Gate- und Bottom-Drain-/Source-Elektroden [siehe Abbildung 3.1a],

- *Inverted Staggered*-Aufbau (IS) mit Bottom-Gate- und Top-Drain-/Source-Elektroden [siehe Abbildung 3.1c],

- *Noninverted Staggered*-Aufbau (NIS) mit Top-Gate- und Bottom-Drain-/Source-Elektroden [siehe Abbildung 3.1e].

Ist ein leitfähiges Substrat, z. B. ein dotierter Silizium-Einkristall, vorhanden, so lassen sich die *Inverted Coplanar*- und die *Inverted Staggered*-Architektur vereinfachen, indem das Substrat als ganzflächige Rückseitenelektrode genutzt wird [siehe Abbildungen 3.1b und 3.1d]. Es kann dann ein thermisch gewachsenes Siliziumdioxid als Gate-Dielektrikum verwendet werden. Sollen allerdings Schaltungen

---

[1] engl. *Thin-Film Transistor (TFT)*

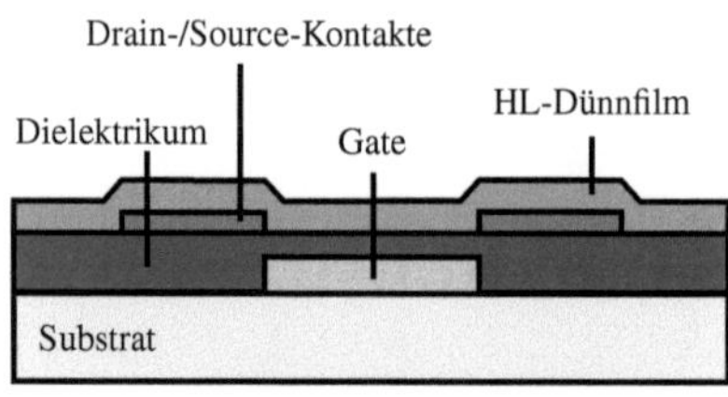

(a): Inverted Coplanar-Aufbau

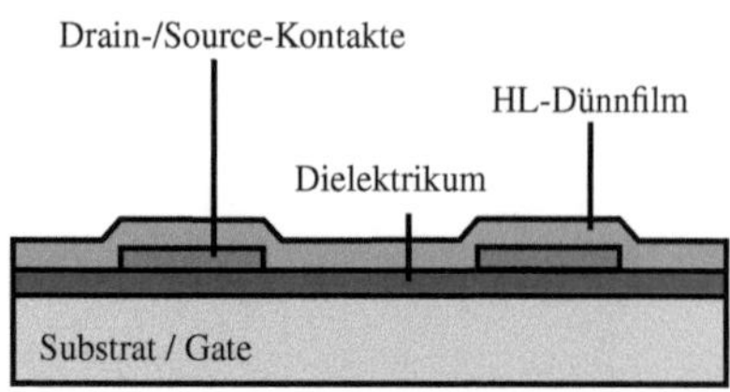

(b):   Inverted   Coplanar-Aufbau   mit Rückseiten-Gate-Elektrode

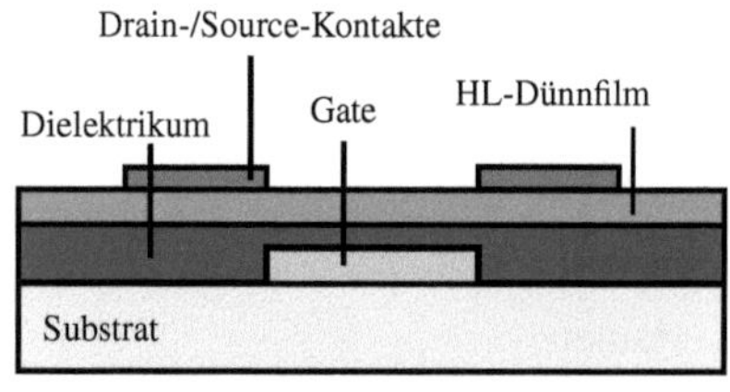

(c): Inverted Staggered-Aufbau

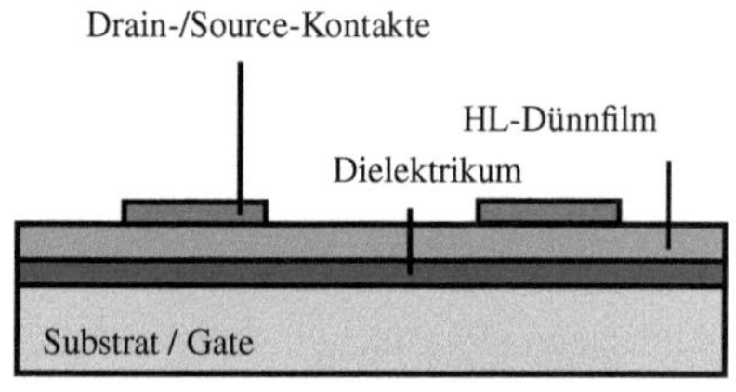

(d):   Inverted   Staggered-Aufbau   mit Rückseiten-Gate-Elektrode

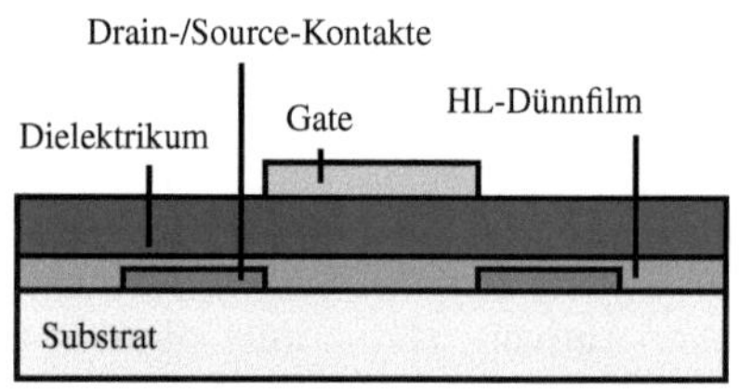

(e): Noninverted Staggered-Aufbau

Abbildung 3.1: Schematische Querschnitte von häufig verwendeten Dünnfilmtransistor-Architekturen

mit mehreren Transistoren realisiert werden, sind frei steuerbare Gate-Elektroden unumgänglich.

Bezüglich der Integration ist der *Inverted Coplanar*-Transistor am einfachsten herzustellen. Seine Grundstruktur mit der Bottom-Gate-Elektrode, dem Gate-Dielektrikum und den Bottom-Drain/Source-Elektroden lässt sich vor der Deposition des Nanopartikeldünnfilms auf dem Substrat erzeugen. Für leistungsfähige Bauelemente ist die präzise Ausrichtung der Elemente zueinander erforderlich, so dass die Schichten mittels Lithografie und Ätzverfahren strukturiert werden müs-

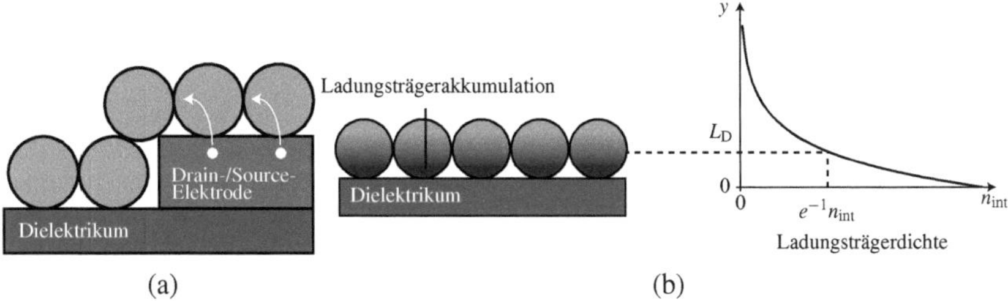

Abbildung 3.2: Grenzflächenphänomene zwischen ebenen Schichten und Nanopartikelfilmen. (a) Grenzfläche zwischen Nanopartikelfilm und Metall-Elektroden, (b) Grenzfläche zwischen Gate-Dielektrikum und Nanopartikelfilm und Verteilung der Ladungsträgerdichte im Halbleiter in Abhängigkeit von der Entfernung von der Grenzfläche. Die Größe n_{int} ist die Ladungsträgerdichte an der Grenzfläche.

sen. Die dazu notwendigen Prozesse sind aus der Mikro- bzw. Halbleitertechnologie hinlänglich bekannt [DN08]. Sind die Anforderungen an die Leistungsfähigkeit nur gering, lässt sich die Grundstruktur ebenso unter Verwendung von Drucktechniken realisieren. Vorteil der *Inverted Coplanar*-Architektur ist die Trennung von konventioneller Halbleitertechnologie zur Integration der Grundstruktur und abschließender Schichtabscheidung des Nanomaterials. Hierdurch steigt die Vielseitigkeit der Struktur hinsichtlich der Probenherstellung einerseits; andererseits wird die Halbleiterschicht nicht durch andere Prozessschritte (z. B. Strukturierung der Drain-/Source-Elektroden) chemisch oder physikalisch beeinflusst. Nachteilig ist jedoch der nicht schlüssige Kontakt zwischen den Drain/Source-Elektroden und dem Nanopartikelfilm bzw. die nicht schlüssige Grenzfläche zwischen dem Gate-Dielektrikum und dem Nanopartikelfilm. Nanopartikel sind im Allgemeinen und bis auf wenige Ausnahmen sphärisch. Im Kontakt mit den ebenen Drain- und Source-Elektroden ist demnach die effektive Grenzfläche zwischen den beiden Materialien nur minimal klein. Wie in Abbildung 3.2a dargestellt, können Ladungsträger lediglich an diesen kleinen Kontaktflächen von den metallischen Elektroden in den Partikelfilm übergehen, so dass der Kontaktwiderstand sehr hoch ist. An der Grenzfläche zwischen dem Gate-Dielektrikum und der Nanopartikelschicht tritt der Kontaktflächeneffekt in anderer Weise in Erscheinung. Durch das elektrische Feld, welches durch das elektrische Potenzial der Gate-Elektrode hervorgerufen wird, kommt es zu einer Ladungsträgerakkumulation im Sinne eines Feldeffekttransistors. Da die Stärke des Feldeffekts mit zunehmendem Abstand zum Dielektrikum abnimmt bzw. es zu Ausgleichsvorgängen im Halbleitermaterial kommt, sammeln sich Ladungsträger vornehmlich in den dielektrikumsnahen Partikelregionen. In Abbildung 3.2b ist als Grenze der Akkumulationsschicht die DEBYE-Länge L_D angegeben. Um einen Stromfluss der akkumulierten Ladungsträger zu erreichen, müssen diese von einem Partikel in den nächsten gelangen, wobei der Transportvorgang lediglich über die interpartikulären und ebenfalls kleinen Stoßflächen stattfinden kann. Diese Einschränkung des Transportweges führt zu einem Dilemma bezüglich der Nanopartikelauswahl. Werden große Nanopartikel ausgewählt, sinkt zwar die Anzahl der interpartikulären Grenzflächen, jedoch liegen die Partikelstoßflächen außerhalb der DEBYE-Länge und somit nicht mehr im leitfähigen Kanal. Der Einsatz von kleinen Nanopartikeln mit Stoßflächen innerhalb des Kanals erzeugt unweigerlich viele Grenzflächen. Daher ist das Resultat auf jeden Fall ein erhöhter Kanalwiderstand, entweder hervorgerufen durch eine unterbrochene Inversions- bzw. Akkumulationsschicht oder eine hohe Anzahl interpartikulärer Barrieren. Ein weiterer negativer Effekt ist die Rauheit der Grenzfläche, die durch die Nanopartikelform und -anlagerung bestimmt wird. Je stärker jedoch die Rauheit, desto größer ist die Streuung von Ladungsträgern an dieser Grenzfläche, so dass die effektive Ladungsträgerbeweglichkeit reduziert wird [CS73, SS06, SPSM07, OMNH08].

Die *Inverted Staggered*-Architektur umgeht die Problematik der kleinen elektrischen Kontaktflächen an Drain- und Source-Elektroden durch den Einsatz der Top-Drain/Source-Kontakte. Diese werden erst nach dem Auftragen der Nanopartikel abgeschieden, so dass sich die Elektroden der Morphologie des Nanopartikelfilms anpassen und beide Schichten schlüssig ineinander übergehen. Die Verbesserung der Grenzfläche zwischen Dielektrikum und Nanopartikelfilm ist auf diese Weise nicht möglich. Ein weiterer Vorteil dieses Aufbaus ist – insbesondere bei Verwendung einer temperaturbeständigen Rückseiten-Gate-Elektrode – die Möglichkeit, die Partikel einer Temperung zu unterziehen und so die elektrischen Eigenschaften zu beeinflussen. Bei der *Inverted Coplanar*-Struktur ist eine Temperung nur möglich, solange die bereits vorhanden Schichten temperaturstabil sind und keine nachteiligen chemischen Reaktionen in den Nanopartikeln auftreten. Zur Realisierung der Top-Drain-/Source-Elektroden ist die Abscheidung und Strukturierung von leitfähigen Schichten auf einem Nanopartikelfilm notwendig. Weit verbreitet ist hierzu die sogenannte Schattenmaskenbedampfung, bei der metallische Elektroden durch eine aufgelegte Maske (z. B. Metallfolie oder Silizium) aufgedampft werden. Die Maske enthält an den Stellen der späteren Elektroden Öffnungen, durch die das Metall ungehindert an der Probenoberfläche abgeschieden werden kann. Somit ist weder ein Lithografie- noch ein Ätzprozess auf der Probenoberfläche nötig, um die Elektroden zu strukturieren. Aus Gründen der mechanischen Stabilität der Masken ist die minimal erreichbare Strukturgröße auf ca. $10...20\,\mu m$

begrenzt. Zudem ist eine Maskenjustierung nur mit hohem Aufwand bei einge-
schränkter Genauigkeit möglich.

Vergleichbar problematisch ist die Strukturierung der Top-Gate-Elektrode im
Noninverted Staggered-Aufbau. Entgegen den beiden oben beschriebenen Architekturen kann aber der Akkumulationseffekt der dielektrikumsnahen Nanopartikel
dahingehend vermindert werden, dass das Gate-Dielektrikum auch bis in die Parti-
kelzwischenräume reicht und hier die Permittivität gegenüber den sonst vorhanden
Hohlräumen erhöht wird. Der Feldeffekt im Bereich der interpartikulären Stoßflächen wird somit verstärkt, wodurch der Kanalwiderstand sinkt.

Allen Dünnfilmtransistoren gemeinsam sind Effekte, die durch die Nanopartikelform sowie durch die Anordnung der Nanopartikel entstehen. Auftretende Phänomene werden in Abschnitt 2.2.3 näher erläutert und diskutiert. Mögliche Maßnahmen zur Verminderung negativer Effekte werden in Abschnitt 4.4.1 thematisiert.

3.2 Einzelpartikeltransistoren

In Nanopartikeldünnfilmen wird die Kanalleitfähigkeit von vielen Faktoren nachteilig beeinflusst. Abhilfe schafft eine Reduzierung der Transistorkanallänge in
die Größenordnung der Partikelgröße. So wird gewährleistet, dass der stromfüh-
rende Pfad lediglich durch einen einzigen Partikel führt. Wird ein Einzelpartikeltransistor[2] als Transistor mit Nanopartikeln als Halbleitermaterial und einer Kanallänge $L_{EPT} \leq D_{NP}$ definiert, wobei D_{NP} der Nanopartikeldurchmesser ist, lassen
sich vergleichbar mit den Dünnfilmtransistoren aus Abschnitt 3.1 die Architekturen in drei Aufbauarten unterteilen, von denen wiederum die ersten beiden mit
einer Rückseiten-Gate-Elektrode ausgeführt werden können:

- *Nanograben-Transistor* mit Bottom-Gate- und Bottom-Drain-/Source-
  Elektroden vergleichbar mit *Inverted Coplanar* [siehe Abbildung 3.3a und
  3.3b],

- *Nanolinien-Transistor* mit Bottom-Gate- und Top-Drain-/Source-
  Elektroden vergleichbar mit *Inverted Staggered* [siehe Abbildung 3.3c
  und 3.3d],

- *Nanograben-Transistor* mit Top-Gate- und Bottom-Drain-/Source-
  Elektroden vergleichbar mit *Noninverted Staggered* [siehe Abbildung 3.3e].

Es sei bemerkt, dass in kolloidalen Suspensionen durchaus Agglomerate auftreten,
die sich durch eine intensive Dispergierung nicht auftrennen lassen. In diesem Fall

---

[2]abgekürzt: EPT (**E**inzel**P**artikel**T**ransistor)

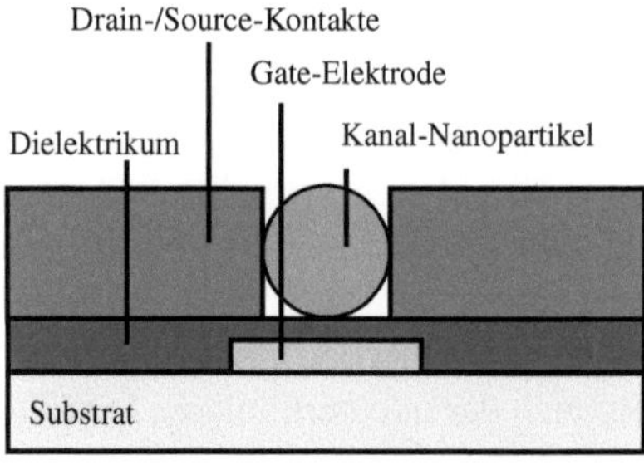

(a): Inverted Coplanar-Aufbau

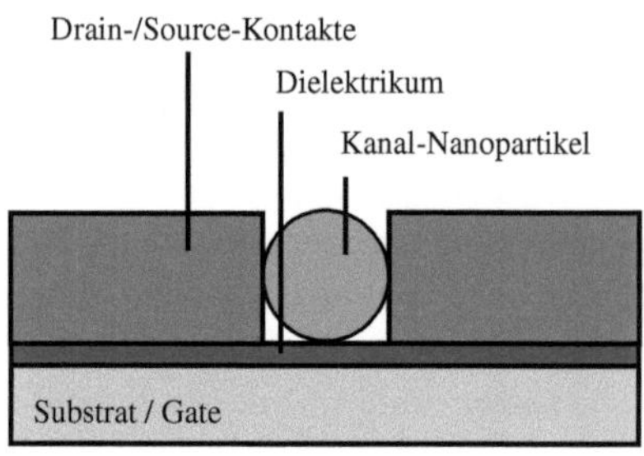

(b): Inverted Coplanar-Aufbau mit Rückseiten-Gate-Elektrode

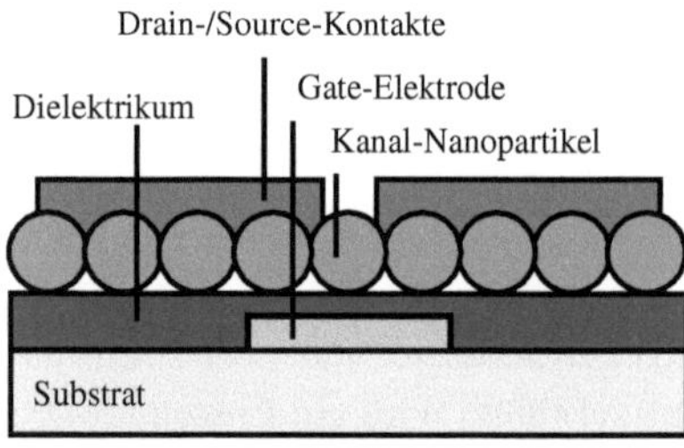

(c): Inverted Staggered-Aufbau

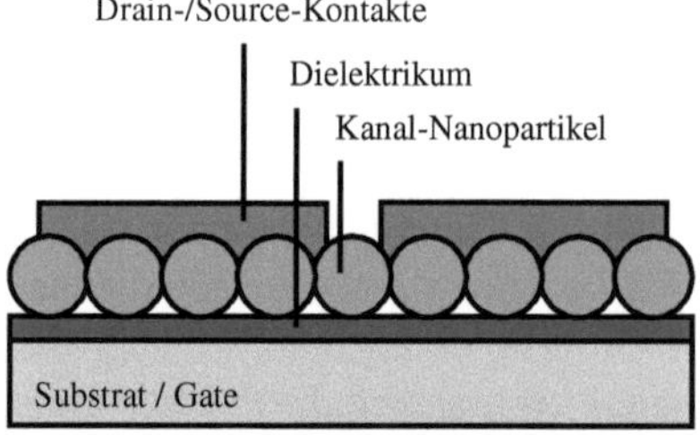

(d): Inverted Staggered-Aufbau mit Rückseiten-Gate-Elektrode

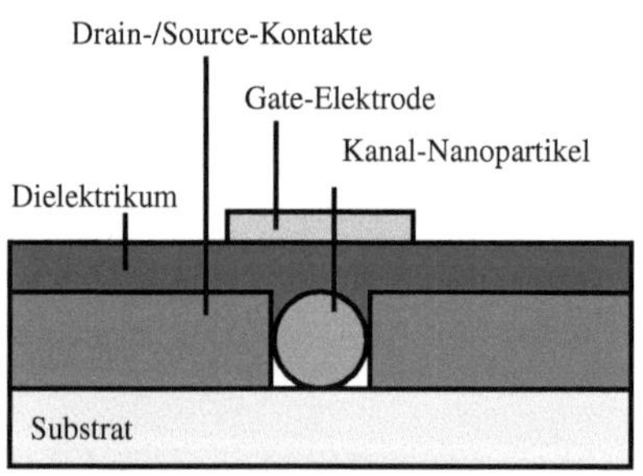

(e): Noninverted Staggered-Aufbau

Abbildung 3.3: Schematische Querschnitte von Einzelpartikeltransistor-Architekturen

werden diese Agglomerate als Einzelpartikel angesehen und im weiteren Verlauf dieser Arbeit ist auch dann von Einzelpartikeltransistoren die Rede.

Zur Integration der *Inverted Coplanar*-Struktur sind zunächst nanoskalige Zwischenräume (sogenannte Nanogräben) auf einem Dielektrikum herzustellen. Die Breite der Nanogräben ist exakt auf den Partikeldurchmesser anzupassen, wenn Einzelpartikeltransistoren realisiert werden sollen. Häufig auftretende Nanopartikelagglomerate passen nicht in den Zwischenraum, so dass diese nicht zum Transistorverhalten beitragen. Für den Fall, dass Agglomerate toleriert werden, kann eine Anpassung auf den Agglomeratdurchmesser durchgeführt werden. Diese Möglichkeit ist für Nanomaterialien interessant, die eine starke Neigung zur Reagglomeration in der Dispersion bzw. während des Auftragens zeigen oder für sehr kleine Nanopartikel wie zum Beispiel Silizium mit einer typischen Primärpartikelgröße von 2...20 nm. Vergleichbar zu den Dünnfilmen liegt der Vorteil des *Inverted Coplanar*-Aufbaus in der flexiblen Materialauswahl der Nanopartikel sowie der Trennung zwischen Herstellung der Grundstruktur (Nanogräben) und Auftragen der Nanopartikel. Problematisch ist aber der Partikeleintrag in die Nanogräben. Dieser Vorgang ist zunächst ein rein statistischer Prozess, bei dem sich die Nanopartikel beliebig in den Gräben ansammeln. Durch die Agglomeration von Partikeln kann der Eintrag entweder erschwert oder sogar ganz verhindert werden.

Bei der Integration in der *Inverted Staggered*-Architektur wird der problematische Partikeleintrag in Nanozwischenräume nicht benötigt. Im eigentlichen Sinne handelt es sich ebenfalls um einen Dünnfilmtransistor. Der Nanopartikelfilm wird auf dem Gate-Dielektrikum erzeugt. Da jedoch der Elektrodenabstand von Drain- und Source-Elektrode so gering ist, dass auch hier nur idealerweise ein Nanopartikel kontaktiert wird, unterliegt diese Bauform der Definition für Einzelpartikeltransistoren. Durch die nicht beeinflussbare Anordnung der Nanopartikel innerhalb des Dünnfilms kann es aber durchaus passieren, dass die Drain/Source-Elektroden an einer ungünstigen Position hergestellt werden. Im schlechtesten Fall führt der Stromkanal durch zwei Nanopartikel, einschließlich einem interpartikulären Übergang.

Der *Noninverted Staggered*-Aufbau bei Einzelpartikeltransistoren bietet sich besonders bei isolierenden Substraten an und gründet ebenfalls auf dem Einsatz von Nanogräben. Durch die Erzeugung des Gate-Dielektrikum nach der Nanograbenherstellung können negative Auswirkungen auf das Dielektrikum während der Nanostrukturierung [vergleiche Abschnitt 4.3] umgangen werden. Das Problem des Partikeleintrags stellt sich wie bei der *Inverted Coplanar*-Transistorstruktur dar. Dennoch kommt dem Partikeleintrag nur eine sekundäre Bedeutung zu. Selbst bei einer mangelhaften Einlagerung von Nanopartikeln kann

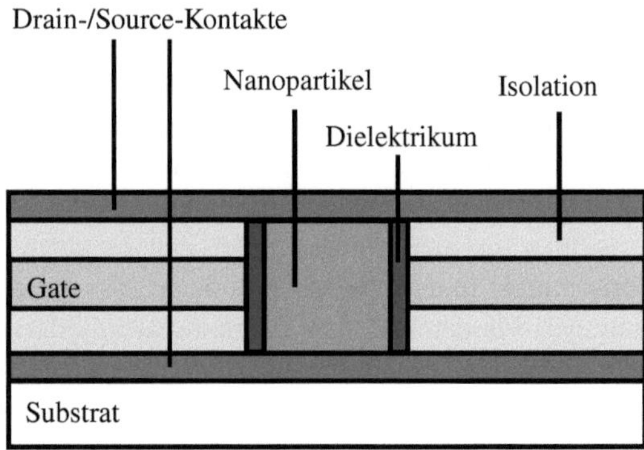

Abbildung 3.4: Schematischer Querschnitt eines vertikalen Einzelpartikeltransistors mit umlaufender Gate-Elektrode nach [DDB$^+$06]

durch überbrückende Nanopartikel bzw. einen überbrückenden Nanopartikelfilm ein *Noninverted Staggered*-EPT realisiert werden.

In allen drei Varianten muss die Transistor-Kanalweite nicht nanoskalig sein. Vielmehr führt eine größere Kanalweite zur Parallelschaltung mehrerer Kanal-Nanopartikel, wodurch die maximale Drain-Stromstärke erhöht werden kann. Die Definition eines EPT wird weiterhin erfüllt. Die Position der Transistoren wird durch die Strukturdefinition von Source- und Drain-Elektroden vorgenommen. Sie ist nicht abhängig von der Anordnung der Nanopartikel. Die Positioniergenauigkeit der Transistoren entspricht der Genauigkeit der Lithographie. Daher ist ein Schaltungslayout zur Integration logischer Schaltung unmittelbar möglich.

Neben den lateralen Transistoren wird in der Literatur ein vertikales Transistorkonzept mit Einzelpartikeln vorgestellt [DDB$^+$06]. Als Halbleitermaterial werden kubische Silizium-Nanopartikel verwendet [BGD$^+$07]. Die Nanopartikel werden mit einer zufälligen örtlichen Verteilung auf der Probenoberfläche abgeschieden und so prozessiert, dass die Architektur aus Abbildung 3.4 entsteht. Der Transistorkanal ist zwischen den Drain- und Source-Elektroden vertikal ausgerichtet. Das Gate steuert den Nanopartikel seitlich. Entscheidende Nachteile dieser Integrationstechnik sind:

- die Notwendigkeit von kubischen Nanomaterialien;

- die fehlende bzw. äußerst aufwendige Möglichkeit, Transistoren zu positionieren;

- eine komplizierte Prozessführung, um lateral umlaufende Gates und Gate-Dielektrika mit ausreichender Qualität zu erzeugen;

- nicht steuerbare Kanalbereiche durch die räumliche Ausdehnung der Isolationsschicht ober- und unterhalb der Gate-Elektrode.

3.3 Funktionsweise

Die Funktionsweise der in dieser Arbeit vorgestellten Transistoren basiert auf dem Prinzip der SCHOTTKY-Barrieren-Drain-Source-Feldeffekttransistoren (SB-*MOSFET*). Diese nutzen im Gegensatz zu konventionellen *MOSFET* keine pn-Homoübergänge zwischen den Drain-/Source-Elektroden und dem Substrat, sondern Metall-Halbleiter-Kontakte [TWC94, LS06]. Das Prinzip des SB-*MOSFET* ist in Abbildung 3.5 für einen n-Typ-Transistor[3] dargestellt. Während

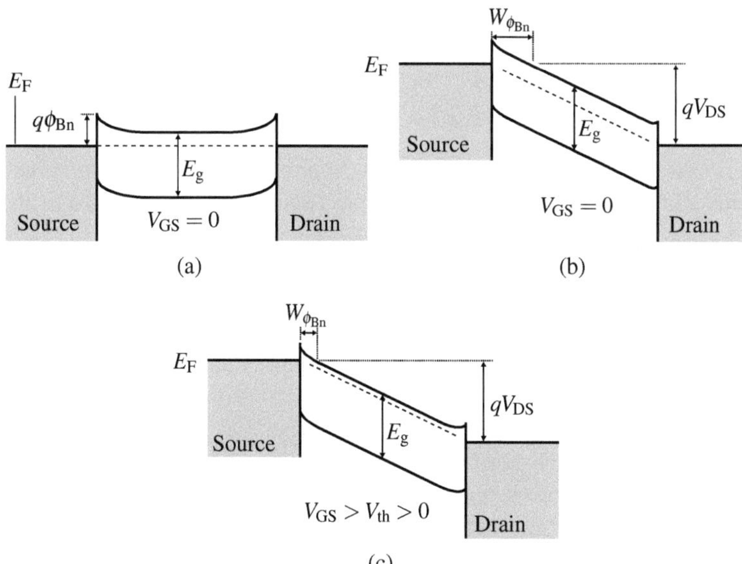

Abbildung 3.5: Vereinfachte Bänderdiagramme zur Funktionsweise von SCHOTTKY-Barrieren-Feldeffekttransistoren. (a) $V_{GS} = 0$, $V_{DS} = 0$ (Darstellung einschließlich Bandverbiegung), (b) $V_{GS} = 0$, $V_{DS} > 0$, (c) $V_{GS} > 0$, $V_{DS} > 0$

---

[3]Für p-Typ-Transistoren gilt das Funktionsprinzip unter der Maßgabe $\phi_{Bp} < \phi_{Bn}$ analog. Die Vorzeichen der Spannungen sind dann mit umgekehrtem Vorzeichen zu wählen.

für den Fall $V_{GS} = V_{DS} = 0$ [siehe Abbildung 3.5a] aufgrund der Barrieren und des Fehlens des für einen Driftstrom notwendigen elektrischen Feldes kein Stromfluss von der Source- zur Drain-Elektrode stattfinden kann, tritt bereits beim alleinigen Anlegen einer Drain-Source-Spannung ein Ladungsträgertransport auf [siehe Abbildung 3.5b]. Die Weite $W_{\phi_{Bn}}$ bzw. die Höhe $q\phi_{Bn}$ der Barriere kann bereits so schmal oder niedrig sein, dass Elektronen diese durch thermische Emission oder *Tunneling* überwinden können und einen Drain-Strom verursachen. In Abbildung 3.5b ist die Source-Barriere als dreiecksförmige Barriere approximiert. Wird nun das Gate des Transistors mit einer Spannung $V_{GS} > V_{th}$ beaufschlagt, so führt das elektrische Feld zu einer Bandverbiegung im Kanalgebiet. Die Bänder im Kanalgebiet und insbesondere in Kontaktnähe werden so verbogen, dass die Barrierenweite $W_{\phi_{Bn}}$ verkleinert wird [siehe Abbildung 3.5c]. Es gilt

$$W_{\phi_{Bn}}\bigg|_{V_{GS}>V_{th}} < W_{\phi_{Bn}}\bigg|_{V_{GS}=0} . \tag{3.1}$$

Die Barrierenweite bestimmt die Tunnelwahrscheinlichkeit $\Theta = \Theta\left(W_{\phi_{Bn}}\right)$. Diese folgt aus der zeitunabhängigen Schrödinger-Gleichung

$$\frac{d^2\Psi}{dx^2} = \frac{2m^*\left[\varphi\left(x\right) - E\right]}{\hbar^2}\Psi \tag{3.2}$$

mit der Wellenfunktion Ψ. Mit der WKB-Approximation[4] und unter Annahme einer dreieckförmigen Barriere ergibt sich die Tunnelwahrscheinlichkeit Θ als

$$\Theta = \frac{\Psi\left(W_{\phi_{Bn}}\right)\Psi^*\left(W_{\phi_{Bn}}\right)}{\Psi\left(0\right)\Psi^*\left(0\right)} = \exp\left(-\frac{4}{3}\frac{\sqrt{2qm^*}}{\hbar}\sqrt{\phi_{Bn}}W_{\phi_{Bn}}\right) . \tag{3.3}$$

Wie zu erkennen ist, steigt die Wahrscheinlichkeit mit kleinerer Barrierenweite $W_{\phi_{Bn}}$. Das elektrische Feld, welches von der Gate-Elektrode influenziert wird, senkt außerdem die Barrierenhöhe durch den SCHOTTKY-Effekt ab, wodurch die Transmissionswahrscheinlichkeit ebenfalls ansteigt. Bei entsprechend schmaler Barriere steigt die Tunnelwahrscheinlichkeit soweit an, dass der Kontakt ohmsch wird, sofern er diese Eigenschaft zuvor nicht besaß. Zusätzlich wird der Anteil der thermischen Emission (über die Barriere) am Ladungsträgertransport durch die Barrierenabsenkung verstärkt [Sze81]. Idealerweise müssen die Kontakteigenschaften so ausgelegt werden, dass die Barriere so hoch ist, dass der Anteil der thermischen Emission vernachlässigt werden kann und die Unterscheidung zwischen ein- und ausgeschaltetem Zustand des Transistors durch den Tunneleffekt bestimmt wird. Die vorhergehenden Betrachtungen wurden zunächst

---

[4]Die semi-klassische **W**ENTZEL-**K**RAMERS-**B**RILLOUIN-Approximation nimmt zur Lösung der Gleichung (3.2) die Unabhängigkeit von $\varphi\left(x\right) - E$ im Intervall $[x, x+dx]$ an [Kra26].

für Elektronen als ausschließlich am Ladungsträgertransport beteiligte Teilchen durchgeführt. Diese Näherung ist möglich, wenn die Barrierenhöhe zwar ausreichend hoch gewählt wird, um eine thermische Emission von Elektronen zu unterdrücken, aber so niedrig gewählt wird, dass die Barriere für Löcher nach Gleichung (2.8) so groß wird, dass eine Löcherinjektion unterbunden wird. Die Verwendung von intrinsischen, undotierten Halbleitern ist möglich. Analog lässt sich ein p-Kanal-Transistor durch Blockierung der Elektronen und Injektion von Löchern ($\phi_{Bn} > \phi_{Bp}$) realisieren, so dass komplementäre Schaltungen allein durch die Wahl der Kontaktmaterialien integriert werden können. Als Beispiel hierfür sei auf [DDB$^+$06, SDB$^+$07] verwiesen[5]. Während SONG ET AL. mit YbSi$_x$-Kontakten eine Barrierenhöhe von ca. $\phi_{Bn} = 0,47\,\mathrm{eV}$ erreichen und damit einen n-Typ-Transistor realisieren [SDB$^+$07], verwenden DING ET AL. in [DDB$^+$06] PtSi als Kontaktmaterial für p-Kanal-Transistoren. Die Barrierenhöhe zwischen Silizium und PtSi beträgt $\phi_{Bp} = 0,24\,\mathrm{eV}$ [Mae95].

In Abbildung 3.5c ist angedeutet, dass bei Anlegen einer Gate-Spannung eine Ladungsträgerakkumulation im Kanal stattfindet, da die FERMIenergie sich der Leitungsbandkante nähert:

$$E_C - E_F \bigg|_{V_{GS} > V_{th}} < E_C - E_F \bigg|_{V_{GS} = 0}. \tag{3.4}$$

Da mit steigender Ladungsträgerdichte auch der Leitwert steigt, bildet sich ein Stromkanal in Dielektrikumsnähe aus, der die injizierten Ladungsträger abführt. Dieser ist im Gegensatz zum Inversionskanal bei konventionellen *MOSFET* jedoch durch eine Akkumulation gekennzeichnet. Zur Herleitung der allgemeinen Transistorgleichungen für Transistoren im Akkumulationsbetrieb werden zunächst in Anlehnung an [Sze81] Vereinfachungen getroffen:

1. bei der Struktur handelt es sich um eine ideale MOS-Struktur ohne Fallenzustände an Grenzflächen, Oxidladungen, Austrittsarbeitsdifferenzen etc.;

2. es wird nur ein Driftstrom berücksichtigt;

3. die Ladungsträgermobilität im Kanal ist konstant;

4. die Dotierung im Kanal ist homogen;

5. der Ladungsträgertransport in Rückwärtsrichtung ist vernachlässigbar;

6. für das transversale E-Feld im Kanal gilt $\mathscr{E}_x = 0$;

---

[5]Beide Arbeiten stammen aus derselben Forschergruppe und verwenden die gleichen undotierten, kubischen Silizium-Nanopartikel.

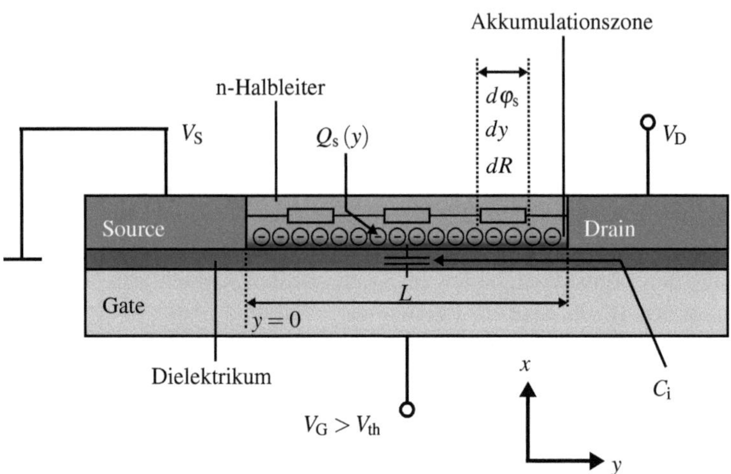

Abbildung 3.6: Vereinfachter *Inverted Coplanar*-Dünnfilmtransistor im Anreicherungsbetrieb ($V_G > V_{th}$; $V_G > V_D$)

7. für das longitudinale E-Feld im Dielektrikum gilt $\mathscr{E}_y = 0$;

8. die Bandverbiegung an der Drain- und Source-Elektrode wird zunächst vernachlässigt.

Mit den genannten Voraussetzungen stellt Abbildung 3.6 das Modell eines n-Kanal-Transistors zur Herleitung der Gleichungen dar. Nach [Bub09] führt diese Modell mittels einer Betrachtung der akkumulierten Ladung und der anschließenden Integration der infinitesimalen Widerstandselemente dR bzw. Potenzialelemente $d\varphi_s$ über den Ort x zu den Transistorgleichungen

$$I_{DS} = \frac{W\mu C_i}{L} \left[[V_{GS} - V_{th}] - \frac{1}{2}V_{DS} \right] V_{DS} \qquad \text{für } V_{GS} - V_{th} > V_{DS}, \qquad (3.5a)$$

$$I_{DS} = \frac{W\mu C_i}{2L} [V_{GS} - V_{th}]^2 \qquad \text{für } V_{GS} - V_{th} \leq V_{DS}. \qquad (3.5b)$$

Diese werden im Folgenden als SHOCKLEY-Gleichungen bezeichnet[6] [Sho52]. Die Schwellenspannung V_{th} drückt eine Verschiebung der Gate-Spannung aus, bei der ein Kanal im Halbleiter ausgebildet wird. Die Ursache und Größe der Schwellenspannung sind von mehreren Faktoren abhängig. Unter anderem bestimmen

---

[6]Der Spannungsbereich der Gleichung (3.5a) wird üblicherweise als „linearer Bereich" oder „Triodenbereich" bezeichnet; der Spannungsbereich der Gleichung (3.5b) als „Sättigungsbereich".

Störstellen und Korngrenzen im Halbleiterfilm, elektrische Ladungen am bzw. im Dielektrikum, Bandverbiegungen durch den Ausgleich von Austrittsarbeitsdifferenzen und Dotiereffekte (z. B. Einbau von Sauerstoff in den ZnO-Kristall) die Schwellenspannung. Die Gleichung (3.5b) wurde unter Vernachlässigung eines Löcherstroms hergeleitet. Aufgrund des nicht unerheblichen Potenzialgradienten für den Bereich $V_{GS} - V_{th} \leq V_{DS}$ können mit zunehmendem V_{DS} jedoch auch Löcher die Barriere an der Drain-Elektrode überwinden, so dass ein Löchertransport berücksichtigt werden muss. Wird der Transistorkanal in einen Abschnitt zwischen Source-Elektrode und Abschnürpunkt[7] und einen Abschnitt zwischen Abschnürpunkt und Drain-Elektrode unterteilt, so lassen sich die Transistorströme separat betrachten, wenn aus Kontinuitätsgründen von einem ungestörten Ladungstransport im jeweils anderen Bereich ausgegangen wird. Mit der Elektronenbeweglichkeit μ_n und der Löcherbeweglichkeit μ_p folgt für den Drainstrom

$$I_{DS} = \frac{WC_i}{2L} \left[\mu_n \left[V_{GS} - V_{th} \right] + \mu_p \left[V_{DS} - \left[V_{GS} - V_{th} \right] \right] \right] V_{DS}. \tag{3.6}$$

Es wird demnach erwartet, dass die im Rahmen dieser Arbeit vorgestellten Transistoren ambipolares Verhalten zeigen. Auch wenn im Triodenbereich eine Beteiligung beider Ladungsträgerarten am Stromfluss durch die Transistorgleichung nicht erfasst wird, ist mit großer Wahrscheinlichkeit davon auszugehen, dass sowohl Elektronen als auch Löcher im Kanal transportiert werden – aufgrund der geringeren longitudinalen Feldstärke jedoch nur in eingeschränktem Maße. Ambipolare Charakteristiken werden hauptsächlich in anorganischen Transistoren mit a-Si:H (amorphem Silizium) als Halbleitermaterial, organischen und hybriden organisch-anorganischen Transistoren beobachtet [Pfl86, NYAY07, KYS$^+$07]. Dieses sind Materialien, die in ihren Eigenschaften den Nanopartikeln sehr ähnlich sind [vergleiche Abschnitt 2.2.3]. Ein typisches Ausgangskennlinienfeld ist in Abbildung 3.7 skizziert. Die schwarzen Graphen zeigen das Verhalten gemäß der stark idealisierten Gleichungen (3.5a) und (3.5b); wird der Effekt des ambipolaren Ladungsträgerflusses laut Gleichung (3.6) berücksichtigt, so zeigt sich in den Ausgangskennlinien im Sättigungsbereich ein quadratischer Anstieg der Stromstärke mit zunehmender Spannung. Je nach Verhältnis zwischen den Eingangsspannungen untereinander und zur Schwellenspannung bleibt eine Sättigung im Sinne eines Plateaus nahezu aus.

Die oben getroffenen Annahmen zur Herleitung der Transistorgleichungen sind nur bedingt gültig, da offensichtlich:

---

[7]Das Auftreten eines Abschnürpunkts der Inversionsschicht ist von konventionellen *MOSFET* im Sättigungsbereich und der damit verbundenen Kanallängenmodulation bekannt [Sze81].

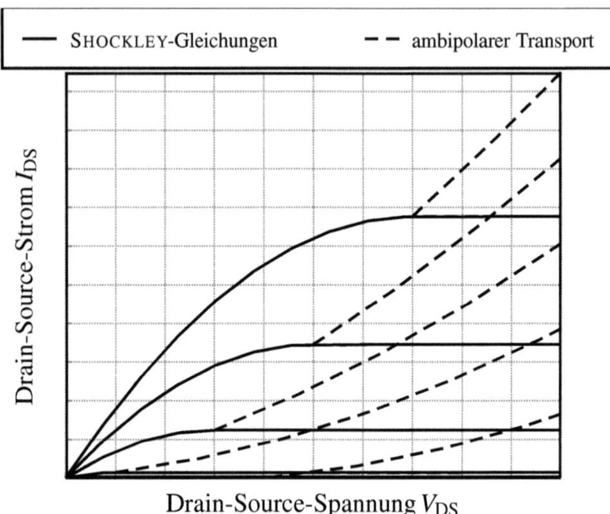

Abbildung 3.7: Modelliertes Ausgangskennlinienfeld für das vereinfachte Transistormodell nach den Transistorgrundgleichungen (Linie) und unter Berücksichtung des ambipolaren Stromtransports im Sättigungsbereich nach Gleichung (3.6) mit $\mu_n/\mu_p = 5$ (Strichlinie)

- die Kontakte nicht rein ohmsch sind bzw. die Kontakteigenschaften und daraus folgend die Ladungsträgerinjektion mit dem Arbeitspunkt des Transistors variieren;

- die Nanopartikelform eine nicht-ideale Grenzfläche zwischen Kanal und Gate-Dielektrikum bedingt;

- die Kontakte nicht lateral bis zum Dielektrikum durchgehend integriert sind, sondern parallel zur Kanaloberfläche liegen;

- durch die Transistorgeometrie, insbesondere bei Einzelpartikeltransistoren, die Annahme $\mathscr{E}_x > \mathscr{E}_y$ nicht uneingeschränkt gilt, da Kanallänge und Dielektrikumsdicke in derselben Größenordnung liegen;

- am Ladungsträgertransport beide Ladungsträgerarten in gleichem Maße beteiligt sein können; gegebenenfalls ist die dominante Ladungsträgerart abhängig vom Betriebsbereich des Transistors.

Die Steuerbarkeit der Transistoren variiert je nach Architektur und verwendeten Materialien. Es ist nicht zwingend erforderlich, dass die Steuerung parallel durch

Barrieren- und Kanalsteuerung (Akkumulation) geschieht. Dennoch bieten Transistoren, die sowohl in den Barriereeigenschaften als auch durch Kanalmodulation steuerbar sind, vermutlich ein besseres Sperrverhalten als Bauelemente mit nur einem Einflussfaktor.

3.4 Parameterextraktion

Um Transistoren charakterisieren zu können, müssen die Bauelementparameter vergleichbar ermittelt werden. Für Nanopartikeltransistoren existiert keine IEEE-Standardisierung der Parameterextraktion. Daher sind in der Literatur zahlreiche Verfahren anzutreffen, deren Ergebnisse einen direkten Vergleich erschweren. Die im Folgenden vorgestellten Verfahren lehnen sich an den IEEE-Standard 1620 für organische Feldeffekttransistoren an [IEE08]. Zur Transistorcharakterisierung genügt die Aufnahme von Transferkennlinie $I_D(V_{GS})$, Ausgangskennlinienfeld $I_D(V_{DS})$ und Gate-Leckstrom-Charakteristik $I_G(V_{GS})$. Hieraus lassen sich die Schwellenspannung V_{th}, die Ladungsträgerbeweglichkeit μ, die Strommodulation I_{ON}/I_{OFF} und gegebenenfalls der Subschwellenspannungsstromanstieg S als Transistorparameter bestimmen. Für die Aufnahme der Kennlinien-Messewerte wird ausschließlich der Präzisionsparameteranalysator HEWLETT PACKARD 4156A verwendet.

Schwellenspannung

Zur Ermittlung der Schwellenspannung V_{th} wird die Wurzel des Drain-Stroms der Transferkennlinie über der Gate-Spannung aufgetragen. Für den Betrieb in Sättigung führt Gleichung (3.5b) folglich zum Ausdruck

$$\sqrt{I_{DS}} = \sqrt{\frac{W \mu C_i}{2L}} \left[V_{GS} - V_{th} \right].\tag{3.7}$$

Durch Extrapolation der Geraden ergibt sich im Schnittpunkt mit der V_{GS}-Achse die Schwellenspannung. Tritt eine Beweglichkeitsreduktion auf, so wird im Punkt der größten Steigung extrapoliert [Sch06]. Das Verfahren weist den Nachteil auf, dass die Schwellenspannung bei schlecht sperrenden Transistoren verfälscht wird, da eine Extrapolation bis zur V_{GS}-Achse zu einer nicht unerheblichen Verschiebung der Schwellenspannung – im Fall von n-Kanal-Transistoren – in negative Richtung führt. Es ist daher sinnvoll, bei schlechten Sperreigenschaften die Schwellenspannung am Punkt zu bestimmen, in dem die extrapolierte Gerade den Wert des minimalen Stroms $\sqrt{I_{DS,min}}$ annimmt. Die Schwellenspannung kann

auch durch das Verfahren der linearen Extrapolation ermittelt werden. Hierbei
ist die Transferkennlinie im steilsten Punkt linear zu extrapolieren. Der Schnittpunkt mit der Abszissenachse wird als $V_{\mathrm{GS,i}}$ bezeichnet. Die Schwellenspannung
ist nach [Sch06] gegeben durch

$$V_{\mathrm{th,lin}} = V_{\mathrm{GS,i}} - \frac{V_{\mathrm{DS}}}{2}. \tag{3.8}$$

Dieses Verfahren ist jedoch sehr sensitiv bezüglich serieller Widerstände und
einer Beweglichkeitsdegradation [Sch06]. Es eignet sich jedoch auch für die
Schwellenspannungsermittlung in Verarmungstransistoren und Transistoren mit
vergrabenem Kanal [TS88]. Bei vernachlässigbar kleinen Kontaktwiderständen
geht der Wert für die Schwellenspannung aus der linearen Extrapolation $V_{\mathrm{th,lin}}$
in den Schwellenspannungswert der Bestimmung aus dem Sättigungsbereich
$V_{\mathrm{th,sat}}$ über. Eine weitere Methode zur Ermittlung der Schwellenspannung ist das
Transkonduktanz-Ableitungs-Verfahren, bei dem die Steilheit g_{m} nach ∂V_{GS} abgeleitet wird. Die Stelle des Maximums dieser Funktion stellt die Schwellenspan-
nung dar [Sch06].

Ladungsträgerbeweglichkeit

Der Ladungsträgerbeweglichkeit kommt eine entscheidende Bedeutung als Bewer-
tungskriterium in Transistoren zu. Insbesondere in Bauelementen mit halbleitenden Nanopartikeln treten Streueffekte auf, die die Beweglichkeit reduzieren. Hierzu zählen unter anderem die Streuung an Phononen, an Verunreinigungen, gelade-
nen Teilchen oder an Oberflächen. Jedem Mechanismus kann eine Beweglichkeit
zugeordnet werden, so dass sich die Gesamtbeweglichkeit μ aus den Einzelbeweg-
lichkeiten nach der MATHIESSEN-Regel als

$$\frac{1}{\mu} = \sum_{i=1}^{n} \frac{1}{\mu_i} \tag{3.9}$$

zusammensetzt [Kit05], wobei die geringste Einzelbeweglichkeit die Gesamtbeweglichkeit dominiert.

   In der geläufigen Literatur werden verschiedene Verfahren zur Ermittlung der
Mobilität angewendet, deren Ergebnisse sich erheblich unterscheiden können. Die
effektive Ladungsträgerbeweglichkeit μ_{eff} wird aus dem Ausgangskennlinienfeld bestimmt. Die Spannung V_{DS} sollte gering sein, da so die Ladungsträgerdichte
im Kanal homogen ist. Die effektive Beweglichkeit ergibt sich dann als

$$\mu_{\mathrm{eff}} = \frac{g_{\mathrm{d}} L}{W Q_{\mathrm{s}}} \quad \text{mit} \quad g_{\mathrm{d}} = \left. \frac{\partial I_{\mathrm{DS}}}{\partial V_{\mathrm{DS}}} \right|_{V_{\mathrm{GS}}=\mathrm{const}}. \tag{3.10}$$

Die Schwierigkeit dieses Verfahrens besteht in der Bestimmung der Ladungsdichte Q_s im Kanal. Diese kann nur ungenau über die Kapazität C_i abgeschätzt oder aufwändig durch Messungen ermittelt werden [Sch06].

Die **Feldeffektladungsträgerbeweglichkeit** μ_{FE} nutzt die Steilheit der Transferkennlinie

$$g_m = \left.\frac{\partial I_{DS}}{\partial V_{GS}}\right|_{V_{DS}=\text{const.}},$$ (3.11)

so dass sich aus der Driftkomponente des Drain-Stroms die Feldeffektbeweglichkeit

$$\mu_{FE} = \frac{L g_m}{W C_i V_{DS}}$$ (3.12)

berechnen lässt. Wird die Feldeffektmobilität nach dieser Vorschrift ermittelt, so liegt ihr Wert niedriger als die effektive Ladungsträgerbeweglichkeit, da die Abhängigkeit vom elektrischen Feld der Gate-Elektrode vernachlässigt wird [KSA89, Fu82, TTIT94]. Vereinfacht ausgedrückt wird die Beweglichkeit mit zunehmender Gate-Spannung gemäß

$$\mu = \frac{\mu_0}{1 + \theta\left[V_{GS} - V_{th}\right]}$$ (3.13)

mit dem empirischen Faktor θ reduziert [Fu82].

Wenn der Transistor im Sättigungsbereich arbeitet, kann die sogenannte **Sättigungsladungsträgerbeweglichkeit** μ_{sat} aus der Transferkennlinie extrahiert werden. Wird Gleichung (3.7) nach Einführung des *Body*-Effekt-Faktors β nach der Gate-Source-Spannung abgeleitet, so kann aus der konstanten Steigung

$$\frac{\partial \sqrt{I_{DS}}}{\partial V_{GS}} = \sqrt{\frac{\beta W \mu C_i}{2 L t_i}} = m$$ (3.14)

die Sättigungsladungsträgerbeweglichkeit

$$\mu_{sat} = \frac{2 L m^2}{\beta W C_i}$$ (3.15)

berechnet werden. Fehlererzeugend ist der Faktor β, der schwach von der Gate-Spannung abhängig und oftmals unbekannt ist, so dass er häufig zu eins gesetzt wird [Sch06]. Wie bei der Feldeffektbeweglichkeit wird ebenfalls die Abhängigkeit der Beweglichkeit von der elektrischen Feldstärke vernachlässigt. Daraus folgt

$\mu_{\text{sat}} < \mu_{\text{eff}}$. Die Sättigungsmobilität ist nur gültig, solange die Ladungsträger keine Sättigungsgeschwindigkeit erreichen [Sch06].

In dieser Arbeit wird IEEE-konform die Feldeffektladungsträgerbeweglichkeit μ_{FE} angegeben [IEE08]. Nur in Ausnahmefällen sind Werte der Sättigungsladungsträgermobilität aufgeführt, wenn μ_{FE} nicht ermittelt werden konnte.

Strommodulation

Die Strommodulation ist definiert als das Verhältnis zwischen der Stromstärke I_{ON} im eingeschalteten Zustand zur Stromstärke I_{OFF} im ausgeschalteten Zustand. Sie ist ein Maß für die Entscheidungssicherheit in digitalen Schaltungen und sollte möglichst groß sein. Der Transistorparameter $I_{\text{ON}}/I_{\text{OFF}}$ wird aus der Transferkennlinie als Quotient des maximalen und minimalen Drain-Stroms ermittelt. Es muss angemerkt werden, dass die Strommodulation von der verwendeten Drain-Source-Spannung V_{DS} abhängig ist. Insbesondere bei den hier vorgestellten SB-*MOSFET* ist das Verhältnis der Stromstärken sensitiv gegenüber der Spannung V_{DS}. In der Literatur werden im Allgemeinen die größten beobachteten Werte berichtet [IEE08]. Infolgedessen wird in dieser Arbeit ebenfalls das maximal ermittelte $I_{\text{ON}}/I_{\text{OFF}}$-Verhältnis als Kennwert angegeben, wobei jeweils die Spannung V_{DS}, die zur Aufnahme der Messwerte verwendet wurde, aus den entsprechenden abgebildeten Transferkennlinien zu entnehmen ist.

Subschwellenspannungsstromanstieg

In der Realität tritt unterhalb der Schwellenspannung ein Drain-Strom auf, der in seiner Charakteristik dem Verhalten eines Bipolar-Transistors ähnelt [Hof06]. Der Anstieg dieses Stroms wird als Subschwellenspannungsstromanstieg[8] S bezeichnet. Sein Wert gibt an, um welche Spannung die Gate-Spannung verändert werden muss, damit der Strom um eine Dekade erhöht bzw. reduziert wird. Der Parameter S lässt sich aus dem Verlauf von $\log(I_{\text{DS}})$ über V_{GS} bestimmen. Der Subschwellenstromanstieg ist ein Maß für die Güte des Sperrverhaltens des Transistors. Je kleiner der Wert von S ist, desto besser sperrt das Bauelement, da mit kleinen Spannungsdifferenzen der Stromfluss drastisch gesenkt werden kann.

---

[8]kurz: Subschwellenstromanstieg oder engl.: *subthreshold swing*

4 Integrationstechniken

Für die angestrebte Integration der in Abschnitt 3.2 vorgestellten Einzelpartikel-transistoren ist die Herstellung der Drain- und Source-Elektroden im nanoskaligen Abstand erforderlich. Im Folgenden wird daher eine kostengünstige Strukturierungsmethode zur Definition kleinster Geometrien im Nanometerbereich vorgestellt, die im Rahmen dieser Arbeit für die großflächige Integration der Nanostrukturen verwendet wird. Der Einsatz von konventionellen Lithografieverfahren ist zwar technisch möglich, jedoch aus Gründen der Verfügbarkeit und Kosten nicht umsetzbar[1]. Weiterhin wird in diesem Abschnitt auf die notwendige Abscheidung von Nanopartikeln als Dünnfilm bzw. als Einzelpartikel durch Schleuderbeschichtung eingegangen. Die Beschichtung im Schleuderverfahren ist ein Standardprozess der Halbleiterprozesstechnologie, zeigt aber bei der Verwendung von Dispersionen als komplexe Feststoff-Flüssigkeits-Systeme wesentliche Unterschiede zum konventionellen Prozess.

4.1 Abscheidungsdefinierte Nanostrukturierungstechnik

Im Gegensatz zur Strukturgrößendefinition durch lithografische Prozesse lassen sich feinste Strukturen auch durch abscheidungsdefinierte Prozessfolgen erzeugen. Die Prozessfolge besteht dabei im Grunde aus einem einfachen lithografischen Prozess, einem Abscheidungs- und einem Ätzprozess [FE83]. Es wird zwischen einer Prozessabfolge mit und ohne separater Opferschicht unterschieden. In der Abfolge mit separater Opferschicht wird diese zunächst auf dem Substrat abgeschieden oder aufgewachsen [siehe Abbildung 4.1a]. Die Dicke der erzeugten Schicht entspricht dabei der späteren Höhe der Nanostruktur. Auf der Opferschicht wird eine Fototechnik durchgeführt, deren Kanten die Position der Nanostrukturen festlegen [siehe Abbildung 4.1b]. Mittels der Lackmaske wird die Opferschicht im RIE^2-Verfahren anisotrop strukturiert, so dass senkrechte Flanken

---

[1]Die konventionellen Lithografietechnologien und deren Eignung werden zur Vollständigkeit in Anhang A.1 diskutiert.

[2]**R**eactive **I**on **E**tching; Reaktives Ionenätzen

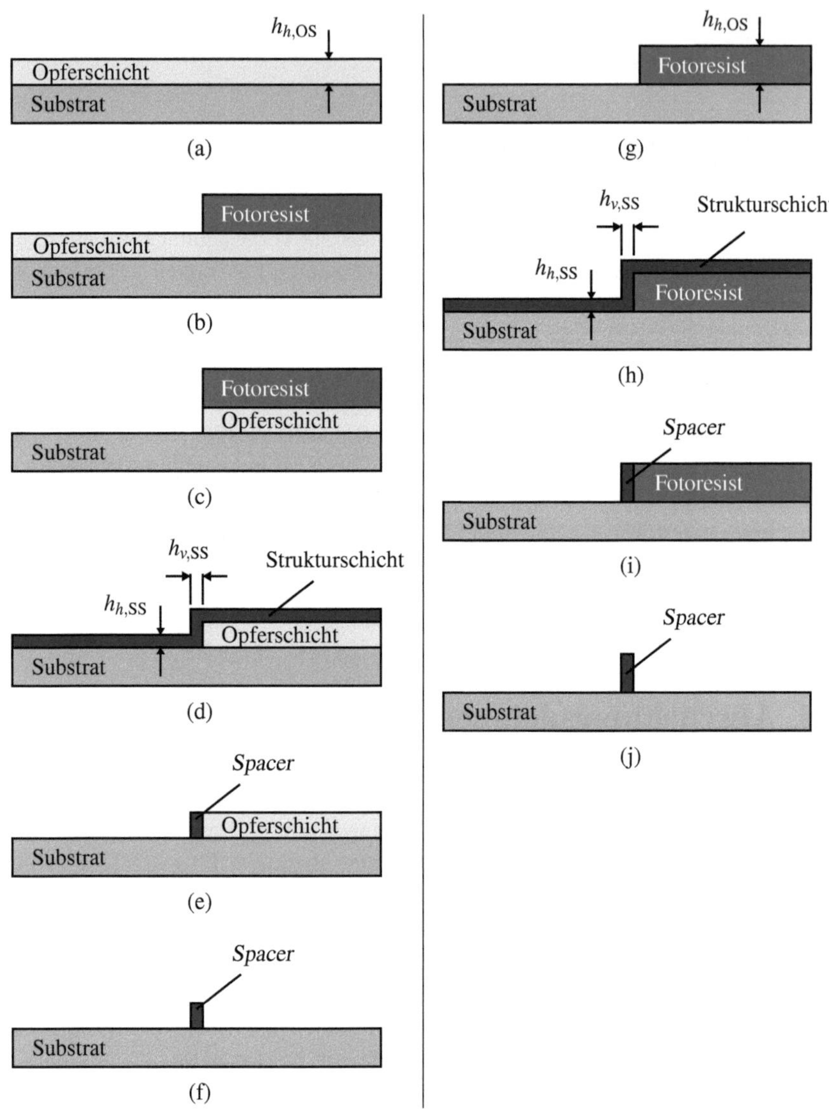

Abbildung 4.1: Prozessabfolge der abscheidungsdefinierten Strukturierungstechnik (Kantenabscheideverfahren). (a)-(f): Prozess mit separater Opferschicht, (g)-(j): Prozess mit Fotolack als Opferschicht.

entstehen [siehe Abbildung 4.1c]. Nach Entfernen des Fotolacks wird an diesen senkrechten Flanken eine Schicht, die sogenannte Struktur- oder *Spacer*-Schicht, mit der Konformität $k_{SS} = h_{h,SS}/h_{v,SS} \leq 1$ abgeschieden, wobei die Größen $h_{h,SS}$ die Schichtdicke auf horizontalen Flächen und $h_{v,SS}$ die laterale Schichtdicke beschreiben [siehe Abbildung 4.1d]. Anschließend wird die abgeschiedene Schicht anisotrop im *RIE*-Verfahren um die Schichtdicke $h_{h,SS}$ zurückgeätzt. Demnach befindet sich auf horizontalen Flächen kein Material der Strukturschicht. Lediglich an den Kanten der Opferschicht verbleibt ein *Spacer* der Breite $h_{v,SS}$ und der Höhe $h_{h,OS}$ [siehe Abbildung 4.1e]. Dieser verbleibt ebenfalls nach dem vollständigen Entfernen der Opferschicht [siehe Abbildung 4.1f]. Da die Abscheidung der Strukturschicht mit Schichtdicken unterhalb von 100 nm sehr genau durchgeführt werden kann, lassen sich mit der vorgestellten Technik nanoskalige *Spacer* integrieren [HHG98, Hor99]. Es wurden bereits Nanostrukturen mit einer Breite von 25 nm demonstriert [HVH00].

Da temperaturempfindliche Substrate (z. B. Kunststoffe oder Kunststofffolien) keinen Hochtemperaturprozessen ausgesetzt werden dürfen, scheiden zur Herstellung nanoskaliger Strukturen Standardabscheideverfahren im *LPCVD*[3]- oder *PECVD*[4]-Verfahren aus, da deren Prozesstemperaturen mindestens 250°C betragen [Hil04]. Nur Polyimid (PI) mit einer maximalen dauerhaften Verabeitungstemperatur von 300°C wäre für die *PECVD*-Abscheidung als Substrat geeignet [HHH04]. Die Materialauswahl für Opferschichten und Strukturschichten ist sehr begrenzt, soll eine Abscheidung unter den zulässigen Temperaturbedingungen von Kunststoffen durchgeführt werden. Daher werden Opferschichten bestehend aus Fotolacken untersucht und eine entsprechende Strukturierungstechnik entwickelt, die auch die Abscheidung eines *PECVD*-Oxids bei 100°C beinhaltet [vergleiche Abschnitt 4.3.1] [Wol06]. Die Verarbeitungstemperatur der verwendeten Fotolacke im Rahmen der abscheidungsdefinierten Nanostrukturtechnik beträgt folglich maximal 110°C im *pre-bake*-Schritt bzw. im *post-exposure-bake*-Schritt [Cla00, Cla05] und ist somit kompatibel zu temperaturempfindlichen Kunststoffen wie z. B. Polyethylenterephtalat (PET) mit einer kurzfristig zulässigen Maximaltemperatur von 150°C [HHH04]. Zusätzlicher Vorteil ist die Einsparung zweier Prozessschritte (Abscheidung und Ätzung der separaten Opferschicht). Der Prozessverlauf der Strukturierungstechnik mit Fotolack als Opferschicht ist in den Abbildungen 4.1g bis 4.1j dargestellt.

Für die Integration von Einzelpartikeltransistoren werden teilweise anstatt der Nanolinien nanoskalige Zwischenräume benötigt. Zu deren Integration sind zwei zusätzliche Prozessschritte erforderlich. Zunächst wird auf die Nanolinie eine me-

---

[3]*Low Pressure Chemical Vapor Deposition*; Unterdruck-Gasphasenabscheidung
[4]*Plasma Enhanced Chemical Vapor Deposition*; Plasma-unterstütze Gasphasenabscheidung

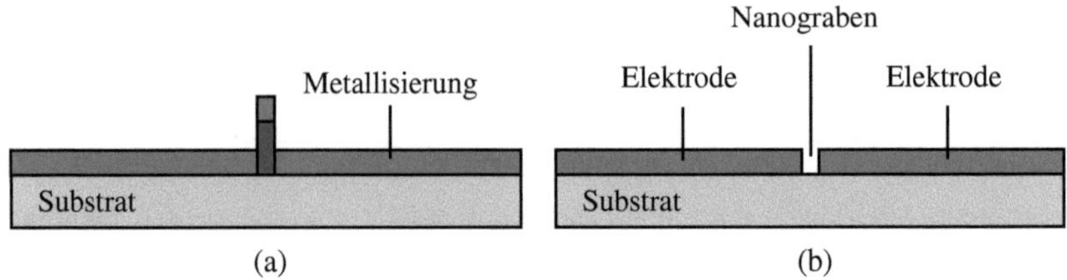

Abbildung 4.2: Prozesserweiterung zur Integration nanoskaliger Zwischenräume mittels Kantenabscheideverfahren.

tallische Schicht im Hochvakuum aufgedampft, die später in strukturierter Form als Elektrode dient. Durch den äußerst geringen Druck während der Bedampfung und der daraus resultierenden mittleren freien Weglänge können Stoßereignisse zwischen verdampften Metallatomen und den sonstigen Gasmolekülen nur sehr selten auftreten. Die Metallatome werden sich demnach geradlinig vom Verdampfungstiegel entfernen und nicht gestreut, so dass sie bei entsprechender Substratausrichtung senkrecht auf die Oberfläche treffen. Das Ergebnis ist eine niederkonforme Abscheidung, d. h. dass keine oder nur eine sehr geringe Kantenbedeckung mit Metall stattfindet. Neben und auf dem *Spacer* wird in gewohnter Weise eine metallische Schicht abgeschieden; die *Spacer*-Flanken bleiben nahezu unbedeckt, solange die Schichtdicke der abgeschiedenen Metallschicht unter der *Spacer*-Höhe liegt [siehe Abbildung 4.2a]. Durch die fehlende Bedeckung der Flanke ist diese auch gegenüber einem Ätzangriff ungeschützt, so dass der *Spacer* selektiv zur Metallschicht herausgelöst werden kann. Als Resultat verbleibt ein nanoskaliger Zwischenraum mit der Breite $h_{v,\mathrm{SS}}$, also der Breite der ursprünglichen Nanolinie [siehe Abbildung 4.2b].

4.2 Materialien der Opferschichten

Für die abscheidungsdefinierte Nanostrukturierungstechnik ist eine Opferschicht zwingend notwendig. In Folge der Prozessierung muss das Material der Opferschicht folgenden Ansprüchen genügen:

- Schichtdicken $< 800\,\mathrm{nm}$;

- senkrechtes Flankenprofil;

- Resistenz zum Ätzprozess der *Spacer*-Schicht;

- einfacher und selektiver Prozess zum Entfernen der Opferschicht, möglichst im Trockenätzverfahren;

- rückstandslose Entfernung der Opferschicht;

- thermische Belastbarkeit bzw. Vermeidung von thermischer Belastung in der Prozessierung;

- gegebenenfalls Kompatibilität zum Gate-Dielektrikum;

- gegebenenfalls Abscheidung bei Temperaturen $< 250°$C.

Die Forderungen unterliegen gewissen Toleranzen, die von den verwendeten Materialien, der übrigen Prozessierung und den zu integrierenden Strukturgrößen- und -geometrien abhängen. So dürfen die Schichtdicke größer und die thermische Belastbarkeit geringer sein, falls eine ausreichende mechanische Stabilität der *Spacer*-Strukturen gegeben ist und solange die Abscheidungsbedingungen der *Spacer*-Schicht nicht im Widerspruch hierzu steht. Die Abscheidung der Opferschicht darf im Allgemeinen bei höheren Temperaturen ablaufen, sofern die Substrate (z. B. Glas oder Silizium) hierfür geeignet sind.

Da im Rahmen dieser Arbeit ausschließlich Lacke bzw. Fotolacke als Opferschicht der abscheidungsdefinierten Strukturierung zur Anwendung kommen, werden die Eigenschaften bezüglich ihrer Verwendung im Folgenden näher ausgeführt. Alternative Opferschichten (z. B. im *LPCVD*-Verfahren abgeschiedenes SiO_2) werden zur Vollständigkeit im Anhang A.2 behandelt.

4.2.1 Fotolack AZ 5214E

Der Fotolack *AZ 5214E* der Firma CLARIANT ist ein Novolak-Harz-basierter Umkehr-Fotolack mit Naphthoquinondiazid als photosensitive Komponente, der auch in Positivtechnik eingesetzt werden kann. Die Schichtdicke des unverdünnten Lacks im Schleuderverfahren bei $4000\,min^{-1}$ stellt sich bei ca. $1{,}4\,\mu m$ ein. Um geringere Schichtdicken zu erreichen, ist eine Verdünnung mit dem Lösungsmittel *AZ EBR Solvent* (ebenfalls von CLARIANT) möglich [Cla00]. Die Schichtdicke in Abhängigkeit vom Verdünnungsgrad mit *AZ EBR Solvent* ist in Abbildung 4.3 dargestellt. Die optimale Lackschichtdicke ist ein Kompromiss aus mechanischer Stabilität (niedriges Aspektverhältnis) und großen freiliegenden Seitenflächen zur leichteren Entfernung der späteren Nanolinien (hohes Aspektverhältnis). Sie liegt erfahrungsgemäß im Bereich von 400...600 nm. Da bei der Prozessierung des Fotolacks in Umkehr-Fototechnik ein unterschnittenes Kantenprofil entsteht, ist diese Art der Prozessführung ungeeignet, um sie für die Herstellung von Nanolinien

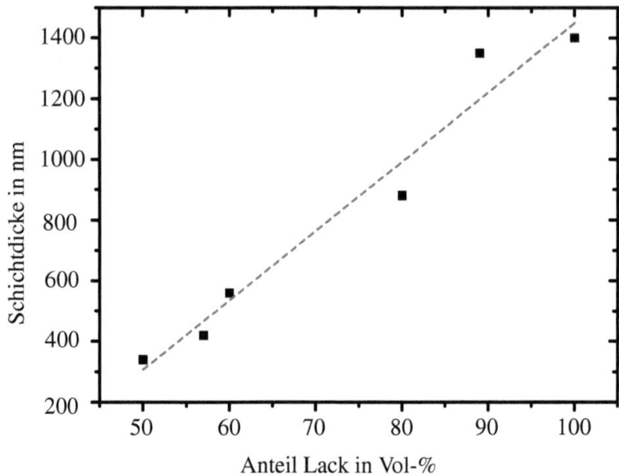

Abbildung 4.3: Schichtdicke des Fotolacks *AZ 5214E* in Abhängigkeit von der Verdünnung mit *AZ EBR Solvent* nach der Schleuderbeschichtung für 45 s bei 4000 min^{-1} und einem *pre-bake*-Schritt von 60 s bei 110°C

bzw. Nanozwischenräumen einzusetzen [Mic05]. Für die Positiv-Technik wird das Substrat zunächst für mindestens 45 min bei einer Temperatur größer als 100°C (typischerweise 150°C) ausgeheizt, um an der Oberfläche gebundene Feuchtigkeit zu entfernen. Anschließend wird die Oberfläche mit einem Haftvermittler beschichtet, indem das Substrat für 5 min einer Hexamethyldisilazan-haltigen Atmosphäre (HMDS) ausgesetzt wird. Die HMDS-Moleküle lagern sich an der Oberfläche an und verhindern eine Rehydrierung. Anschließend wird der verdünnte Fotolack *AZ 5214E* bei einer Drehzahl von 4000 min^{-1} aufgeschleudert und seine Lösungsmittel im *pre-bake*-Schritt bei 110°C für 60 s ausgetrieben. Es folgt die Belichtung durch eine Fotomaske und nach einer ausreichenden Rehydrierungszeit die Entwicklung in einer alkalischen Entwicklerlösung (z. B. NaOH). Auf einen anschließenden Härtungsschritt, wie er beim herkömmlichen Einsatz als Ätzmaskierung üblich ist, wird verzichtet, da sich der Lack bei Temperaturen oberhalb von 110°C zusammenzieht und die Kanten abflachen. Zudem würde die thermisch initiierte Vernetzung die Entfernung der Fotolack-Opferschicht nach der *Spacer*-Abscheidung erschweren.

Der Fotolack *AZ 5214E* weist im Zusammenhang mit der Verwendung eines Haftvermittlers die Besonderheit auf, sogenannte „Lackfüße" an den Kanten in Substratnähe auszubilden. Aus dem HMDS wird während des *softbake*-Schritts

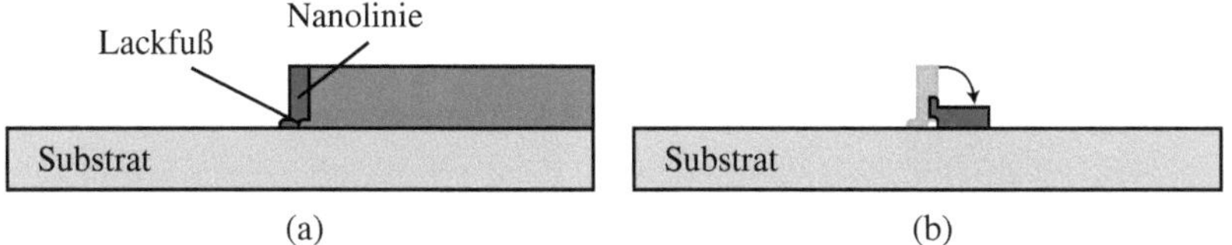

Abbildung 4.4: Zerstörung der Nanolinie durch Abscheidung auf einem Lackfuß

Ammoniak abgespalten, welches zu einer chemischen Veränderung des Fotolacks führen kann, so dass seine Entwicklungsrate sinkt [Mic07b, Dam93]. Hierzu reichen selbst geringste Rückstände von HMDS in der Umgebungsluft aus. Wird die Abscheidung der Strukturschicht auf dem Lackfuß durchgeführt, so entsteht nach der Entfernung der Opferschicht ein Hohlraum unter dem *Spacer*, der zu einem Umstürzen der Nanolinie führen kann [siehe Abbildung 4.4]. Dieser Effekt wird zusätzlich verstärkt, indem durch eine Erwärmung der Probe während des Rückätzens der Strukturschicht bzw. während der Entfernung der Opferschicht die Lackschicht kontrahiert und den seitlich anhaftenden *Spacer* kippt. Anfänglich wurde zur anisotropen Rückätzung der Strukturschicht ein reaktiver Ionenätzer mit Elektrodenkühlung (APPLIED MATERIALS, *AME 8110*) verwendet. Wie die REM[5]-Aufnahme in Abbildung 4.5a zeigt, können zwar Nanolinien hergestellt werden, das Ätzergebnis ist jedoch aufgrund der Hexodenbauform inhomogen. Zusätzlich

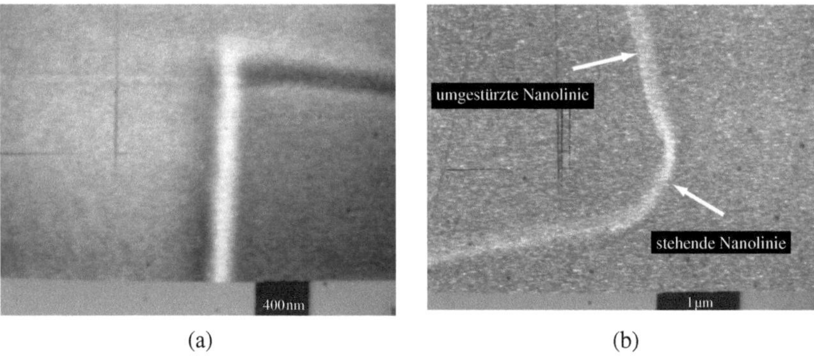

(a)										(b)

Abbildung 4.5: REM-Aufnahmen von Nanolinien, hergestellt mit einer AZ 5214E-Opferschicht. *RIE-Anlage*: (a) *AME 8110*, (b) *Plasmalab μ80P*

---

[5]**R**aster**E**lektronen**M**ikroskopie

leidet der Ätzprozess unter dem ständigen Wechsel der Prozessgase (sowohl chlor-
als auch fluorhaltig) während der Betriebszeit der Anlage. Eine lokal stark eingeschränkte Integration von nanoskaligen Strukturen ist demnach möglich, nicht aber
die angestrebte großflächige Integration. Im reaktiven Ionenätzer *Plasmalab μ80P*
mit Parallelplattenreaktor, der lediglich mit fluorhaltigen Prozessgasen betrieben
wird, ist eine sehr homogene Ätzung möglich. Es zeigt sich, dass sich die Proben
während des Ätzprozesses trotz Elektrodenkühlung erwärmen, und sich daher der
Fotolack zusammen zieht. Als Folge der Lackkontraktion fallen die Nanolinien in
Gebieten ohne Krümmung um, während sich in Bereichen von Lackkantenbiegun-
gen die Linien selbstständig stabilisieren [siehe Abbildung 4.5b].

Störend, aber nicht unbedingt einer Herstellung von Nanolinien entgegenste-
hend, sind Überhänge im oberen Bereich des Fotolacks nach der Entwicklung. Die-
se entstehen entweder durch stehende Wellen während des Belichtungsprozesses
(Intensitätsminimum an der Lackoberfläche) oder durch den sogenannten *surface-
inhibition-layer*-Effekt, bei dem durch den Luftsauerstoff oder durch kurzwellige
Strahlung ($\lambda \approx 250\,$nm) mit einer geringen Eindringtiefe von ca. 10 nm chemische
Bindungen in den oberflächennahen Kresolharzketten gebrochen werden und der
Lack quervernetzt [Mic07a, Dam93].

4.2.2 Fotolack AZ MiR 701

Mit einem Auflösungsvermögen von 300...400 nm zählt der Fotolack *AZ MiR 701*
der Firma CLARIANT zu den hochauflösenden Fotolacken. Im Gegensatz zu Fotolacken mit geringerer Auflösung sind hochauflösende Lacke auf möglichst steile
Flanken hin optimiert, so dass selbst feinste Geometrien strukturtreu durch anisotrope Ätzprozesse erzeugt werden können. Der Fotolack *AZ MiR 701* ist insbesondere für Trockenätzprozesse geeignet und bietet mit einem Erweichungspunkt
über 130°C eine hervorragende thermische Stabilität ohne Abflachung der Lackkanten. Die Schichtdicke liegt bei einer Schleuderdrehzahl von 4000 min^{-1} und
5000 min^{-1} bei ca. 920 nm bzw. ca. 800 nm [Cla05]. Der Prozessablauf gestaltet
sich wie beim Fotolack *AZ 5214E*, jedoch mit der Reduzierung der *pre-bake*-
Temperatur auf 90°C und der Erweiterung um einen *post-exposure-bake*-Schritt
für 60 s bei 110°C.

Bei der Herstellung von Nanolinien mit *AZ MiR 701* als Opferschicht kommt
es aufgrund der bereits erwähnten Erwärmung während der Rückätzung im reaktiven Ionenätzverfahren sowie der Opferschichtentfernung im O$_2$-Plasma ebenfalls
zu einer mechanischen Belastung, so dass die Linien zerstört werden können. Verhindert werden kann die Zerstörung durch eine zeitliche Staffelung der Ätzzeit. Für
den Rückätzprozess im reaktiven Ionenätzverfahren hat sich eine maximale Inter-

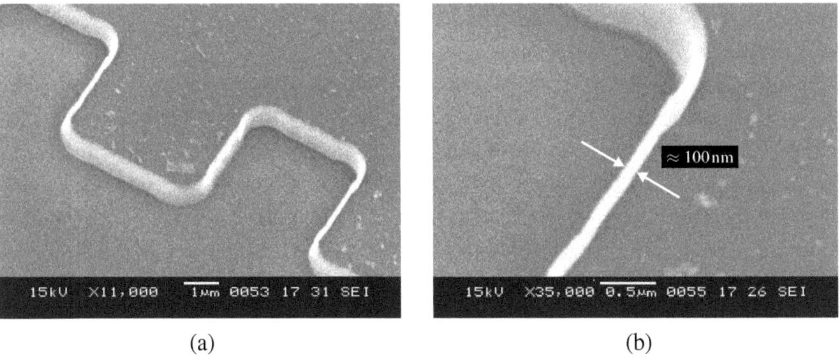

(a)   (b)

Abbildung 4.6: REM-Aufnahmen von Nanolinien, hergestellt mit einer AZ MiR 701-Opferschicht

vallzeit von einer Minute, für den Lackveraschungsprozess im Plasmaätzprozess von 30 Sekunden bewährt. Nanoskalige Linien, die mit Hilfe von *AZ MiR 701* erzeugt wurden, sind in Abbildung 4.6 dargestellt.

4.2.3 Schutzlack Bectron

Der Isolationslack *Bectron PL 4122-40 BLF FLZ* ist ein alkyd-modifizierter Urethan-Lack, der für die Drahtbeschichtung, aber auch für den Schutzüberzug von elektronischen Komponenten entwickelt wurde. Er ist unter anderem resistent gegen korrosive Gase, schwache Säuren, Öle und Glykole [Ela08].

Der Lack mit 40% Feststoffanteil benötigt 16 h bei Raumtemperatur oder 30 min bei 80°C, um vollständig zu trocknen. Die maximal zulässige Temperatur liegt laut Herstellerangabe bei 134°C. Somit ist der Lack für die Verwendung als Opferschicht auf Kunststoffsubstraten geeignet.

Mit einer Dichte von $0{,}87\,\mathrm{g/cm^3}$ und einer Viskosität von $80\,\mathrm{kg(ms)^{-1}}$ lässt sich der Lack im Tauch-, Sprüh- oder Schleuderbeschichtungsverfahren auf Oberflächen auftragen. Durch Zugabe des Verdünners *Bectron Thinner 239* kann die Fluidität gesteigert werden [Ela08]. Im Rahmen dieser Arbeit wird der Schutzlack für 30 s bei $5000\,\mathrm{min^{-1}}$ aufgeschleudert. Die resultierende Schichtdicke wurde mit einem *Tencor Alpha Step* ermittelt. Bei einem Mischungsverhältnis des Lacks mit dem Verdünner von 1:1 ergibt sich eine Schichtdicke von 525 nm; bei einem Mischungsverhältnis von 2:3 wurde eine Dicke von 490 nm ermittelt. Eine Reduktion des elektrischen Isolationswiderstandes aufgrund dieser Verdünnung kann wegen des Einsatzes als elektrisch nicht beanspruchte Opferschicht vernachlässigt werden [Die08].

Da der *Bectron*-Schutzlack im Vergleich zu Fotolacken nicht photosensitiv ist, wird ein Verfahren zur Erzeugung von steilen Strukturkanten benötigt. Unvermeidbar ist die Durchführung einer Fotolithografie zur Strukturdefinition. Da der Schutzlack nur eine mangelhafte Resistenz gegenüber Lösungsmitteln, die ebenfalls in Fotolack vorhanden sind, aufweist, ist eine Schutzschicht auf dem Schutzlack notwendig. Im besonderen Maße eignet sich eine dünne im *PECVD*-Verfahren bei niedrigen Temperaturen abgeschiedene Siliziumdioxidschicht [vergleiche Abschnitt 4.3.1], so dass Schutzlack und Fotolack voneinander getrennt sind. Vor der Strukturierung des *Bectron*-Lacks muss zunächst die SiO_2-Schicht geätzt werden. Hierzu werden die Prozessparameter aus Tabelle 4.1 verwendet. Im Sauerstoff-*RIE*-Plasma lassen sich daraufhin die Strukturen in den Schutzlack übertragen. Die entsprechenden Prozessparameter sind in Tabelle 4.2 aufgeführt. In Abbildung 4.7a ist der Zustand des strukturierten *Bectron*-Schutzlacks nach dem reaktiven Ionenätzen abgebildet. Die *RIE*-Ätzung erzeugt zwar senkrechte Flanken, die jedoch rau sind. Auf der *Bectron*-Schicht sind das Schutzoxid und Reste vom Fotolack zu erkennen, die im folgenden Schritt entfernt werden müssen. Hierzu eignet sich die Veraschung im Sauerstoffplasma nicht, da diese neben der Entfernung des Fotolacks einen isotropen Abtrag des Schutzlacks bewirkt, so

Tabelle 4.1: Prozessparameter für die *RIE*-Ätzung von SiO_2 und Si_3N_4

Prozessparameter	Siliziumdioxid (SiO_2)	Siliziumnitrid (Si_3N_4)
Gasfluss CHF_3	10,5 sccm	10,5 sccm
Gasfluss O_2	—	10 sccm
Gasfluss Ar	21,5 sccm	—
Druck	30 mTorr	35 mTorr
HF-Leistungsdichte	0,48 W/cm^2	0,48 W/cm^2
Temperatur	20°C	20°C
Elektrode	Graphit	Graphit
Ätzrate	25 nm/min (therm. Ox) 30 nm/min (TEOS) 45 nm/min (*PECVD*-Oxid)	75 nm/min

Tabelle 4.2: Prozessparameter für die *RIE*-Ätzung von *Bectron PL 4122-40*-Schutzlack

Prozessparameter	**Wert**
Gasfluss O_2	20 sccm
Druck	30 mTorr
HF-Leistungsdichte	$0{,}35\,W/cm^2$
Elektrode	Graphit
Ätzrate	95 nm/min

dass Überhänge des SiO_2 entstehen und die senkrechten Flanken zerstört werden
[siehe Abbildung 4.7b]. Die gezielte Verlängerung des *RIE*-Prozesses der *Bectron*-
Strukturierung entfernt die Fotolackschicht im gleichen Maße und bewirkt eine nur
minimale Unterätzung der SiO_2-Maskierung. Gleichzeitig stoppt der Ätzprozess
auf der SiO_2-Schicht, da das Sauerstoff-Plasma diese chemisch nicht angreift.

Wird SiO_2 als *Spacer*-Material eingesetzt, kann die dünne Oxidschicht auf dem
Schutzlack verbleiben, da ihre Entfernung während des anistropen Rückätzens der
Strukturschicht möglich ist. Es ist lediglich zu beachten, dass ein freiliegendes
Gate-Dielektrikum entweder geschützt oder so dick ausgelegt ist, dass eine Überät-
zung unkritisch ist. Nach der Entfernung der Opferschicht aus *Bectron*-Schutzlack

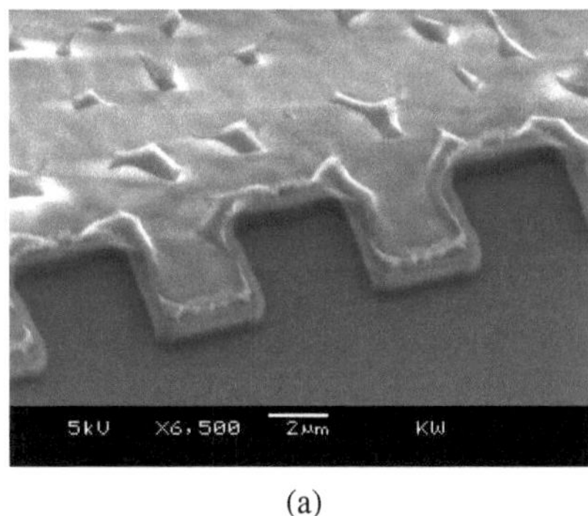

(a)

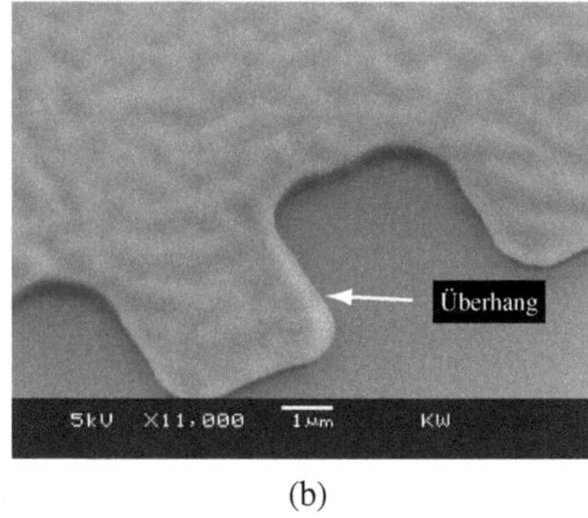

(b)

Abbildung 4.7: REM-Aufnahmen von strukturiertem *Bectron*-Schutzlack. (a) *Bectron*-
Schutzlack nach Ätzung im *RIE*-Verfahren mit verbliebenem Fotolack, (b) Strukturierter
Bectron-Schutzlack nach Entfernung der Fotolackreste durch Plasmaätzen im O_2-Plasma

(a)   (b)

Abbildung 4.8: REM-Aufnahmen von Strukturen, die mit *Bectron*-Schutzlack hergestellt wurden. (a) Nanolinie, hergestellt mit einer *Bectron*-Opferschicht und bedampft mit Aluminium, (b) Grabenstruktur

im O_2-Plasma verbleiben Nanolinien. Diese sind ebenso rau wie die Kanten der Opferschichtstrukturen und stehen nicht in jedem Fall senkrecht auf dem Untergrund. Insbesondere bei der anschließenden Bedampfung mit Metallen führt dies zu Abschattungseffekten und verhindert so eine strukturtreue Übertragung der Nanolinie in einen nanoskaligen Graben. Die Abbildung 4.8a zeigt eine typische Nanolinie nach der Bedampfung mit Aluminium. Es ist eine starke Neigung und die sehr raue Struktur der Nanolinie zu erkennen. Wird die Nanolinie nach der Metallbedampfung entfernt, so verbleibt ein Graben, der jedoch aufgrund des Abschattungseffekts nicht reproduzierbar nanoskalig ist [siehe Abbildung 4.8b].

Aufgrund der notwendigen Strukturierung durch einen separaten Lithografieprozess und der hierfür benötigten Schutzschicht aus SiO_2 ist die Prozesskomplexität relativ hoch. Die Herstellung von nanoskaligen Strukturen ist möglich; die Wahl einer Opferschicht aus Fotolack ist jedoch vorzuziehen.

4.3 Prozesstechnik zum Kantenabscheideverfahren

4.3.1 Siliziumdioxid-*PECVD* mit reduzierter Prozesstemperatur

Wird als Opferschicht ein temperaturempfindlicher Lack aus Abschnitt 4.2 eingesetzt, so ist es erforderlich, die Strukturschicht bei einer Prozesstemperatur abzuscheiden, die unter der kritischen Temperatur des Lacks liegt. Im besonderen

Maße eignen sich hierzu plasmaunterstützte CVD-Verfahren (*PECVD*), da die zur Gaszersetzung und -reaktion nötige Aktivierungsenergie zu einem Teil aus dem hochfrequenten elektrischen Wechselfeld stammt. Somit lässt sich die Depositionstemperatur reduzieren.

Eine Möglichkeit, Siliziumdioxid im *PECVD*-Verfahren abzuscheiden, ist die Reaktion von Silan (SiH_4) mit Distickstoffmonooxid (N_2O). Die benötigte Prozesstemperatur beträgt hierbei typischerweise 250...350°C; eine für Lacke nicht tolerierbare Temperatur. Eine Reduktion der Temperatur führt unweigerlich zur Abnahme der Schichtqualität, Konformität und Abscheiderate. Die fehlende thermische Energie begrenzt den Antransport von Reaktionsedukten zur Oberfläche, den Abtransport von Reaktionsprodukten von der Oberfläche und im besonderen Maße die Reaktionsgeschwindigkeit. Während die verminderte Diffusion zur Senkung der Abscheiderate führt, bewirkt der eingeschränkte Abtransport den verstärkten Einbau von Wasserstoff. Hierdurch resultiert eine reduzierte elektrische Schichtqualität, die beim Einsatz des SiO_2 als Strukturschicht vernachlässigt werden kann. Die schlechtere Kantenbedeckung, die durch eine geringere Molekularbewegung entsteht, kann durch eine angepasste Prozesszeit ausgeglichen werden.

Die Abscheidung wurde für eine Prozesstemperatur von 100°C optimiert[6]. Dieser Temperaturwert ist nicht nur verträglich für die Fotolackschichten, sondern kann auch für die Abscheidung auf temperaturempfindlichen Substraten (z. B. Kunststofffolien) verwendet werden. Die Homogenität der Abscheidung lässt sich durch Anpassen der Prozessparameter Gasfluss, Druck und Hochfrequenzleistung so optimieren, dass sie im Bereich von ca. 3% liegt. Die Konformität, also das Verhältnis der lateralen Abscheiderate zur vertikalen Abscheiderate, beträgt unter diesen Prozessbedingungen $k_{SS} \approx 0{,}4$ und wurde aus REM-, AFM- und Ellipsometrieuntersuchungen ermittelt. Die Kantenbedeckung ist aufgrund der eingeschränkten Molekularbewegung im Reaktor geringer als bei herkömmlichen *PECVD*- oder gar *LPCVD*-Schichten [ND00]. Sie kann bei der Verwendung eines anisotropen, senkrechten *RIE*-Rückätzprozesses jedoch toleriert werden. Die Prozessparameter der Siliziumdioxid-Abscheidung sind in Tabelle 4.3 aufgeführt.

4.3.2 Verfahren zur selektiven Entfernung des *Nanospacers*

RIE-Verfahren mit angewinkelter Elektrodenkonfiguration

Sollen die Nanolinien zur Herstellung von Gräben gemäß Abbildung 4.2 aus den Zwischenräumen entfernt werden, kann die Entfernung durch eine Ätzung

---

[6]Das abgeschiedene Siliziumoxid wird aufgrund der geringen Prozesstemperatur auch als *LTO* (*L*ow *T*emperature *O*xide) bezeichnet.

Tabelle 4.3: Prozessparameter für die Abscheidung von SiO_2 im *PECVD*-Verfahren bei reduzierter thermischer Belastung

Prozessparameter	**Wert**
Gasfluss SiH_4	3,4 sccm
Gasfluss N_2O	10,2 sccm
Druck	350 mTorr
HF-Leistungsdichte	0,06 W/cm^2
Elektrodentemperatur	100°C
Abscheiderate	ca. 10 nm/min
Konformität	ca. 0,4

in einem Trockenätzverfahren geschehen. Besonders eignet sich hierzu das *RIE*-Verfahren, da es einen richtungsabhängigen und physikalischen Ätzabtrag ermöglicht. Die Bedampfung der Nanolinien mit Metallen führt entgegen der idealen Annahme des ausschließlich senkrechten Auftreffens der Metallatome auf die Probenoberfläche zu einer minimalen Kantenbedeckung. Die seitliche Oberfläche der Nanolinie liegt somit nicht frei und kann im Plasmaätzverfahren nicht angriffen werden, ohne auch die Metallisierung in hohem Grade zu schädigen. Durch den teilweise physikalischen Ätzabtrag des reaktiven Ionenätzens kann diese Kantenbedeckung jedoch abgesputtert werden, so dass die daraufhin zugänglichen Linien sowohl chemisch als auch physikalisch entfernt werden können.

Idealerweise sollte sich die Probenoberfläche während des Ätzvorgangs in einem Winkel von 45...90° zur Bewegungsrichtung der Ionen im Plasma befinden. Dieser Winkel ist anlagenbedingt nicht möglich. Mittels eines geeigneten Elektrodenaufsatzes wird die Ätzung unter einem Winkel von 7° durchgeführt. Da sich unterhalb der Metallisierung, je nach Transistoraufbau, das Gate-Dielektrikum befindet, muss der Ätzprozess entweder zeitgesteuert oder durch eine geeignete Materialwahl (Ätzstoppschicht) beendet werden.

Durch den Kohlenstoffanteil im Reaktor und im Ätzgas Trifluormethan (CHF_3) entstehen Polymerablagerungen, die durch den Abschattungseffekt an den Nanolinien nicht hinreichend durch die Argon-Ionen-Bestrahlung entfernt werden können. Auch eine Beimischung von Sauerstoff zur chemischen Verbrennung der Polymere ist unzureichend. Es entsteht neben den nanoskaligen Zwischenräumen ein Wall aus Polymeren, wie er in Abbildung 4.9 zu sehen ist.

Abbildung 4.9: REM-Aufnahme eines nanoskaligen Zwischenraumes, hergestellt im *RIE*-Verfahren. Die Nanolinie wurde an einer *Bectron*-Schutzlack-Opferschicht hergestellt und im CHF_3/Ar-Plasma mit angewinkelter Elektrodenkonfiguration entfernt. Die Breite des Zwischenraums beträgt ca. 90 nm.

Ultraschallunterstütze Nassätzung

Alternativ zum oben beschriebenen trockenen Verfahren lassen sich die Nanolinien ebenfalls durch nasschemische Prozesse aus den Zwischenräumen entfernen. Das eingesetzte Ätzmedium muss eine ausreichend hohe Selektivität zur Metallisierung aufweisen. Für die Ätzung von Nanolinien, hergestellt aus SiO_2, eignen sich insbesondere Flusssäure-haltige Lösungen. Gepufferte Flusssäure mit einem Mischungsverhältnis zwischen Ammoniumfluorid (40% NH_4F) und Flusssäure (49% HF) von 5 : 1 ermöglicht bei einer Aluminiummetallisierung eine Selektivität von 45 : 1. Die Ätzrate für thermisch nicht verdichtetes *PECVD*-SiO_2 beträgt ca. 490 nm/min, für Aluminium ca. 11 nm/min [WGW03]. Die Handhabung in Hinblick auf die Verwendung im Ultraschallbad ist äußerst kritisch. Besser geeignet ist die sogenannte *PadEtch*-Ätzlösung, deren Selektivität bei gleicher Materialkombination bei 84 : 1 liegt. Diese Ätzlösung besteht aus 13% NH_4F, 32% Essigsäure (CH_3COOH) und 6% Propylenglykol zur Senkung der Oberflächenspannung. Die *PadEtch*-Lösung wurde von der Firma ASHLAND speziell für die Ätzung der Öffnungen in Passivierungsoxid zu den Kontaktpads aus Aluminium entwickelt. Durch die höhere Selektivität werden die Kontaktpads nur gering angegriffen. Die Ätzraten für Siliziumdioxid und Aluminium betragen 160 nm/min bzw. 1,9 nm/min [WGW03].

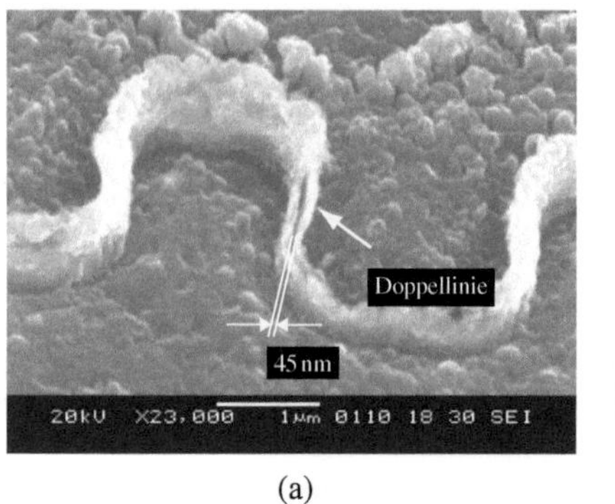

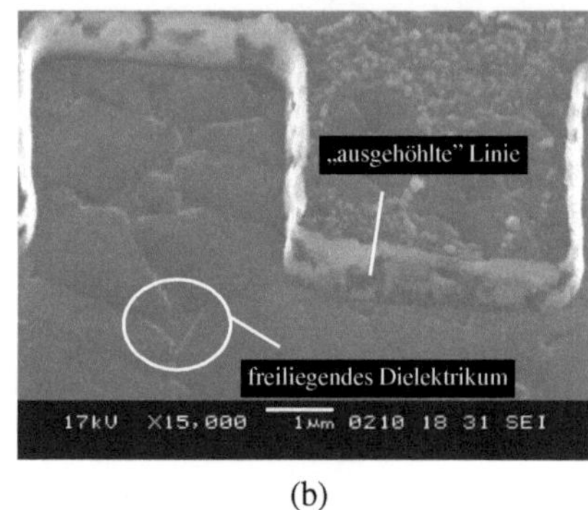

(a)　　　　　　　　　　　　　　　　(b)

Abbildung 4.10: REM-Aufnahmen von Nanolinien, bedampft mit Aluminium und mit Ultraschallunterstützung geätzt. (a) Doppellinie, (b) im Inneren freigeätzte Linie bei geringer metallischer Kantenbedeckung

Wie bereits im Abschnitt 4.3.2 erwähnt, tritt während der Metallisierung durch Aufdampfen eine geringe Kantenbedeckung der Nanolinien auf. Metallisches Material auf den Flanken der Nanolinien lässt sich aufgrund der endlichen Selektivität des nasschemischen Ätzprozesses entfernen. In gleicher Weise wird auch die restliche Metallisierung angegriffen. Das Resultat ist eine Veränderung der Aluminiumschicht, die je nach Standzeit der Ätzlösung von einer Aufrauung bis zur großflächigen Entfernung reicht. Daher ist es von Vorteil, den Entfernungsprozess durch Ultraschallwellen zu beschleunigen. Durch die Energie der Schallwellen werden die instabilen Nanolinien leicht abgebrochen, so dass das SiO_2 im Zwischenraum freiliegt. Sobald das Siliziumdioxid den Ätzchemikalien ausgesetzt ist, werden die Zwischenräume freigeätzt. Brechen die Linien zu hoch ab, entstehen jedoch Doppellinien aus Metall. Die Abbildung 4.10a zeigt eine solche Doppellinie aus Aluminium. Ein Auffüllen solcher Gräben mit Nanopartikeln ist nicht möglich. Ist die Kantenbedeckung mit Metall sehr gering, so wird die Nanolinie in ihrem Inneren freigeätzt, bevor die Linien abbrechen [siehe Abbildung 4.10b].

Ein Ätzstopp erfolgt wieder entweder zeitgesteuert oder über die Wahl des Materials. Da die Ätzrate für Siliziumdioxid zu hoch ist, scheidet dieses als Dielektrikum unter einem Graben aus. Siliziumnitrid ist hingegen als Ätzstopp geeignet, da *PadEtch* Si_3N_4 lediglich mit einer Ätzrate von ca. $0{,}4\,\mathrm{nm/min}$ abträgt [WGW03]. Sollen organische Dielektrika eingesetzt werden, ist zu beachten, dass diese in ausreichendem Maße resistent gegen die in der Ätzlösung dissoziierte Flusssäure sind. Alternativ können organische Dielektrika mit einer Passivierung beschichtet werden.

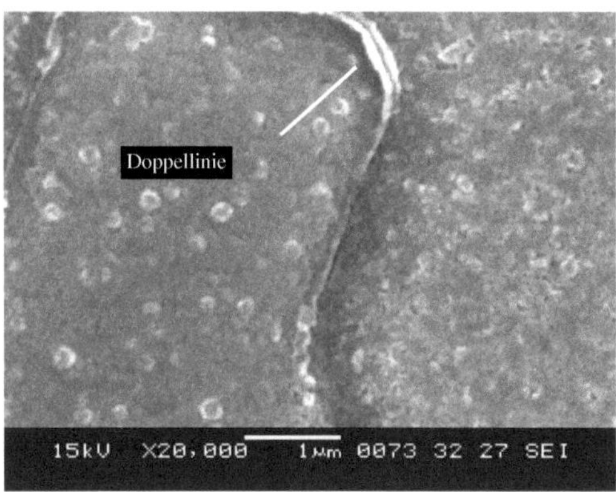

Abbildung 4.11: REM-Aufnahme eines nanoskaligen Zwischenraumes, freigeätzt in *PadEtch*-Lösung mit Ultraschallunterstützung

Da trotz der hohen Selektivität das Metall angegriffen wird, sind Prozesszeiten im Bereich von 0,5...3 min zu wählen. Die Abbildung 4.11 zeigt die REM-Aufnahme einer Grabenstruktur nach einer Ätzzeit von 3 Minuten. Im oberen Teil des Bildes ist eine Doppellinie im Bereich der Nanolinienkrümmung zu sehen. In diesem Bereich stabilisiert sich die Nanolinie so stark, dass ein Abbrechen durch die Ultraschalleinwirkung nicht möglich ist. Im mittleren Bereich des Bildes ist der Nanozwischenraum zu erkennen.

Rein mechanische Entfernung im Ultraschallbad

Da trotz des nur geringen Flusssäure-Anteils in der *PadEtch*-Lösung [vergleiche Abschnitt 4.3.2] die Metallisierung angegriffen wird, sollte auf die Ätzlösung verzichtet werden. Die Linien lassen sich rein mechanisch im Ultraschallbad mit Wasser als kraftübertragendes Medium entfernen. Durch die fehlende chemische Komponente während des Vorgangs erhöht sich die Prozesszeit auf ca. 20...30 Minuten. Eine zu lange Prozesszeit führt allerdings zum Ablösen der Metallschicht. Dieser Effekt ist bei Aluminium weniger stark ausgeprägt als bei schlecht haftenden Metallen, z. B. Gold. Vorteil dieses rein mechanischen Verfahrens ist, dass Doppellinien vermieden werden können; in Krümmungen sind die Nanolinien jedoch derart stabil, dass sie nur sehr schwierig durch die Ultraschallbehandlung zu brechen sind. Um die Maskierschicht auch aus den Grabenzwischenräumen zu entfernen, bietet sich ein zeitgesteuerter oder durch eine Ätzstoppschicht beendeter Prozess im re-

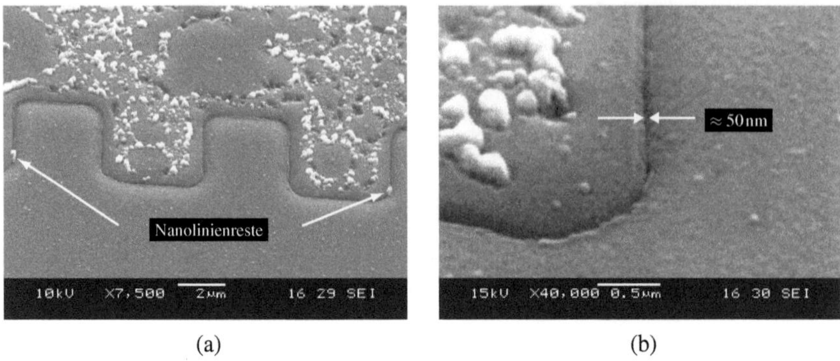

Abbildung 4.12: REM-Aufnahmen von nanoskaligen Zwischenräumen zwischen Aluminiumelektroden

aktiven Ionenätzverfahren an. Eine Schädigung des späteren Gate-Dielektrikums
ist möglich.

Die Abbildung 4.12 zeigt als typisches Ergebnis einen nanoskaligen Zwischenraum mit einer Breite von ca. 50 nm zwischen Aluminium-Kontaktflächen. Die
weißen Rückstände oben in Abbildung 4.12a und links oben in Abbildung 4.12b
sind Lackrückstände aus der Plasmaveraschung der Opferschicht (Fotolack *AZ
MiR 701*). Diese sind elektrisch nicht störend und lösen sich unter Einfluss des
Ultraschalls teilsweise ab. In Abbildung 4.12a sind zusätzlich Reste der Nanolini-
en in Bereichen starker Linienkrümmung zu erkennen. Die Linienreste sind nicht
tolerabel, da sie durch die Metallbedeckung die Elektroden kurzschließen.

4.4 Abscheidung von Nanopartikeln

4.4.1 Herstellung nanopartikulärer Schichten

Schichten aus Nanopartikeln können durch direkte Abscheidung aus der Gasphase
oder durch Tauch-, Sprüh oder Schleuderbeschichtung von Dispersionen erzeugt
werden [BGD⁺07, JPCK09, SAW04, WDH09, VK91]. Dabei ist die Abscheidung
aus der Dispersion der Gasphasenabscheidung vorzuziehen, da Synthese und Ap-
plikation der Nanopartikel räumlich und zeitlich getrennt werden können. Insbesondere die Schleuderbeschichtung zeichnet sich durch eine einfache Prozessführung und reproduzierbare Ergebnisse aus. Daher werden im Rahmen dieser Arbeit

Nanopartikelschichten ausschließlich durch *Spin-Coating* hergestellt. Der Prozess gliedert sich in:

- gegebenenfalls Verdünnung der Dispersion;
- gegebenenfalls Zugabe von Additiven;
- Redispergierung im Ultraschallbad;
- Schleuderbeschichtung (*Spin-Coating*);
- *Soft-bake* zur Verdampfung des Dispersionmittels;
- *Hard-bake* zum Ausheilen von Störstellen bzw. zur Sinterung.

Eine optimale Schicht ist makroskopisch durch Homogenität und einen hohen Bedeckungsgrad gekennzeichnet. Mikroskopisch sollte sie flächendeckend aus Einzelpartikeln bestehen.

Der Eintrag von mechanischer Energie in die Dispersion in Form von Ultraschallwellen ist vor der Abscheidung notwendig, um Agglomerate aufzubrechen und eine homogene Suspension zu erhalten. Eine Prozesszeit von 10...30 Minuten im handelsüblichen Ultraschallbad ist ausreichend, um die Dispersion zu homogenisieren und Verbindungen zwischen großen Agglomeraten aufzubrechen [CLN$^+$09]. Dabei führt eine Verdünnung der Dispersion mit dem Dispersionsmedium zu einem geringeren Feststoffanteil und damit zu einer dünneren Schicht.

Die Schleuderbeschichtung definiert über die Rotationsgeschwindigkeit die Schichtdicke. Das Volumen der applizierten Dispersion ist dabei nicht ausschlaggebend, da überschüssiges Material abgeschleudert wird. Die Nanopartikeldispersion

Tabelle 4.4: Standardparameterübersicht zur Herstellung von Nanopartikelschichten

Parameter	Silizium	Zinkoxid
Dispersionsvolumen	1 ml	1 ml
Feststoffanteil	6,25 Gew.-%	17,5 Gew.-%
Low-spin	800 min^{-1}	800 min^{-1}
High-spin	30 s @ 2000 min^{-1}	30 s @ 2000 min^{-1}
Soft-bake	300 s @ 100°C	300 s @ 110°C
Schichtdicke	ca. 400 nm	ca. 300 nm
Farbe	bräunlich	transparent

(a)   (b)

Abbildung 4.13: ZnO-Nanopartikelschicht; 35 Gew.-% ZnO in Wasser, ohne Additive. (a) REM-Aufnahme vom Schichtrand, (b) *AFM* (*non-contact-mode*)

mit einem Volumen von 0,5...2 ml wird während einer *Low-spin*-Phase (*LS*) bei 800 min^{-1} aufgetragen. In einer anschließenden *High-spin*-Phase (*HS*) bei einer Drehzahl im Bereich von 1000...3000 min^{-1} wird die Dispersion zu einer dünnen Schicht verteilt. Typische Standardparameter der Schleuderbeschichtung sind in Tabelle 4.4 aufgeführt. Zinkoxid-Nanopartikelschichten sind transparent, sofern die nanokristalline Struktur erhalten bleibt. Im Rasterelektronenmikroskop [siehe Abbildung 4.13a] sind Partikelagglomerate mit einer Größe von ca. 30...150 nm

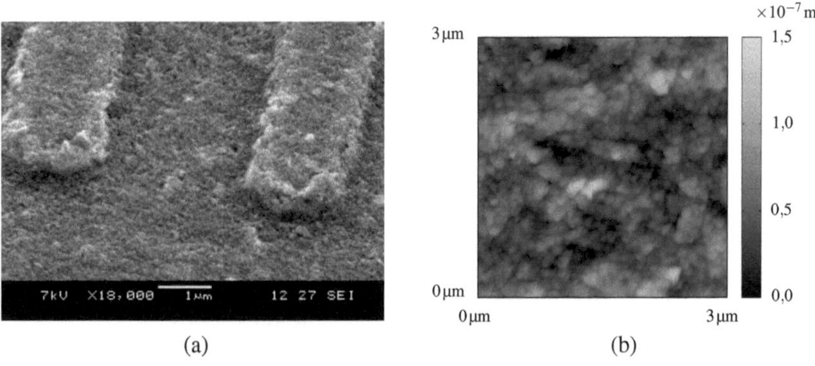

(a)   (b)

Abbildung 4.14: Silizium-Nanopartikelschicht; 6,25 Gew.-% Si in Ethanol, ohne Additive. (a) REM-Aufnahme einer Nanopartikelschicht über einer Messstruktur, (b) *AFM* (*non-contact-mode*)

zu erkennen. Es liegen demnach sowohl Agglomerate nach [Deg06] als auch Einzelpartikel vor. Auch die Analyse im Rasterkraftmikroskop mit höherer Auflösung zeigt sowohl Agglomerate als auch Einzelpartikel [siehe Abbildung 4.13b]. Die *RMS*-Oberflächenrauheit beträgt $S_q \approx 11,8\,$nm.

Silizium-Nanopartikelschichten zeigen sich als bräunlich-graue Schicht. Das Auftreten von Primärpartikeln nach der Abscheidung ist weder im REM noch im *AFM* zu beobachten [siehe Abbildung 4.14]. Jedoch lassen sich im Rasterkraftmikroskop Agglomerate mit Größen von 60...90 nm darstellen. Diese Größen entsprechen den Angaben des Herstellers, die nach der initialen Dispergierung gewonnen wurden. Die Oberflächenrauheit beträgt $S_q \approx 20,2\,$nm.

Dispersionzusätze

In der Literatur wird im Zusammenhang mit der Integration von Nanopartikeltransistoren eine Verbesserung der Transistoreigenschaften durch die Zugabe von Dispergieradditiven berichtet [OMNH08, BNMH09]. Diese reduzieren die Grenzflächenrauheit und erhöhen so die Ladungsträgerbeweglichkeit durch Reduzierung der Ladungsträgerstreuung. Daher wurden verschiedene Additive hinsichtlich ihrer Eignung zur Filmherstellung untersucht.

Polyoxyalkenalkylether (NCW-1001)

Polyoxyalkenalkylether ist ein nicht-ionisches Oberflächentensid, welches für die Reinigung von Waferoberflächen und Platinen eingesetzt wird. Es wird unter dem Produktnamen *NCW-1001* von der Firma WAKO CHEMICALS GMBH als 30%ige wässrige Lösung vertrieben [Wak04]. Polyoxyalkenalkylether ist eine transparente, farb- und geruchlose Flüssigkeit mit einer Dichte von $\rho = 1{,}024\,$g$/$cm^3 und einem Molekulargewicht von ca. 2300 g$/$mol [Wak04, YSS07]. Der Siedepunkt beträgt $T_{bp} = 100°$C. Das Tensid *NCW-1001* ist vollständig in Wasser löslich und pH-neutral (pH-Wert 7). In seiner ursprünglichen Verwendung dient es als Reinigungsmittel, um die Grenzflächenspannung zwischen Wasser und der Oberflächenverunreinigung zu senken und somit den Übergang des Schmutzpartikels oder -moleküls in das Lösungsmittel zu erleichtern. Da es sich um ein nichtionisches Molekül handelt und damit keine Ionen abgespalten werden, ist *NCW-1001* besonders für den Einsatz an elektrisch funktionellen Schichten geeignet. Als Dispersionszusatz wird es an kollodialem Zinkoxid untersucht. Durch Schleuderbeschichtung (*HS*: 30 s@2000 min^{-1}, *Soft-bake*: 300 s@120°C) eines Si-Substrats mit 0,9 ml Dispersion (5 : 4 ZnO-Dispersion : *NCW-1001*) entsteht eine weiße Schicht mit wenigen unbedeckten Stellen am Rand des Wafers. Die Schicht ist an bedeckten Stellen sehr ungleichmäßig und zeigt bei Lichteinfall farbliche Reflexionen.

(a)   (b)

Abbildung 4.15: Zinkoxid-Nanopartikelschicht, hergestellt mit Zusatz von Propylenglycol. (a) Lichtmikroskop (20-fache Vergrößerung), Mischungsverhältnis: $1:2$, (b) *AFM* (*non-contact-mode*), 0,04 Gew.-% Propylenglycol

Propylenglycol

Überwiegend als Kotensid in Kosmetika und Arzneimitteln eingesetzt, wird Propylenglycol (1,2-Propandiol) auch als Netzmittel in Ätzlösungen der Halbleiterprozesstechnologie eingesetzt. Propylenglycol ist eine farblose, hygroskopische, leicht viskose Flüssigkeit und nahezu geruchlos [Sig09]. Die Dichte wird mit $\rho = 1,04\,\mathrm{g/cm^3}$ bei einer molaren Masse 76,09 g/mol angegeben [O'N06]. Der Siedepunkt liegt bei ca. $T_{bp} = 187°\mathrm{C}$, jedoch ist die Verbindung bereits ab Temperaturen von 150°C oxidationsempfindlich. Es ist mit Wasser und organischen Lösungsmitteln mischbar [O'N06, Lid09]. Propylenglycol wurde lediglich an ZnO-Dispersionen getestet (*HS*: $30\,\mathrm{s}@2000\,\mathrm{min^{-1}}$, *Soft-bake*: $120\,\mathrm{s}@120°\mathrm{C}$). Die Zugabe von 2 Teilen 1,2-Propandiol auf 1 Teil ZnO-Dispersion bewirkt jedoch eine starke Reagglomeration während des Beschichtungsvorgangs. Wie in Abbildung 4.15a zu erkennen ist, lagert sich das ZnO in untypischer bräunlicher Form auf der Oberfläche ab, wobei eine poröse Schicht ausgebildet wird. Makroskopisch erscheinen die erzeugten Schichten weiß. Selbst bei äußerst geringer Zumengung von Propylenglycol (0,04 Gew.-%) tritt bereits eine Reagglomeration mit geringerer Ausprägung auf [siehe Abbildung 4.15b].

TEGO Dispers 750W

Tego Dispers 750W wird als Netz- und Dispergieradditiv für wässrige Formulierungen von der Firma EVONIK TEGO CHEMIE GMBH hergestellt und vertrieben. Es dient zur Herstellung von stabilen, dispersen Pigmentkonzentraten mit Anwendungen in Farben und Lacken und ist sowohl für organische als auch anorganische Pigmente geeignet. Das Additiv beinhaltet 40% des Wirkstoffs, gelöst in Wasser. Die Dichte wird mit $\rho = 1,075\,\mathrm{g/cm^3}$ und der pH-Wert mit 6,5 angegeben. Löslichkeit ist in Wasser, Ethanol, Isopropanol und weiteren organischen Lösungsmitteln gegeben. Chemisch handelt es sich bei *Tego Dispers 750W* um ein organisch modifiziertes Polymer mit pigmentaffinen Gruppen [Evo07a, Evo09a]. Laut Herstellerempfehlung soll das Additiv vor der Dispergierung zugemischt werden. Da die initiale Dispergierung extern durchgeführt wurde, ist *Tego Dispers 750W* unmittelbar vor der Redispergierung der Suspension hinzuzufügen.

Das *Spin-Coating* von Dispersionen (*HS*: $30\,\mathrm{s}@2000\,\mathrm{min^{-1}}$, *Soft-bake*: $120\,\mathrm{s}@110°\mathrm{C}$) mit einer Beimischung des Dispergieradditivs von 10 Gew.-% erzeugt im Falle von Silizium bräunliche Schichten mit Schlierenbildung und im Falle von ZnO weiße Schichten mit einer guten Oberflächenbedeckung. Die weiße Farbe der ZnO-Schicht deutet auf relativ große Kristalldomänen hin. Untersuchungen im Rasterelektronenmikroskop bestätigen diese Vermutung [siehe Abbildung 4.17a]. Es zeigt sich die Bildung einer mikroporösen Schicht mit einem großen Hohlraumvolumenanteil. Diese Porosität ist bei Silizium-Nanopartikeln zwar nicht nachzuweisen, jedoch scheinen die Nanopartikel in eine Matrix aus *Tego Dispers 750W* eingebettet zu sein [siehe Abbildung 4.16a]. Einzelne Partikelagglomerate sind als helle Punkte an Erhebungen zu erkennen. Die Matrixbildung wird mit dem niedrigen Feststoffanteil der applizierten Si-Dispersion gegenüber der ZnO-Dispersion begründet. Vorteilhaft ist jedoch der hohe Bedeckungs-

(a)   (b)

Abbildung 4.16: Silizium-Nanopartikelschicht, hergestellt mit Zusatz des Dispergieradditivs *Tego Dispers 750W*; 0,1 Gew.-% Silizium-Nanopartikel, 10 Gew.-% *Tego Dispers 750W*. (a) REM, (b) *AFM (non-contact-mode)*

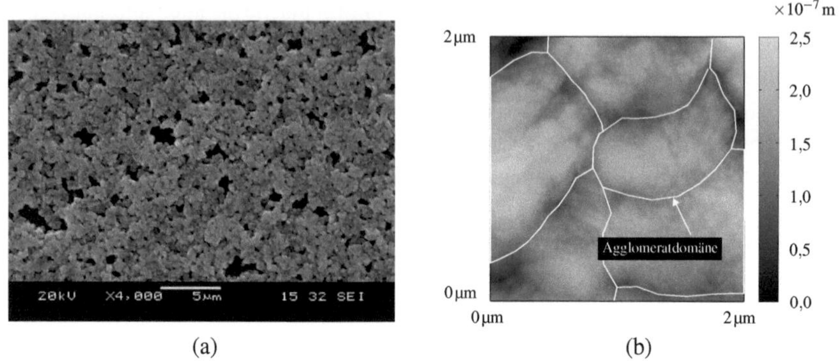

(a)   (b)

Abbildung 4.17: Zinkoxid-Nanopartikelschicht, hergestellt mit Zusatz des Dispergieradditivs *Tego Dispers 750W*; 34 Gew.-% Zinkoxid-Nanopartikel, 10 Gew.-% *Tego Dispers 750W*. (a) REM, (b) *AFM* (*non-contact-mode*)

grad und die gleichmäßige Verteilung der Nanopartikelsuspension trotz geringen Feststoffanteils. Werden die Topographien der Nanopartikelschichten im Rasterkraftmikroskop dargestellt, so ergibt sich für Silizium ein ähnliches Bild. In Abbildung 4.16b ist die Additivmatrix mit den eingebetteten Nanopartikeln erkennbar. Die Oberflächenrauheit ergibt einen Wert von $S_q \approx 38{,}1$ nm für Silizium und $S_q \approx 39{,}9$ nm für Zinkoxid. Die Zinkoxid-*AFM*-Topographie ist durch Einzelpartikel mit Durchmessern von 35...55 nm als Primärstruktur und durch die bereits im REM beobachteten Agglomeratdomänen mit typischen Abmessungen von 500 nm...1 µm als Sekundärstruktur gekennzeichnet [siehe Abbildung 4.17b]. Die Domänengrenzen sind in der Abbildung angedeutet.

TEGO Wet 280

Im Gegensatz zu einem Dispergieradditiv, welches die Dispersion stabilisiert, ist *Tego Wet 280* der Firma EVONIK TEGO CHEMIE GMBH ein Substratnetzadditiv, dessen Aufgabe es ist, gleichmäßige und ganzflächige Beschichtungen zu erzeugen. Sein ursprünglicher Anwendungsbereich ist die Verbesserung von Automobil, Industrie-, Holz- und Bautenschutzlacken. Das Additiv ist ein konzentriertes Polyethersiloxan-Copolymer (Wirkstoffgehalt 100%) und für wässrige Lösungen geeignet. Die Löslichkeit in Ethanol, Isopropanol und weiteren organischen Lösungsmitteln ist gut. Die Löslichkeit in Wasser wird mit > 100 g/l angegeben. *Tego Wet 280* ist eine gelbliche Flüssigkeit mit einer Viskosität von ca. 50 mPas.

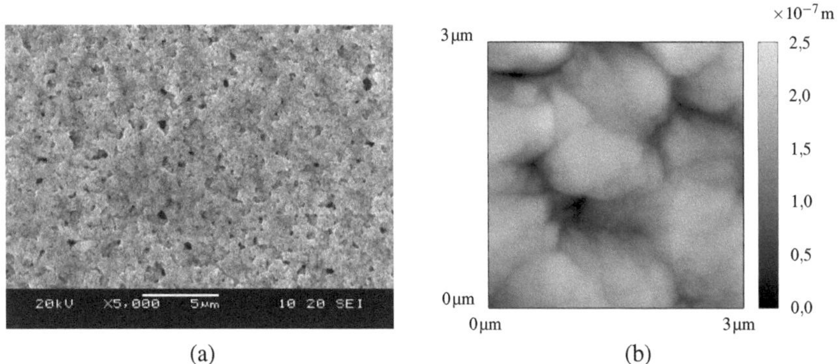

Abbildung 4.18: Zinkoxid-Nanopartikelschicht, hergestellt mit Zusatz des Substratnetzadditivs *Tego Wet 280*; 34 Gew.-% Zinkoxid-Nanopartikel, 10 Gew.-% *Tego Wet 280*. (a) REM, (b) *AFM* (*non-contact-mode*)

Seine Dichte beträgt $\rho = 1{,}006...1{,}033\,\mathrm{g/cm^3}$ [Evo07b, Evo09b]. Der Siedepunkt ist unbekannt.

Die Beimischung von 10 Gew.-% *Tego Wet 280* zur Zinkoxid-Nanopartikeldispersion (34 Gew.-%) führt zu gut bedeckenden Schichten durch *Spin-Coating* (*HS*: $30\,\mathrm{s}@2000\,\mathrm{min^{-1}}$, *Soft-bake*: $120\,\mathrm{s}@110°\mathrm{C}$). Der Zinkoxidfilm besitzt eine weiße Farbe. Wie durch die Analyse im Rasterelektronenmikroskop ersichtlich wird [siehe Abbildung 4.18a], handelt es sich bei der hergestellten Schicht um poröses Material vergleichbar mit *Tego Dispers 750W* als Additiv. Eine feine Primärstruktur im REM ist nicht zu erkennen. Vielmehr besteht die Schicht aus einer gleichmäßigen, aber porösen Matrix. Die Topographiedarstellung im Rasterkraftmikroskop in Abbildung 4.18b zeigt, dass keine Primärpartikel an der Oberfläche vorhanden sind. Die Nanopartikel bilden zwar Agglomerate mit Durchmessern von über $1\,\mu\mathrm{m}$, jedoch sind die Nanopartikel vollständig in der *Tego Wet 280*-Matrix eingebettet. Die *RMS*-Rauheit der Oberfläche beträgt $S_\mathrm{q} \approx 54{,}3\,\mathrm{nm}$.

Das Additiv wurde nicht in Silizium-Nanopartikeldispersionen untersucht.

Zusammenfassung

Eine Übersicht über die untersuchten Additive mit den wichtigsten Eigenschaften ist in Tabelle 4.5 dargestellt. Zusammenfassend ist festzustellen, dass pure Nanopartikeldispersionen gute Ergebnisse erzeugen. Der Zusatz von *NCW-1001* und Propylenglycol führt zu einer Schichtqualität, die für die Integration von Feldeffekttransistoren unzureichend ist. *Tego Dispers 750W* und *Tego Wet 280* steigern

Tabelle 4.5: Übersicht der Eigenschaften von Nanopartikelschichten in Abhängigkeit vom verwendeten Additiv

Eigenschaft	Silizium	Silizium: *Tego Dispers*	Zinkoxid	Zinkoxid: *NCW-1001*	Zinkoxid: Propylenglycol	Zinkoxid: *Tego Dispers*	Zinkoxid: *Tego Wet*
Makro-Bedeckung	+	++	+	o	o	++	++
Mikro-Bedeckung	+	++	++	−	−	++	++
Porosität	+	+	++	×	o	o	o
Reagglomeration	+	+	++	×	o	−	−−
Primärpartikel	+	o	+	×	o	o	−
RMS-Rauheit S_q	20,2 nm	12,9 nm	11,8 nm	×	28,7 nm	34,6 nm	40,0 nm

++ = sehr gut, + = gut, o = ausreichend, − = mangelhaft, −− = unzureichend, × = nicht untersucht

zwar den Bedeckungsgrad, jedoch wird dieser Vorteil durch Einbußen bezüglich der Reagglomeration und der Schichtporosität erkauft.

Soft-bake und Einfluss des *Hard-bake*-Schritts

Nach der Schleuderbeschichtung werden die Schichten einem *Soft-bake*-Schritt auf der *Hot-plate* für fünf Minuten unterzogen, der dazu dient, das Dispersionsmittel und die Additive zu verdampfen. *Soft-bake*-Temperaturen von 100°C für das Dispergiermittel Ethanol (Siedepunkt T_{bp} = 78°C) bzw. von 110°C für Wasser (T_{bp} = 100°C) sind ausreichend, um das Lösungsmittel zu entfernen. Eventuell verbleibende Dispergiermittel beeinflussen die elektrischen Eigenschaften der Schichten nur in geringem Maße. Wie an Einzelpartikeltransistoren mit Silizium-Nanopartikeln in Abschnitt 5.2.1 gezeigt wird, sind Additivreste dahingehend in der Lage, das elektrische Verhalten wesentlich zu verändern.

Die möglichen Restmengen des Dispergiermediums und etwaiger Zusätze wird im folgenden *Hard-bake*-Prozess unter definierter Atmosphäre durch Verdampfung bzw. Verbrennung reduziert. Die *Hard-bake*-Temperatur liegt zwischen

200°C und 800°C, auf jeden Fall aber so niedrig, dass weder das Substrat noch andere Materialien zerstört werden. Ziele des *Hard-bake*-Prozesses sind neben der erwähnten Fremdstoffentfernung die Ausheilung von Störstellen innerhalb der Nanokristalle und eine Versinterung von Einzelagglomeraten zu größeren Kristalliten [WDH09, STW$^+$08, WH10].

In Silizium-Nanopartikeln wird die minimale Temperatur zur Versinterung mit 700°C angegeben [STW$^+$08]. Diese Temperaturen sind zwar für die Prozessierung auf Silizium-Substratträgern zulässig, jedoch nicht für Glas- oder gar Foliensubstrate. Für Temperaturen unterhalb dieser Grenze kann eine Ausheilung von Störstellen beobachtet werden [vergleiche Abschnitt 2.2.3], welche ebenfalls zur Verbesserung der elektrischen Eigenschaften der Schicht beiträgt [WDH09]. Die Versinterung von ZnO-Nanopartikeln findet bereits ab Tempera-

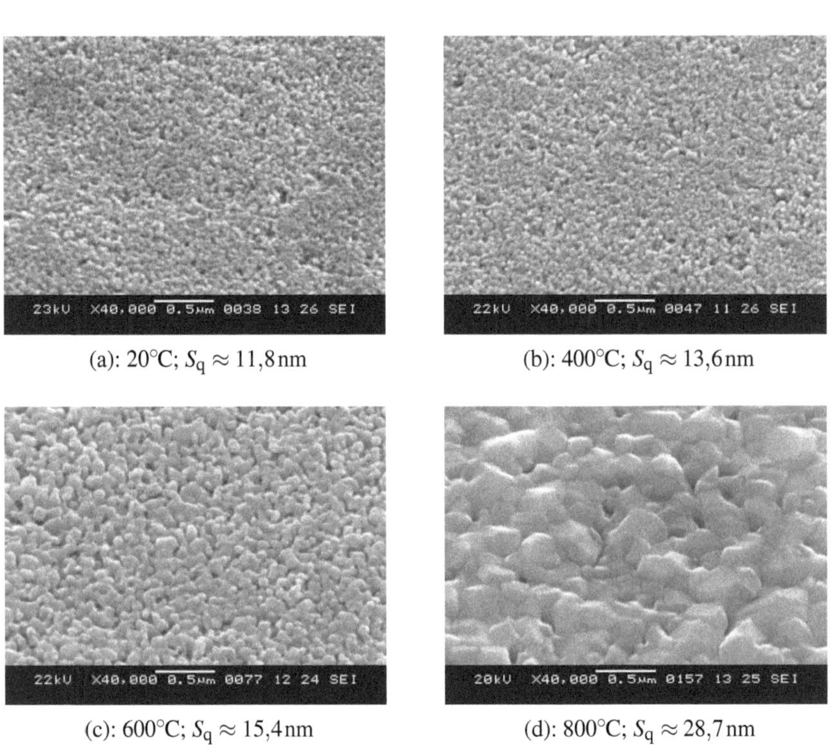

(a): 20°C; $S_q \approx 11,8\,$nm (b): 400°C; $S_q \approx 13,6\,$nm

(c): 600°C; $S_q \approx 15,4\,$nm (d): 800°C; $S_q \approx 28,7\,$nm

Abbildung 4.19: REM-Aufnahmen und *RMS*-Rauheiten von ZnO-Nanopartikelschichten nach dem *Hard-bake*-Prozess (2 h in O_2-Atmosphäre)

turen von ca. 350°C statt. Die Abbildung 4.19 zeigt die Oberflächen der ZnO-Nanopartikelschichten in Abhängigkeit von der Annealing-Temperatur T_a. Es ist zu erkennen, dass mit steigender Temperatur die Kristalle zunehmend zusammenwachsen. Insbesondere bei $T_\mathrm{a} \geq 600$°C nimmt die kristalline Ordnung zu. Somit wird durch die geringere Korngrenzendichte die Ladungsträgerbeweglichkeit vergrößert. Das *Annealing* wird in Sauerstoff-Atmosphäre durchgeführt, um mögliche Sauerstoff-Leerstellen im Kristall während der Temperung zu besetzen. Sauerstoff-Fehlstellen erzeugen im Allgemeinen tiefe Zustände in der Bandlücke des ZnO [SV70, VWS+96, CGL01, LFJ01]. Die Besetzung mit Sauerstoff-Atomen bewirkt eine niedrigere Ladungsträgerkonzentration im ZnO und einen geringen Strom im Sperrbereich der Transistoren [LJJ+08]. Zusätzlich kann eine geringe Erhöhung der effektiven Ladungsträgerbeweglichkeit durch Reduktion der Dichte tiefer Störstellenzustände erreicht werden [IPG+05]. Die letztgenannten Effekte tragen zu einer besseren Strommodulation bei.

4.4.2 Abscheidung von Einzelpartikeln

Für die Integration von Einzelpartikeltransistoren in der *Inverted Coplanar-* oder *Noninverted Staggered*-Architektur (Nanograben-Transistor) ist es nicht zwingend erforderlich, Schichten aus Nanopartikeln abzuscheiden. Einerseits tritt beim *Spin-Coating*-Schritt eine starke Wechselwirkung (Reagglomeration) zwischen den Nanopartikeln auf, da das stabilisierende Dispersionsmedium entfernt wird; andererseits wird eine REM- oder *AFM*-Analyse der Partikelabscheidung in den Nanogräben durch Überdeckung des Grabens mit der Nanopartikelschicht verhindert.

Die Schleuderbeschichtung von stark verdünnten Dispersionen ermöglicht die Abscheidung einzelner Agglomerate bzw. Partikel mit einstellbarer Flächendichte. Als Verdünnungsmittel wird je nach Partikelmaterial Ethanol oder Wasser verwendet, um die Potenziale im dispersen System nicht zu beeinflussen und die Stabilität zu erhalten. *AFM*-Topographien einer Verdünnungsreihe von Si-Dispersionen mit Ethanol sind in Abbildung 4.20 dargestellt. Aus den Topographien kann der Bedeckungsgrad Γ ermittelt werden. Dieser ist in Abbildung 4.21 über dem Massenanteil ξ der Silizium-Partikel aufgetragen. Der allgemeine Zusammenhang zwischen dem Bedeckungsgrad und dem Massenanteil ist durch

$$\Gamma = a \cdot \exp(-b\xi) + k \tag{4.1}$$

gegeben, wobei a, b und k Konstanten für die jeweilige Dispersion sind. Wird die Partikelflächendichte N_F der Nanopartikelagglomerate betrachtet, so gilt, dass je höher der Massenanteil in der Dispersion ist, desto größer ist N_F. In erster

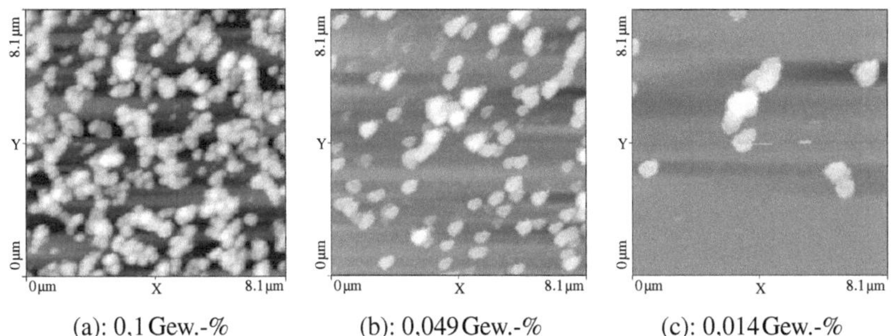

(a): 0,1 Gew.-%   (b): 0,049 Gew.-%   (c): 0,014 Gew.-%

Abbildung 4.20: *AFM*-Topographie (*non-contact-mode*) von Silizium-Nanopartikeln, abgeschieden aus verschieden stark verdünnten Dispersionen. Der maximale Höhenunterschied (z-Achse) beträgt 130 nm (schwarz → weiß).

Näherung ist N_F proportional zu Γ. Da die sehr starke Verdünnung eine Störung der Dispersionstabilität bewirkt, tritt eine Vergrößerung der Agglomeratdurchmesser auf, so dass die Flächendichte in Abhängigkeit von der Massenkonzentration den abgebildeten Verlauf annimmt. Der Zusatz eines Dispergieradditivs in Form

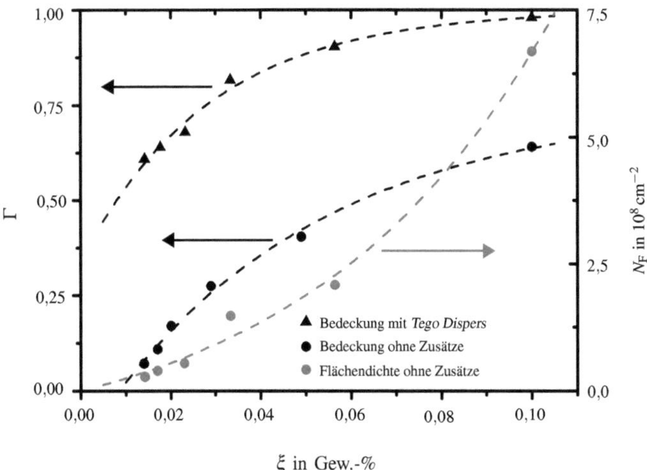

Abbildung 4.21: Abhängigkeit des Bedeckungsgrades und der Flächendichte vom Massenanteil der dispergierten Nanopartikel

von *Tego Dispers 750W* ändert nicht das qualitative Abscheidungsverhalten der Dispersion nach Gleichung (4.1). Wie bereits im vorigen Abschnitt beschrieben, steigt durch das Additiv der Bedeckungsgrad, jedoch hauptsächlich in Form einer einbettenden Matrix.

Der Eintrag der Nanopartikel in die Nanozwischenräume geschieht nach der Modellvorstellung, wenn ein Partikel oder ein Agglomerat, dessen Durchmesser maximal der Zwischenraumbreite entspricht, mit dem Nanograben in Wechselwirkung tritt. Die Arten der Wechselwirkung sind sehr vielfältig. Unter anderem kann der Nanopartikeleintrag durch folgende Mechanismen ablaufen:

- Stoßereignis an einer Grabenkante (Schleuderbeschichtung);

- fluidischer Transport von Nanopartikeln (Trocknung);

- Ablagerung durch Gravitation (Trocknung);

- mechanischer Eintriebprozess (z. B. Einreiben, Ultraschallbad).

Für eine erfolgreiche Abscheidung im *Spin-Coating*-Verfahren ist ein schneller Absetzprozess der Nanopartikel in die Zwischenräume notwendig. Aufgrund der großen Winkelgeschwindigkeit und der daraus resultierenden Radialgeschwindigkeit der Dispersion, müssen sich Nanopartikel innerhalb eines sehr kurzen Zeitintervalls in die Nanozwischenräume absetzen. Dabei wird nur ein Anlagerungsprozess initiiert, wenn ein Nanopartikel auf eine Kante des Nanograbens stößt. Als Alternative bieten sich Trocknungsprozesse an. Hierbei wird zunächst die Dispersion auf die Probenoberfläche gegeben und anschließend an der Luft getrocknet. Während das Dispersionsmedium verdunstet, setzen sich an der Oberfläche Nanopartikel aus der Suspension ab. Teilweise werden diese mit dem Fluid transportiert, so dass die Wahrscheinlichkeit steigt, dass ein Nanopartikel auf einen Nanozwischenraum trifft und sich in diesem absetzt. Wesentliche Probleme sind die Reagglomeration und ein ungleichmäßiger Trocknungsprozess. Während die Reagglomeration zu Agglomeratgrößen führt, die ein Eindringen der Nanopartikel in Nanozwischenräume ausschließt, bilden sich durch die zeitlich nicht konstante Trocknungsrate Gebiete mit höherer Partikeldichte. Typische Ergebnisse des Trocknungsabscheidungsprozesses sind als elektronenmikroskopische Aufnahmen in den Abbildungen 4.22 und 4.23 dargestellt. Zinkoxid-Nanopartikel scheiden sich aufgrund der ungleichmäßigen Trocknung in Streifenform ab [siehe Abbildung 4.22a]. In den Bereichen mit hoher Flächendichte ist die Schicht geschlossen, während in den übrigen Bereichen durchaus einzelne Partikelagglomerate abgeschieden werden können [siehe Abbildung 4.22b]. Silizium-Nanopartikel zeigen keine speziellen Muster, die durch den Trocknungsprozess hervorgerufen wer-

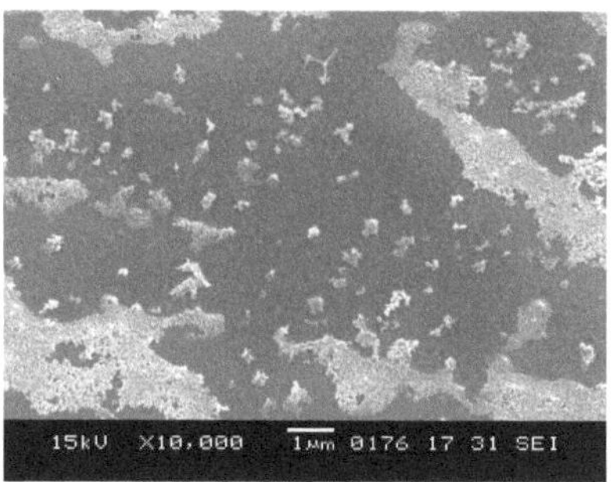

(a): Zinkoxid-Nanopartikel   (b): Zinkoxid-Nanopartikel

Abbildung 4.22: REM-Aufnahmen von Zinkoxid-Nanopartikeln ($\xi(\mathrm{ZnO}) = 0,16\,\mathrm{Gew.}$-%), abgeschieden durch Trocknung

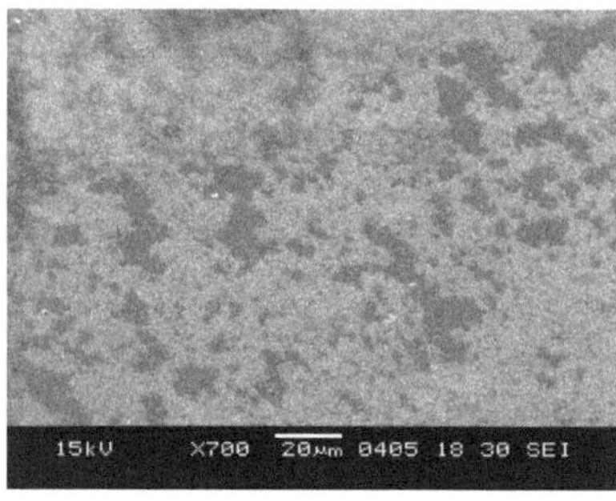

(a): Silizium-Nanopartikel   (b): Silizium-Nanopartikel

Abbildung 4.23: REM-Aufnahmen von Silizium-Nanopartikeln ($\xi(\mathrm{Si}) = 0,008\,\mathrm{Gew.}$-%), abgeschieden durch Trocknung

den. Dennoch ist die Flächendichte der verbliebenen Si-Nanopartikel sowohl makroskopisch als auch mikroskopisch sehr unregelmäßig [siehe Abbildung 4.23a und 4.23b]. Eine Kontrolle und Beurteilung, ob sich Nanopartikel in den Nanozwischenräumen angesammelt haben, ist schwierig, obwohl die Oberflächendichte sehr stark reduziert und einzelne Nanopartikelagglomerate abgeschieden werden können. Die REM-Aufnahme in Abbildung 4.24 zeigt eine Ansammlung von ZnO-Nanopartikeln über der Grabenstruktur, wobei davon ausgegangen werden kann, dass sich ein Teil der Nanopartikel im Graben selbst befindet.

Die Abscheidung durch Einreiben von Nanopartikelsuspensionen und der Eintrag durch mechanische Energie in Form von Ultraschallwellen mit Fixierung

Abbildung 4.24: REM-Aufnahme von Zinkoxid-Nanopartikeln, abgeschieden über einer Grabenstruktur (ξ(ZnO) = 0,009 Gew.-%)

durch Adhäsion an den Nanograbenwänden zeigt im Resultat keine Unterschiede zur Trocknungsabscheidung.

Abschließend ist zu bemerken, dass die Abscheidung von Einzelpartikeln in Nanozwischenräumen bislang nicht in reproduzierbarer Quantität und Qualität durchgeführt werden kann, da es sich um einen stark statistischen Prozess handelt. Infolgedessen sinkt die Ausbeute funktionsfähiger Bauelemente drastisch.

5 Feldeffekttransistoren mit Silizium-Nanopartikeln

Nachdem im vorherigen Kapitel die notwendige Prozesstechniken zur Nanostrukturierung und Partikelabscheidung behandelt wurde, werden in diesem Kapitel die Integration und Charakterisierung von Feldeffekttransistoren mit Silizium-Nanopartikeln vorgestellt. Aus der Literatur sind bislang nur wenige Berichte von Dickfilm-Transistoren mit Si-Nanopartikeln bekannt [BH06, HZGB09], nicht aber von Dünnfilm-Baulementen. Daher wird zunächst ein Dünnfilm-Bauelement vorgestellt, aus dessen Parametern sich ableiten lässt, dass eine Eignung nicht gegeben ist. Gemäß diesem Ergebnis erfolgt der Übergang zu Einzelpartikeltransistoren, die bessere Eigenschaften zeigen, so dass unter anderem Untersuchungen bezüglich der Architektur, der Partikeldotierung und der Lagerungsdegradation vorgestellt werden. In der gängigen Literatur sind Feldeffekttransistoren in Einzelpartikeltransistoren nur an Beispielen mit in-situ synthetisierten, kubischen Silizium-Nanopartikeln bekannt, die in einem vertikalen Aufbau integriert werden [DDB$^+$06, SDB$^+$07]. Die Auswirkungen einer Partikeldotierung, eines Zusatzes von Dispergieradditiven, einer nachträglichen Temperaturbehandlung, der Integration in anderen Architekturformen sowie Aussagen über eine Alterung durch Lagerung sind für jene Bauelemente ebenso wenig bekannt wie die allgemeinen Eigenschaften von Einzelpartikeltransistoren mit ex-situ erzeugten Nanopartikeln nach den hier vorgestellten Verfahren.

5.1 Dünnfilmtransistor

Kostengünstige Bauelemente lassen sich besonders effizient als Dünnfilmtransistoren realisieren. Der Aufbau nach Abschnitt 3.1 ist einfach und effizient, doch ist eine Verwendung von Silizium-Nanopartikeln dahingehend erschwert, dass die Haftung von Nanopartikelschichten aus Silizium auf dem Untergrund beschränkt ist und die Dünnfilme durch Nassprozesse leicht angegriffen werden können. Daher bietet sich die *Inverted-Coplanar*-Architektur an, bei deren Herstellung die Abscheidung des Nanopartikelfilms als letzter Schritt erfolgt. Zur Vereinfachung werden die Transistoren mit dem Silizium-Substrat als gemeinsame Gate-

Rückseitenelektrode integriert. Die Nutzung der gemeinsamen Rückseitenelektrode hat den Vorteil eines stark reduzierten Integrationsaufwands; zusätzlich ist ein elektrisch hervorragend isolierendes Siliziumdioxid verfügbar [Hil04].

Bauelementintegration

Das verwendete Silizium-Substrat ist mit einer Bor-Konzentration von $N_A \approx 10^{15}\,\mathrm{cm}^{-3}$ p-dotiert. Auf dieses werden 200 nm SiO_2 durch thermische Oxidation aufgewachsen. Drain- und Source-Elektroden aus Aluminium (300 nm) werden durch Elektronenstrahlverdampfung, anschließende fotolithografische Strukturierung und Nassätzung erzeugt. Erst danach wird ein Nanopartikeldünnfilm durch *Spin-Coating* abgeschieden. Die Partikel sind ebenfalls mit Bor dotiert, welches in Form von Diboran während der Synthese dem Reaktionsgas hinzugefügt wird. Der Massenanteil der Nanopartikel in der Dispersion muss ausreichend sein, um geschlossene Dünnfilme zu erhalten. Im vorliegenden Versuch beträgt $\xi\,(\mathrm{Si}) = 6{,}25\,\mathrm{Gew.\text{-}\%}$. Mit einer Drehzahl von $1700\,\mathrm{min}^{-1}$ für 45 s werden Schichten von ca. 300 nm Dicke abgeschieden. Um die Leitfähigkeit der Schichten zu steigern, Fehlstellen auszuheilen und die Kontaktwiderstände zu senken, werden die Proben einem *RTA*-Temperungs-Prozess[1] bei 500°C unter Argon-Atmosphäre unterzogen.

Die Topographie der Silizium-Nanopartikeloberfläche ist in Abbildung 5.1 als *AFM*-Aufnahme dargestellt. Gegenüber den Proben ohne *Annealing*-Schritt ist

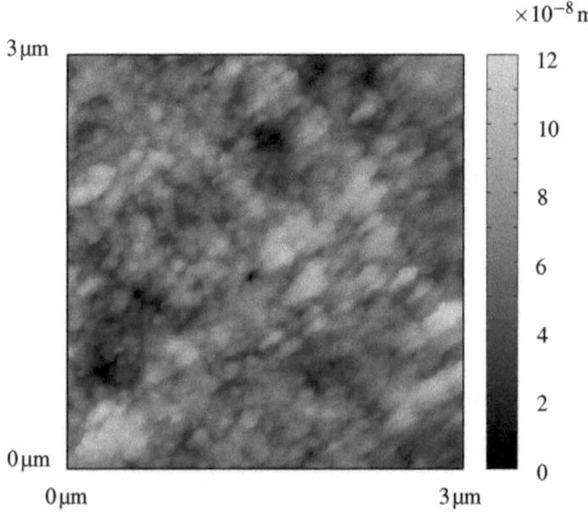

Abbildung 5.1: *AFM*-Topographie (*non-contact-mode*) der Silizium-Nanopartikelschicht nach der Temperung bei $T_a = 500°\mathrm{C}$.

---

[1] *R*apid *T*hermal *A*nnealing

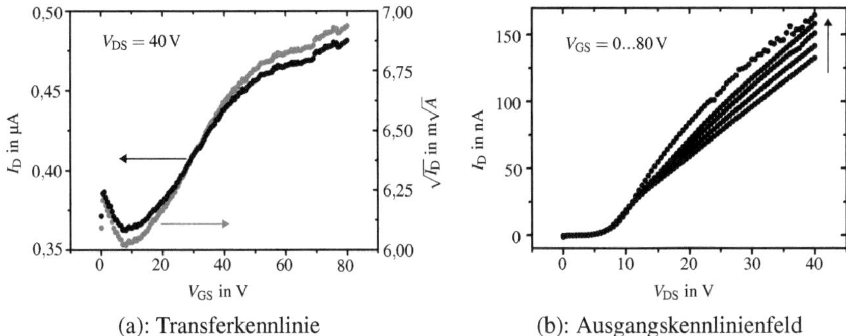

(a): Transferkennlinie   (b): Ausgangskennlinienfeld

Abbildung 5.2: Kennlinien eines Si-NP-TFT mit einer Kanallänge von $L = 8\,\mu m$ und einer Weite von $W = 16\,cm$. Das Gate-Dielektrikum aus thermischem SiO_2 besitzt eine Dicke von $t_i = 200\,nm$. Als Substrat und Gate-Rückseitenelektrode dient p-Si ($N_A \approx 10^{15}\,cm^{-3}$). Die Drain- und Source-Kontakte bestehen aus 300 nm Aluminium.

keine Veränderung der Korngröße zu erkennen. Die Oberflächen-Rauheit liegt mit $S_q \approx 17,6\,nm$ nur knapp unter dem Wert der nicht getemperten Proben in Abschnitt 4.4.1.

Elektrische Transistorparameter

Die Kennlinien des Silizium-Nanopartikel-Dünnfilmtransistors sind in Abbildung 5.2 dargestellt. Die Transferkennlinie und das Ausgangskennlinienfeld zeigen, dass sich der Transistor nur sehr eingeschränkt über die Gate-Elektrode steuern lässt. Die Strommodulation beträgt maximal $I_{ON}/I_{OFF} = 1,42$ und ist damit nicht ausreichend für die Integration von logischen Schaltungen. Der Transistor erreicht einen *on*-Strom von 480 nA bei $V_{DS} = 40\,V$. Eine geringe Stromstärke wird zwar für die schlecht leitenden Silizium-Nanopartikelschichten erwartet; sie ist in Anbetracht eines W/L-Verhältnisses von 20000 dennoch als unterdurchschnittlich einzustufen. Die Betrachtung des Ausgangskennlinienfeldes legt nahe, dass sich die Kontakte nahezu ohmsch verhalten und der Kanalstrom hauptsächlich vom Drain-Potenzial dominiert wird. Für niedrige V_{DS} ist zunächst keine Steuerbarkeit des Kanalleitwertes in Abhängigkeit von V_{GS} zu erkennen. Die Strom-Spannungs-Charakteristik folgt dem Verlauf eines raumladungsbegrenzten Stroms. Für höhere V_{DS} tritt die gewünschte Steuerbarkeit auf, wird jedoch weiterhin durch die Abhängigkeit des Stroms von V_{DS} dominiert.

Die Schwellenspannung folgt aus der Transferkennlinie zu $V_{th} = 13,8\,V$. Gemäß Abschnitt 3.4 wird aufgrund des schlechten Sperrverhaltens der minimale

Strom zur Ermittlung der Schwellenspannung herangezogen. Der Transistor ist demnach selbstsperrend, wobei am Ladungsträgertransport für $V_{GS} > V_{th}$ hauptsächlich Elektronen beteiligt sind (n-Typ). Im Unterschwellenbereich zeigt der Transistor ein Öffnen des Kanals, so dass der integrierte TFT offensichtlich ambipolar arbeitet. Die Feldeffektladungsträgerbeweglichkeit beträgt $\mu_{FE} = 3{,}02 \cdot 10^{-7}\,cm^2(Vs)^{-1}$. Ausgehend von hohen Kontaktwiderständen aufgrund der planarsphärischen Grenzflächen zwischen Elektroden und Nanopartikeln und einem Strompfad, der wegen der Kanallänge von $8\,\mu m$ eine hohe Anzahl interpartikulärer Barrieren beinhaltet, ist ein derart niedriger Wert zu erklären.

Im Allgemeinen fällt auf, dass die benötigten Spannungen zum Betrieb des Transistors mit bis zu $80\,V$ sehr hoch sind. Die Spannungen liegen im typischen Arbeitsbereich der organischen Elektronik. Die Leistungsfähigkeit der Si-NP-TFT unterliegt den OFET jedoch bezüglich der Ladungsträgermobilität. Während der Messung ist weiterhin eine Degradation festzustellen, die aus dem Vergleich der maximalen Stromstärken des Ausgangskennlinienfeldes in Abbildung 5.2b und der Transferkennlinie in Abbildung 5.2a ersichtlich ist. Dieses Verhalten beruht auf einem Hystereseeffekt in der Halbleiterschicht, der eine Anlagerung von Ladungsträgern in den Nanopartikeln bewirkt [DMD$^+$04, NNM$^+$08]. Die angelagerten Elektronen erzeugen eine Verschiebung der Schwellenspannung in positive Richtung, so dass eine Absenkung des Drain-Stroms beobachtet werden kann.

Die Untersuchungen der Silizium-Nanopartikeldünnfilme beschränken sich in der Literatur auf die Analyse der elektrischen Eigenschaften, nicht aber auf die Funktion in Transistoren [BSWK97, LSP$^+$08, SKC04, NHO78, RTM$^+$05]. Ein direkter Vergleich ist somit nicht möglich. Lediglich Beispiele für auf Papier gedruckte Dickfilm-Transistoren werden berichtet [BH06, HZGB09]. Beide Beispiele zeigen selbstleitende Transistoren mit p-Typ-Charakter bei Ladungsträgerbeweglichkeiten[2] von $\mu_{FE} = 2 \cdot 10^{-4}\,cm^2(Vs)^{-1}$ [BH06] bzw. bis zu $\mu_{FE} = 0{,}7\,cm^2(Vs)^{-1}$ [HZGB09]. Die mittleren Nanopartikeldurchmesser werden mit 30...60 nm in [BH06] und 70 nm in [HZGB09] angegeben, so dass die höheren Werte für die Ladungsträgerbeweglichkeit mit der geringeren Barrierendichte begründet werden können. Außerdem ist eine Degradation des Drain-Stroms zwischen den Ausgangs- und Transferkennlinien festzustellen.

Fazit

Silizium-Nanopartikel-TFT weisen ein schlechtes, aber selbstsperrendes Transistorverhalten mit ambipolarer Charakteristik auf. Der Strom durch den Kanal wird

---

[2]BRITTON und HAERTING bestimmen in [HZGB09] die Messwerte unter Vernachlässigung des Gate-Leckstroms, obwohl dieser in der Größenordnung des Drain-Stroms liegt ($I_G \approx 0{,}5 \cdot I_D$).

Tabelle 5.1: Übersicht über die elektrischen Transistorparameter des Si-NP-TFT mit $L = 8\,\mu\mathrm{m}$, $W = 16\,\mathrm{cm}$ und Al-Drain-/Source-Elektroden

Substrat/Gate	ε_r	t_i **in nm**	$I_\mathrm{ON}/I_\mathrm{OFF}$	V_th **in V**	μ_FE **in** $\mathrm{cm}^2(\mathrm{Vs})^{-1}$
p-Si	3,9	200	1,42	13,8	$\approx 3\cdot 10^{-7}$

hauptsächlich durch das laterale elektrische Feld zwischen Drain- und Source-Elektrode dominiert. Eine Steuerbarkeit des Kanals durch die Gate-Elektrode kann zwar beobachtet werden, doch ist der Modulationsgrad, bedingt durch die Dominanz des Drain-Potenzials, äußerst gering. Sowohl die Strommodulation als auch die Ladungsträgerbeweglichkeit schränken die Pegeldetektionssicherheit bzw. die Treiberfähigkeit ein, so dass sich die Transistoren für den Aufbau von logischen Schaltungen nicht eignen. Die Transistorparameter sind in Tabelle 5.1 zusammenfassend dargestellt.

5.2 Einzelpartikeltransistoren

Die geringe Ladungsträgerbeweglichkeit in Silizium-Nanopartikel-TFT hat ihre Ursache in der hohen Dichte an Störstellen, insbesondere an interpartikulären Übergängen. Die Störstellendichte kann verringert werden, indem der Transistorkanal auf einen Partikel begrenzt wird. Dieser Schritt führt zu den in Abschnitt 3.2 beschriebenen Einzelpartikeltransistoren.

5.2.1 *Inverted Coplanar*-Architektur

Einzelpartikeltransistoren im *Inverted Coplanar*-Aufbau sind einfach zu integrieren, da zunächst ein Templat durch Standardprozesse der Siliziumhalbleitertechnologie hergestellt wird. Erst abschließend wird das Nanomaterial hinzugefügt, so dass die Materialauswahl flexibel zu gestalten ist und Untersuchungen effizient durchgeführt werden können.

Bauelementintegration

Die Proben werden wiederum auf einem mit Bor p-leitend dotiertem Silizium-Wafer ($N_\mathrm{A} \approx 10^{15}\,\mathrm{cm}^{-3}$) hergestellt, welcher gleichzeitig als Rückseiten-Gate-Elektrode genutzt wird. Als Gate-Dielektrikum dient Siliziumnitrid mit einer Schichtdicke $t_\mathrm{i} = 15\,\mathrm{nm}$, abgeschieden im *LPCVD*-Verfahren aus Triethylsilan und Ammoniak [siehe Tabelle A.1 in Anhang]. Siliziumnitrid besitzt als amorphes, dielektrisches Material eine relative Dielektrizitätszahl von $\varepsilon_r = 7$ und eine Bandlücke von $4{,}8 \leq E_g \leq 5{,}3\,\text{eV}$ [Kas06]. Auf dem Gate-Dielektrikum werden Nanozwischenräume in Aluminiumelektroden mit einer Breite $L = 60\,\text{nm}$ erzeugt. Über diese Strukturen wird ein Film aus Silizium-Nanopartikeln durch *Spin-Coating* abgeschieden. Die dabei verwendete Dispersion besitzt einen Masseanteil von $6{,}25\,$Gew.-% an undotierten Silizium-Nanopartikeln, gelöst in Ethanol. Das Aufschleudern findet bei einer Drehzahl von $2000\,\text{min}^{-1}$ für $30\,\text{s}$ statt. Zur sicheren Verdampfung des Dispergiermittels werden die Proben $60\,\text{s}$ bei $125°\text{C}$ auf der *Hot-plate* ausgeheizt.

Elektrische Transistorparameter nach der Herstellung

Die Kennlinien eines typischen Transistors mit einer geometrischen Kanalweite $W = 100\,\mu\text{m}$ sind in Abbildung 5.3 dargestellt. Der Transistor zeigt aufgrund einer dominierenden Löcherinjektion p-Kanal-Verhalten. Da die Schwellenspannungsbestimmung durch Extrapolationsverfahren nicht sinnvoll ist, wird die Transkonduktanz-Ableitungs-Methode angewendet, so dass $V_{\text{th}} = 0{,}2\,\text{V}$ beträgt und der Transistor selbstleitend ist. Mit Gate-Spannungen im Bereich von $\pm 15\,\text{V}$ kann lediglich ein $I_{\text{ON}}/I_{\text{OFF}}$-Verhältnis von ca. 2,2 erreicht werden, wobei der maximale Drain-Strom ungefähr $100\,\mu\text{A}$ bei $V_{\text{DS}} = 10\,\text{V}$ beträgt. Im Unterschwellenbereich ist der Stromabfall so gering, dass sich mit $S = 80\,\text{V}/\text{dek}$ ein extrem hoher Subschwellenstromanstieg ergibt.

Das Ausgangskennlinienfeld zeigt einen deutlichen Sättigungsbereich, doch auch im Ausgangsverhalten sind die schlechten Sperreigenschaften des Transistors zu erkennen. Zusätzlich ist ein hoher Gate-Leckstrom bemerkbar, der aufgrund des dünnen Si_3N_4-Dielektrikums und der hohen Gate-Spannungen nicht vermeidbar ist. Die Ursache des Gate-Leckstroms ist herstellungsbedingt, da während der *RIE*-Rückätzung zur Nanograbenintegration das Gate-Dielektrikum durch Ionenbestrahlung geschädigt wird. Die Schwächung tritt ebenfalls bei thermisch gewachsenem SiO_2 und einem Stapeldielektrikum aus $SiO_2/Si_3N_4/SiO_2$ selbst bei Schichtdicken über $200\,\text{nm}$ auf. Neben der ungewollten Ätzung des Dielektrikums am Ende des *RIE*-Prozesses in der Kantenabscheidungsstrukturierung zeigen Untersuchungen, dass zu lange Prozesszeiten der Lackentfernung im Plasmaätzverfahren zur Zerstörung des Dielektrikums führen. Die Plasmaätzung schädigt den Isolator so stark, dass die Stromdichte um bis zu neun Größenordnungen gegenüber intakten Proben zunimmt. Ein negativer Einfluss des anfänglich vorhandenen natürlichen Oberflächenoxids auf dem Si-Substrat oder der Nanopartikeldispersion kann nachweislich ausgeschlossen werden.

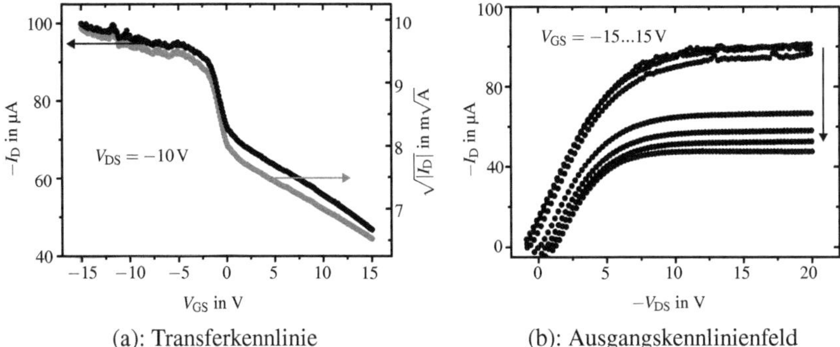

(a): Transferkennlinie   (b): Ausgangskennlinienfeld

Abbildung 5.3: Kennlinien eines Si-NP-EPT im *Inverted-Coplanar*-Aufbau ohne Temperung. Der Transistor besitzt eine Kanallänge von $L = 60\,\text{nm}$ und eine Weite von $W = 100\,\mu\text{m}$. Das Gate-Dielektrikum besteht aus $15\,\text{nm}$ Si_3N_4, welches bei $960°C$ unter Sauerstoffatmosphäre für 30 Minuten getempert wird. Als Substrat und Gate-Rückseitenelektrode dient p-Si ($N_A \approx 10^{15}\,\text{cm}^{-3}$). Die Drain- und Source-Kontakte bestehen aus $100\,\text{nm}$ Aluminium. Die Partikel sind undotiert.

Es ist als unwahrscheinlich anzusehen, dass der Gate-Leckstrom die alleinige Ursache für die schlechte *on/off*-Rate des vorgestellten Bauelements ist. Vielmehr wird vermutlich die schlechte Sperreigenschaft zusätzlich durch Feuchtigkeit in der Partikelschicht und an der Grenzfläche zum Dielektrikum hervorgerufen. Diese verursacht entweder einen direkten Beitrag zum Stromfluss durch Wasserstoffionenleitung oder eine Veränderung der Transistorparameter durch Anlagerung von H^+-Ionen und OH^--Gruppen an den Halbleiter und das Dielektrikum. Dabei kann es unter anderem zu Schwellenspannungsverschiebungen und Veränderung der Gate-Kapazität kommen [CNHL99, Pan06, SWB89]. YOO ET AL. weisen in [YYL08] den Einfluss der H^+- und OH^--Adsorption an das Halbleitermaterial in SCHOTTKY-kontaktierten Silizium-Nanodraht-Transistoren nach; also Bauelementen, welche in der Funktionsweise identisch mit den in dieser Arbeit vorgestellten Transistoren sind. Die Adsorbate bewirken ein Anheben bzw. ein Absenken der Bandstruktur im Halbleiter und beeinflussen somit die Kontakteigenschaften zu den Drain- und Source-Elektroden. Es kann demnach davon ausgegangen werden, dass dieser Einfluss auch auf Silizium-Nanopartikel besteht.

Elektrische Transistorparameter nach Temperung der Bauelemente
Um der Adsorption von Feuchtigkeit aus der Umgebungsluft entgegenzuwirken und die Kontakteigenschaften zu den Drain- und Source-Elektroden zu verbessern,

bietet sich ein *Annealing*-Prozess bei moderater Temperatur an. Dieser wird bei 300°C für 30 Minuten durchgeführt. Während der Temperung befinden sich die Proben in einer Stickstoff-Atmosphäre, um eine weitere Oxidation der Silizium-Nanopartikel zu vermeiden. Die Kennlinien unmittelbar nach dem *Annealing* sind in Abbildung 5.4 dargestellt. Im Ausgangskennlinienfeld ist der deutliche Sättigungsbereich einem linearen Anstieg des Stroms mit V_{DS} gewichen. Ein Kanallängenmodulationseffekt, wie er von konventionellen *MOSFET* bekannt ist, kann ausgeschlossen werden, da die Kennlinien im Sättigungsbereich streng parallel verlaufen, also der differentielle Drainleitwert unabhängig von V_{GS} ist. Eine mögliche Ursache ist eine Reaktion der Aluminiumelektroden mit den Silizium-Nanopartikeln. Das Aluminium diffundiert bereits ab Temperaturen von 200°C in Siliziumdioxid, also auch in die Siliziumdioxid-Hülle, die die Partikel umgibt [UTA$^+$74]. So wird zunächst der Leitwert der Hüllen erhöht. Zusätzlich gehen im Nanopartikelkern das Silizium und das Aluminium eine Feststoffreaktion unterhalb der eutektischen Temperatur von 577°C ein. Hierbei löst sich Aluminium im Silizium auf und dotiert den Halbleiter. Ein weiterer Effekt ist eine Aluminium-induzierte Rekristallisation des Siliziums, die aufgrund der moderaten Temperatur nur sehr schwach ausfällt [NW00]. Gezielt wird dieser Effekt als ALILE^3-Prozess zur Her-

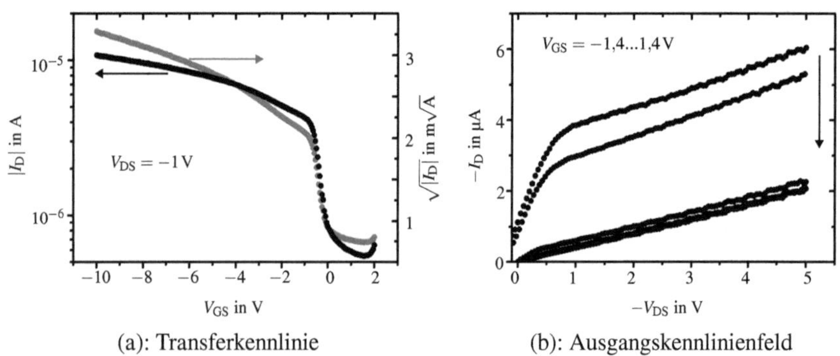

(a): Transferkennlinie									(b): Ausgangskennlinienfeld

Abbildung 5.4: Kennlinien eines Si-NP-EPT im *Inverted-Coplanar*-Aufbau nach einem Temperungsprozess bei 300°C für 30 Minuten in Stickstoffatmosphäre. Der Transistor besitzt eine Kanallänge von $L = 60\,$nm und eine Weite von $W = 100\,\mu$m. Das Gate-Dielektrikum besteht aus 15 nm Si_3N_4, welches bei 960°C unter Sauerstoffatmosphäre für 30 Minuten getempert wird. Als Substrat und Gate-Rückseitenelektrode dient p-Si ($N_A \approx 10^{15}\,$cm^{-3}). Die Drain- und Source-Kontakte bestehen aus 100 nm Aluminium. Die Partikel sind undotiert.

---

^{3}**AL**uminum **I**nduced **L**ayer **E**xchange

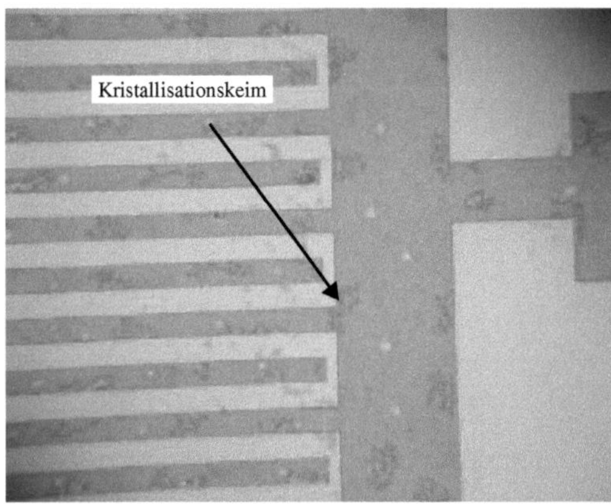

Abbildung 5.5: Lichtmikroskopaufnahme nach Rekristallisation durch die Aluminium-induzierte Kristallisation. Die Aluminiumelektroden wurden in Al-Ätzlösung[4] entfernt (dunkelgraue Bereiche).

stellung von ultradünnem Polysilizium aus amorphen Siliziumdünnfilmen eingesetzt [AJSS07, AJS08]. Ob es in den Nanopartikeltransistoren zu einem Transport des Siliziums in die Aluminiumelektroden kommt oder die Oxidhülle dem Silizium als Diffusionsbarriere entgegensteht, ist unklar. Dass es trotz der Siliziumdioxidschicht zum Auftreten der Aluminium-induzierten Kristallisation kommt, zeigen Proben mit $200\,\mathrm{nm}$ thermisch gewachsenem SiO_2 und Al-Elektroden, die bei $500\,^{\circ}\mathrm{C}$ für eine Stunde in N_2 getempert werden. In der Lichtmikroskopaufnahme in Abbildung 5.5 sind nach Entfernung des Aluminiums (violette Bereiche) große Kristallisationskeime zu beobachten, wohingegen auf Flächen ohne Aluminium das SiO_2 intakt ist.

Durch die Temperung können die Ströme – einschließlich der Gate-Leckströme – um den Faktor 10 und die notwendigen Betriebsspannungen um den Faktor 3...10 reduziert werden. Die Reduktion der Ströme kann mit der Unterbindung der Wasserstoffionenleitung, aber auch mit der Ausheilung von Defekten im Gate-Dielektrikum begründet werden. Qualitativ ähnelt die Transferkennlinie nach der Temperung dem Verhalten vor der Temperung. Sowohl für $V_{GS} \geq V_{th}$ als auch im Subschwellenbereich ist die Kennlinie jedoch steiler, so dass sich ein Subschwellenstromanstieg von $S = 4{,}5\,\mathrm{V/dek}$ und eine Feldeffektladungsträgermobili-

---

[4]Die Zusammensetzung der verwendeten Al-Ätzlösung besteht aus 80% konz. Phosphorsäure (H_3PO_4), 5% Salpetersäure (HNO_3), 5% Essigsäure (CH_3COOH), 10% Wasser und ca. 0,3% Propylenglykol. Die Prozesstemperatur beträgt $50\,^{\circ}\mathrm{C}$.

Tabelle 5.2: Übersicht über die elektrischen Transistorparameter der Si-NP-Einzelpartikeltransistoren im *Inverted Coplanar*-Aufbau mit $L = 60\,\text{nm}$, $W = 100\,\mu\text{m}$ und Al-Drain-/Source-Elektroden

Temperung	t_i in nm	I_ON/I_OFF	V_th in V	μ_FE in $\text{cm}^2(\text{Vs})^{-1}$	S in V/dek
keine	15	2,2	0,2	$1,81 \cdot 10^{-3}$	80
30 min @ 300°C	15	20	$-0,3$	$9,17 \cdot 10^{-3}$	4,5

tät $\mu_\text{FE} = 9,17 \cdot 10^{-3}\,\text{cm}^2(\text{Vs})^{-1}$ ergeben. Durch die verbesserte Mobilität und den Subschwellenstromanstieg steigt das I_ON/I_OFF-Verhältnis auf ca. 20. Des Weiteren tritt eine Schwellenspannungsverschiebung um $\Delta V_\text{th} = -0,5\,\text{V}$ auf $V_\text{th} = -0,3\,\text{V}$ ein. Der Transistor wird somit durch die Temperung selbstsperrend, was den nicht unerheblichen Einfluss der Feuchtigkeitsadsorption auf die Transistorcharakteristik verdeutlicht [YYL08].

Insgesamt zeigt die moderate Temperung in Stickstoffatmosphäre eine Verbesserung nahezu aller Transistorkennwerte. Lediglich die Reduktion des maximalen Drain-Stromes mit der daraus resultierenden schlechteren Treiberfähigkeit des Transistors stellt keine Verbesserung dar, kann aber toleriert werden, da hierdurch ein besseres Sperrverhalten erkauft wird.

Ein weiteres Problem ist der unbekannte Füllgrad der Nanozwischenräume mit halbleitendem Material. Da die Anlagerung von Partikeln in den Gräben stochastisch ist, können keine reproduzierbaren Ergebnisse mit angemessener Bauelementausbeute erzielt werden. Zudem kann die Ladungsträgerbeweglichkeit nur über das geometrischen Maskenmaß der Kanalweite nach unten abgeschätzt werden. Die tatsächlichen Mobilitäten liegen mit großer Wahrscheinlichkeit wesentlich höher. Die Transistorparameter der Transistoren vor und nach dem *Annealing*-Prozess sind in Tabelle 5.2 aufgeführt.

Transistor mit Dispergieradditiv *Tego Dispers 750W*
Da Nanopartikeldispersionen mit einer hohen Feststoffkonzentration zur verstärkten Agglomeratbildung während der Abscheidung neigen [FBJ$^+$09], wird eine Silizium-Nanopartikellösung mit einem Masseanteil $\xi(\text{Si}) = 0,1\,\text{Gew.-}\%$ an undotierten Partikeln in Ethanol verwendet. Um einen höheren Bedeckungsgrad zu erreichen, wird die Suspension mit 10 Gew.-% *Tego Dispers 750W* versetzt und im Ultraschallbad 5 Minuten vermengt und redispergiert. Die Schleuderbeschich-

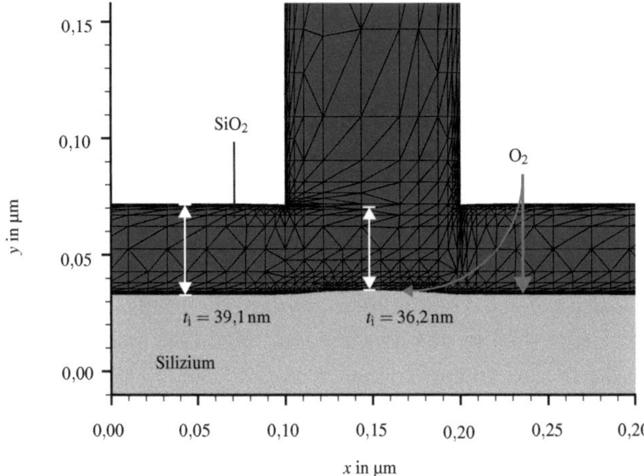

Abbildung 5.6: FEM-Prozesssimulation der nachträglichen thermischen Oxidation zur Erzeugung eines Gate-Oxids mit der ISE TCAD-Komponente FLOOPS

tung für 30 s bei 2000 min^{-1} und ein Ausheizen auf der *Hot-plate* für 120 s bei 110°C erzeugt eine Schicht, die von leichten Schlieren gekennzeichnet ist.

Die Grabenstrukturen wurden durch ein alternatives Verfahren erzielt, indem die Herstellung des Gate-Oxides und der Nanolinien im Prozessablauf vertauscht werden. Somit wird zunächst eine Nanolinie auf dem Siliziumsubstrat erzeugt. Auftretende Überätzungen bzw. Beschädigungen durch Trockenätzverfahren können das Gate-Dielektrikum nicht beeinflussen, da dieses erst anschließend thermisch aufgewachsen wird. Dabei hat die Nanolinie nur einen äußerst geringen Einfluss auf den Oxidationsprozess. FEM-Prozesssimulationen[5] zeigen, dass ein Gate-Dielektrikum unterhalb der Nanolinie mit nahezu gleicher Aufwachsrate erzeugt werden kann, da der Sauerstoff im Hochtemperaturprozess nur eine unwesentlich längere Diffusionsstrecke zur Si/SiO$_2$-Grenzfläche zurückzulegen hat. Das Beispiel in Abbildung 5.6 zeigt Schichtdicken des SiO$_2$ in unbeeinflussten Regionen von $t_i = 39,1$ nm, während unter der Nanolinie ein Oxid mit $t_i = 36,2$ nm entsteht. Der relative Unterschied beträgt somit lediglich 7,4 %. Für dickere Oxide wird der Oxidationsprozess zunehmend durch den Diffusionsvorgang auch auf freiliegenden Flächen begrenzt, so dass keine größeren Abweichungen auftreten. Das

---

[5]Zur FEM-Simulation wird das Prozesstechnik-nahe ISE TCAD-Programmpaket FLOOPS verwendet. Da die Behandlung der Finite-Elemente-Methode nicht Gegenstand dieser Arbeit ist, wird für Informationen bezüglich der Simulationsumgebung auf den Anhang B und bezüglich Finite-Elemente-Methode auf die einschlägige Literatur verwiesen.

dünnere Oxid im Bereich des späteren Nanograbens ist sogar von Vorteil, da der Feldeffekt stärker ausgeprägt ist und parasitäre Kapazitäten und Leitungspfade zu den Drain- und Source-Elektroden reduziert werden. Experimente an leicht geneigten Nanolinien, die die nachträgliche Oxidation unbeschadet überstehen, führen zu der Erkenntnis, dass die mechanischen Spannungen während des Prozesses unkritisch sind.

Die Ausbeute an funktionsfähigen Bauelementexemplaren ist aufgrund der Statistik der Partikelabscheidung weiterhin äußerst gering. Die Charakteristik eines typischen Transistors ist in Abbildung 5.7 dargestellt. Der Transistor zeigt n-Kanal-Verhalten. Im Gegensatz zu den Transistoren ohne Dispersionzusatz haben sich demnach die Barrieren an den Kontakten zu den Metallelektroden derart verändert, dass Elektronen anstatt Löcher die Charakteristik bestimmen. In der Transferkennlinie ist sowohl ein initialer Aufladungseffekt als auch eine Hysterese zwischen Vorwärts- und Rückwärtsmessrichtung zu erkennen. Zur Erläuterung der Hystereseeffekte sind in Abbildung 5.8 fünf signifikante Zustände in der Eingangscharakteristik skizziert, die unter anderem für das Auftreten des Aufladungs- und Hystereseeffektes verantwortlich sind. Entscheidend für das elektrische Verhalten sind hierbei Fallen- bzw. Störstellenzustände im Halbleiter, an der Grenzfläche zum Dielektrikum und im Dispergieradditiv *Tego Dispers*, welches die Nanopartikel umgibt [vergleiche Abschnitt 4.4.1].

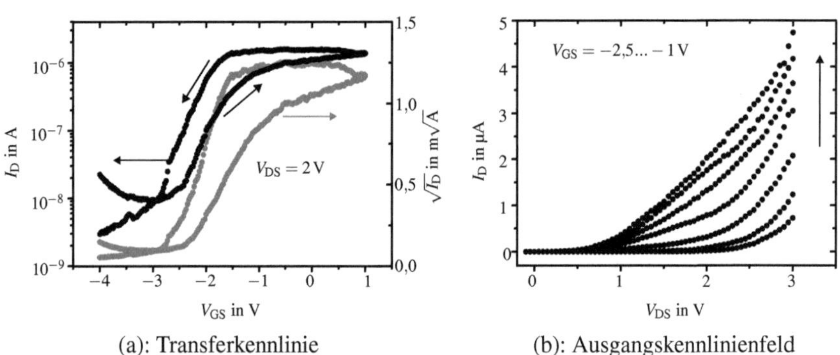

(a): Transferkennlinie   (b): Ausgangskennlinienfeld

Abbildung 5.7: Kennlinien eines Si-NP-EPT im *Inverted Coplanar*-Aufbau. Die Dispersion wurde vor der Schleuderbeschichtung mit *Tego Dispers 750W* versetzt. Der Transistor besitzt eine Kanallänge von $L \approx 100\,\mathrm{nm}$ und eine Weite von $W = 100\,\mu\mathrm{m}$. Das Gate-Dielektrikum besteht aus $107\,\mathrm{nm}$ SiO_2. Als Substrat und Gate-Rückseitenelektrode dient p-Si ($N_A \approx 10^{15}\,\mathrm{cm}^{-3}$). Die Drain- und Source-Kontakte bestehen aus $100\,\mathrm{nm}$ Aluminium. Die Partikel sind undotiert.

① Durch das Anlegen eines negativen Potenzials an die Gate-Elektrode tritt eine Aufladung der Gate-Kapazität ein und damit eine Verdrängung von Elektronen aus dem Kanalgebiet, welche durch das elektrische Feld zwischen Drain- und Source-Elektrode zum positiven Potenzial der Drain-Elektrode driften. Gleichzeitig werden unbesetzte Fallenzustände mit Ladungsträgern besetzt.

② Nahezu alle Haftstellen im Halbleiter sind besetzt. Ladungsträger (Elektronen, Löcher und mobile Ionen) werden mit steigender Gate-Spannung an der Grenzfläche zwischen Halbleiter und Dielektrikum, zwischen *Tego Dispers* und Dielektrikum sowie im *Tego Dispers* selbst gebunden.

③ Der Drain-Strom des Transistors geht in Sättigung (*Screening*-Effekt). Nahezu alle Fallenzustände im Dielektrikum und in seiner Nähe sind besetzt.

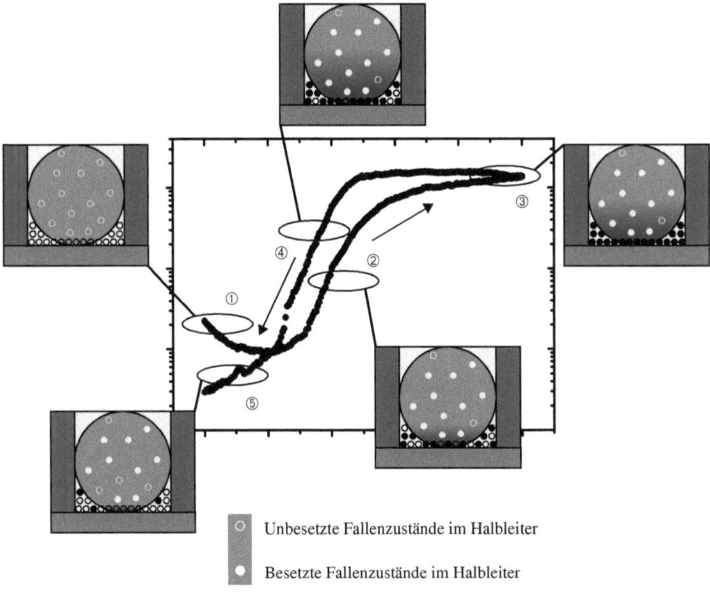

Abbildung 5.8: Hysteresemechanismen in Nanopartikeltransistoren

④　Der Kanal wird durch die Anlagerung von Ladungsträgern an Haftstellen trotz abnehmender Gate-Spannung offen gehalten, da die anhaftende Ladung in Summe positiv ist. Erst ab einer bestimmten Gate-Source-Spannung gewinnt das Gate-Potenzial genügend Einfluss auf den Kanal. Mit weiter sinkender Gate-Spannung werden Ladungsträger aus den Haftstellen herausgelöst.

⑤　Fast sämtliche dielektrikumsnahen Haftstellen sind unbesetzt. Fallenzustände im Halbleiter bleiben hingegen zu einem Großteil besetzt, so dass beim erneuten Durchlauf der Transferkennlinie der initiale Aufladungseffekt nur stark abgeschwächt auftritt.

Die Schwellenspannung des in Abbildung 5.7 dargestellten Transistors beträgt in Vorwärtsrichtung $V_{th} = -2{,}5\,\text{V}$ und in Rückwärtsrichtung $V_{th} = -2{,}6\,\text{V}$. Die Hysterese lässt sich anhand der Schwellenspannung demnach nur schwer nachweisen, da die Kennlinien in der Rückwärtsmessrichtung steiler ausgeprägt sind. Das Bauelement ist auf jeden Fall selbstleitend und der Drain-Strom sättigt mit steigendem $V_{GS} > 0\,\text{V}$ ab. Dieses kann nur damit begründet werden, dass entweder durch die Ansammlung einer Grenzflächenladung bereits ein vollständiger Akkumulationskanal entstanden ist und durch den *Screening*-Effekt das Feld der Gate-Elektrode abgeschirmt wird oder dass ein Akkumulationskanal als Ursache für die Steuerbarkeit ausscheidet und die Modulation des Kontaktwiderstands durch V_{GS} nur begrenzt möglich ist. Eine Sättigung der Ladungsträgermobilität aufgrund einer hohen Kanalfeldstärke, die bei $\mathscr{E} = 200\,\text{kV/cm}$ liegt, kann ausgeschlossen werden, da im Ausgangskennlinienfeld für $V_{DS} > 2\,\text{V}$ ein Anstieg des Drain-Stroms zu verzeichnen ist. Der Sperrstrom im Kanal wird vermutlich durch die thermische Emission über die Kontaktbarrieren generiert.

Im Vergleich zu den Transistoren ohne Dispersionszusätze lässt sich eine Steigerung der Ladungsträgerbeweglichkeit um ungefähr eine Größenordnung auf $\mu_{FE} = 3{,}5 \cdot 10^{-2}\,\text{cm}^2(\text{Vs})^{-1}$ feststellen. Die Strommodulation des Transistors ist mit einem I_{ON}/I_{OFF}-Verhältnis von 528 für $V_{DS} = 2\,\text{V}$ in der Transferkennlinie und einem maximalen Verhältnis von $3{,}7 \cdot 10^3$ für $V_{DS} = 0{,}7\,\text{V}$ im Ausgangskennlinienfeld vergleichsweise hoch. Dabei sind die maximal gemessenen Drainströme bei der Gegenüberstellung von Transistoren mit und ohne *Tego Dispers 750W* annähernd in der gleichen Größenordnung. Die guten Sperreigenschaften sind auch im Subschwellenstromanstieg zu erkennen. Dieser beträgt mit $S = 2{,}1\,\text{V/dek}$ nur die Hälfte des getemperten Beispieltransistors ohne Additiv aus dem vorherigen Abschnitt.

Tabelle 5.3: Übersicht über die elektrischen Transistorparameter der Si-NP-Einzelpartikel-transistoren im *Inverted Coplanar*-Aufbau mit *Tego Dispers 750W* in der Nanoparti-keldispersion. $L \approx 100\,\text{nm}$, $W = 100\,\mu\text{m}$ und Al-Drain-/Source-Elektroden. Als Gate-Dielektrikum dient SiO_2 mit $\varepsilon_r = 3{,}9$.

Substrat	t_i **in nm**	I_{ON}/I_{OFF}	V_{th} **in V**	μ_{FE} **in $\text{cm}^2(\text{Vs})^{-1}$**	S **in V/dek**
p-Si	107	528	$-2{,}5$	$3{,}5 \cdot 10^{-2}$	$2{,}1$

Aus dem Ausgangskennlinienfeld lässt sich die Steuerbarkeit des Transistors entnehmen. Ein Sättigungsbereich ist jedoch nur anhand einer leichten Rechts-krümmung der Kennlinien zu erkennen. An diesen Sättigungsbereich schließt sich bei $V_{DS} > 2{,}25\,\text{V}$ ein weiterer Anstieg des Drain-Stroms an. Aufgrund des quadra-tischen Zusammenhangs zwischen Strom und Spannung und den Kurzkanalabmes-sungen kann mit hoher Wahrscheinlichkeit auf das Auftreten des *Punch-through*-Effekts oder auf den ambipolaren Ladungsträgertransport geschlossen werden [Sze81].

Eine Temperung, die bei 300°C durchgeführt wird, erbringt keine Verbesserung, da die Transistoren hierdurch zerstört wurden. An der Probenoberfläche zeigt sich eine grünliche Farbveränderung, die vermutlich von einer chemischen Reaktion des Dispergieradditivs herrührt. Die Parameter der ungetemperten Transistoren sind in Tabelle 5.3 aufgeführt.

Fazit

Die hier vorgestellten Einzelpartikel-Bauelemente mit Silizium-Nanopartikeln zeigen in ihrer Leistungsfähigkeit bereits Eigenschaften, die mit organischen Bauelementen insbesondere bezüglich der Ladungsträgerbeweglichkeit konkur-renzfähig sind. In der Literatur werden für OFET Beweglichkeiten im Bereich $\mu \approx 10^{-5}...10^{-1}\,\text{cm}^2(\text{Vs})^{-1}$ für durchschnittlich leistungsfähige Bauelemente mit SiO_2-Dielektrikum berichtet [Die08, Pan06, BPK$^+$08, HQJ10, SZA$^+$07], wobei zu bemerken ist, dass eine erhebliche Degradation der OFET-Transistorparameter mit zunehmender Lebensdauer zu beobachten ist [PDH$^+$07]. Die vorgestellten Na-nopartikeltransistoren sind in ihrem Herstellungsverfahren einfach zu integrieren und zeigen elektrische Charakteristiken, welche mit Beweglichkeiten im Bereich von $\mu_{FE} = 1{,}81 \cdot 10^{-3}\,\text{cm}^2(\text{Vs})^{-1}$ bis $\mu_{FE} = 3{,}5 \cdot 10^{-2}\,\text{cm}^2(\text{Vs})^{-1}$ und I_{ON}/I_{OFF}-Verhältnissen $> 10^3$ vergleichbar sind. Ebenso lassen sich mit den Nanopartikel-transistoren Subschwellenstromanstiege erreichen, welche durch OFET nicht über-troffen werden [Die08].

Im Vergleich mit den aus Silizium-Nanopartikeln integrierten Dünnfilmtransistoren und den OFET können durch die Nutzung einzelner Nanopartikel die Betriebsspannungen von $80\,V$ auf $\pm 3\,V$ entscheidend reduziert werden. Der Zusatz von Additiven in die Nanopartikeldispersion ermöglicht die Integration von Transistoren mit besseren elektrischen Eigenschaften bei kleinerem, thermischen Budget, erzeugt aber eine Hysterese in der Transferkennlinie, die durch die unterschiedliche Steilheit in Vorwärts- und Rückwärtsmessrichtung ausgeglichen wird, so dass kaum eine Schwellenspannungsverschiebung verzeichnet werden kann.

Es ist wiederum anzumerken, dass die Ladungsträgermobilitäten mittels der Maskenmaße der Transistorweiten berechnet werden. Da die genaue Anzahl der elektrische wirksamen Nanopartikel im Nanozwischenraum unbekannt ist, handelt es sich bei der Näherung um eine Abschätzung nach unten. Die wahren Ladungsträgerbeweglichkeiten in den integrierten Transistoren können demnach weit oberhalb der in dieser Arbeit aufgeführten Werte liegen.

5.2.2 *Inverted Staggered*-Architektur

Das Problem der zuvor vorgestellten *Inverted Coplanar*-Transistoren besteht in der äußerst unzuverlässigen und nicht reproduzierbaren Anlagerung von Nanopartikeln in den Nanogräben. Dieses Problem wird mit dem *Inverted Staggered*-Aufbau umgegangen, da zunächst ein möglichst geschlossener Film aus Nanopartikeln abgeschieden wird und anschließend Drain- und Source-Elektroden im nanokskaligen Abstand auf diesem integriert werden. Liegt der Abstand der Elektroden unter dem Durchmesser der Nanopartikel, handelt es sich wiederum per Definition um einen Einzelpartikeltransistor, der die volle Kanalweite elektrisch nutzbar macht.

Bauelementintegration

Die Halbleiterdünnfilme werden auf thermisch oxidierten Silizium-Wafern (p-leitend dotiert, $N_A \approx 10^{15}\,cm^{-3}$) mit $t_i = 30\,nm$ durch Schleuderbeschichtung abgeschieden. Um möglichst geschlossene Filme zu erhalten, werden Dispersionen mit einem Massenanteil von $\xi = 6{,}25\,Gew.-\%$ verwendet. Die Suspension wird mit einem Volumen von $0{,}5\,ml$ auf die Oberfläche aufgetragen und bei $2000\,min^{-1}$ für $30\,s$ geschleudert. Das Ethanol wird für $60\,s$ bei $110\,°C$ auf der *Hot-plate* verdampft. Der Querschnitt der Nanopartikelschicht ist in Abbildung 5.9 als REM-Aufnahme dargestellt. Auf dem Partikelfilm werden durch die Kantenabscheidungstechnik *Nanospacer* hergestellt, die die späteren Source- und Drain-Elektroden mit einem Sub-100 nm-Abstand separieren. Eine Nanolinienentfernung nach der Bedampfung mit dem Elektrodenmetall ist bei *Inverted Staggered*-Transistoren nicht notwendig, solange keine leitfähigen Verbindungen durch eine geringfügige Kanten-

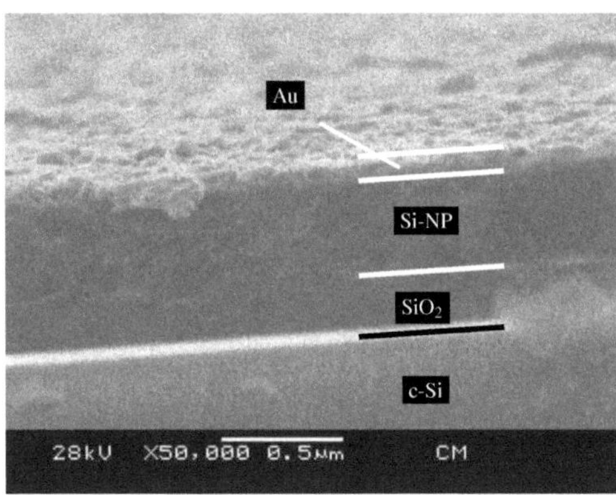

Abbildung 5.9: REM-Aufnahme eines Querschnitts durch eine mit Gold präparierten Nanopartikelschicht

bedeckung der Metallisierung vorhanden sind. Silizium-Nanopartikelfilme zeigen
nur eine sehr schwache Haftung und eine geringe mechanische Stabilität auf dem
oxidierten Substrat. Die Aluminiumschicht bietet jedoch eine zusätzliche Fixierung der Schicht, so dass eine Fotolithografie zur Strukturierung der Drain- und
Source-Elektroden durchgeführt werden kann.

Transistoren mit undotierten Silizium-Nanopartikeln
Bei der Verwendung von undotierten Silizium-Nanopartikeln sind typische Kennlinien zu beobachten, die in Abbildung 5.10 dargestellt sind. Ebenso wie die
Inverted Coplanar-Transistoren in Abschnitt 5.2.1 zeigen auch diese Transistoren
p-leitendes Verhalten, also einen Anstieg des Drain-Stroms mit sinkender Gate-
Source-Spannung. Die notwendigen Gate-Source-Spannungen zur Ansteuerung
des Kanals sind vergleichbar, wobei jedoch die Drain-Source-Spannungen von ca.
10 V auf 1 V reduziert werden können. Die Ursache hierfür liegt mit großer Wahrscheinlichkeit in den Kontakteigenschaften zwischen den metallischen Elektroden
und dem Nanopartikel. Während beim *Inverted-Coplanar*-Aufbau nur kleine Kontaktflächen zwischen Halbleiter und Metall existieren, bildet das Metall auf den
Halbleiterdünnfilmen einen schlüssigen, elektrischen Kontakt, wodurch der Kontaktwiderstand erheblich reduziert wird. Qualitativ zeigen sich sowohl für $V_{GS} <$
-2 V (eingeschalteter Zustand) als auch für $V_{GS} > 0{,}5$ V (ausgeschalteter Zustand)
deutliche Plateaus im Verlauf der Transferkennlinie. Ein weiterer Anstieg bzw. Abfall des Drain-Stroms ist im Gegensatz zur *Inverted Coplanar*-Architektur selbst
bis $|V_{GS}| = 6$ V nicht festzustellen. Die Schwellenspannung beträgt $V_{th} = -0{,}25$ V

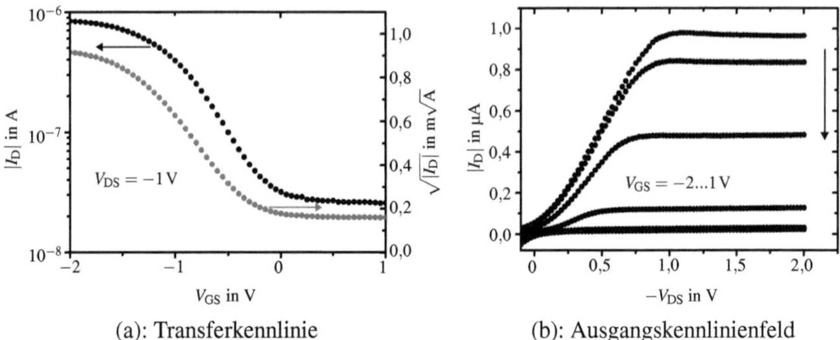

(a): Transferkennlinie   (b): Ausgangskennlinienfeld

Abbildung 5.10: Kennlinien eines Si-NP-EPT im *Inverted Staggered*-Aufbau. Der Transistor besitzt eine Kanallänge von $L = 70\,\text{nm}$ und eine Weite von $W = 800\,\mu\text{m}$. Das Gate-Dielektrikum besteht aus $30\,\text{nm}$ SiO$_2$. Als Substrat und Gate-Rückseitenelektrode dient p-Si ($N_A \approx 10^{15}\,\text{cm}^{-3}$). Die Drain- und Source-Kontakte bestehen aus $100\,\text{nm}$ Aluminium. Die Partikel sind undotiert.

unter Berücksichtigung des unteren Plateaus als *shunt*-Niveau. Der Transistor ist demnach selbstsperrend. Im Unterschwellenbereich stellt sich gegenüber den *Inverted Coplanar*-Einzelpartikeltransistoren ein geringerer Subschwellenstromanstieg von $S = 1{,}7\,\text{V/dek}$ ein. Der Sperrstrom ist mit ca. $24\,\text{nA}$ für eine Kanalweite von $W = 800\,\mu\text{m}$ nur als mittelmäßig einzustufen. Mit einem maximalen Drain-Strom von $I_{D,\text{max}} = 880\,\text{nA}$ ergibt sich folglich eine Strommodulation $I_{ON}/I_{OFF} = 36$. Das Auftreten eines deutlichen Drain-Stroms im Sperrbereich des Transistors deutet im Allgemeinen auf eine geringe Barrierenhöhe hin, so dass Ladungsträger durch thermische Emission in den Halbleiterkanal gelangen können oder auf zu schmale komplementäre Barrieren zum Valenzband. WANG ET AL. sehen Barrierenhöhen von $\phi_B = 0{,}2...0{,}3\,\text{eV}$ für SB-*MOSFET* mit undotierten Halbleitern als optimal an, um hohe I_{ON}/I_{OFF}-Verhältnisse bei Raumtemperatur zu erhalten, wenn gleichzeitig die komplementären Barrieren geeignet sind, einen ambipolaren Strom weitestgehend zu unterbinden [WST99]. Das Subschwellen- bzw. Sperrverhalten ist ein Hauptproblem der SB-*MOSFET*-Technologie, da die Ladungsträgertransportmechanismen an den Grenzflächen im großen Maße vom elektrischen Potenzial abhängen [WR00]. Insbesondere in hochgradig skalierten Bauelementen sind geringe Strommodulationen aufgrund von Kurzkanaleffekten und parallelen Strompfaden zu beobachten [CLR$^+$00]. CALVET ET AL. berichten in [CLR$^+$00] und [CLR$^+$02] über die Strommodulationsdegradation in SB-*MOSFET* mit einkristallinem Silizium als Halbleitermaterial und PtSi-Kontakten. Bei nahezu kon-

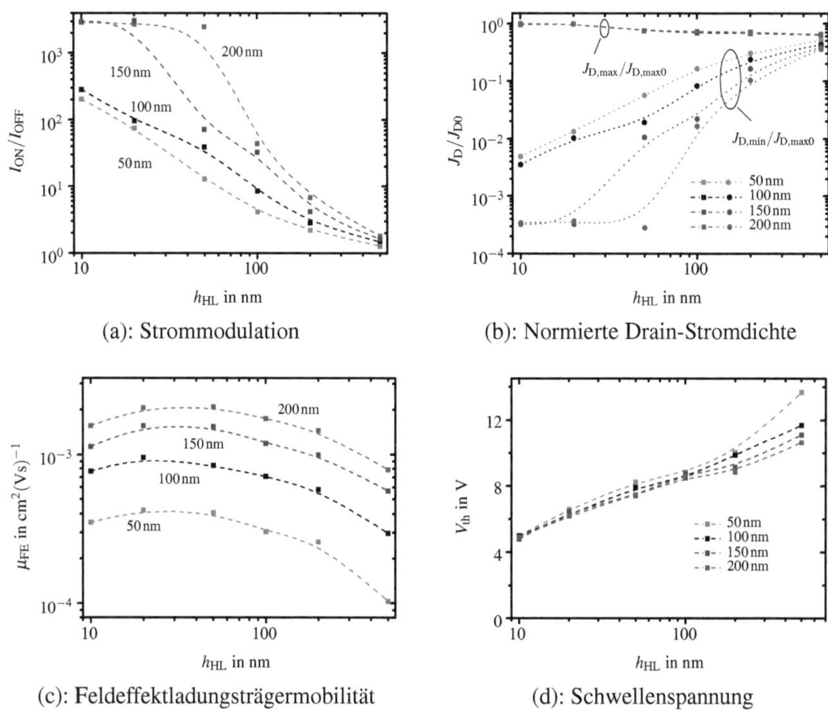

(a): Strommodulation

(b): Normierte Drain-Stromdichte

(c): Feldeffektladungsträgermobilität

(d): Schwellenspannung

Abbildung 5.11: Simulierte Abhängigkeiten des $I_{\mathrm{ON}}/I_{\mathrm{OFF}}$-Verhältnisses, der maximalen und minimalen Drain-Stromdichten, der Feldeffektladungsträgermobilität und der Schwellenspannung von der Schichtdicke h_{HL} des Halbleiterdünnfilms in Kurzkanal-Si-TFT mit der Kanallänge L als Parameter. Die Bor-Dotierung des Dünnfilms beträgt $N_{\mathrm{A}} = 10^{12}\,\mathrm{cm}^{-3}$. Die Kontakte bestehen aus Aluminium.

stantem W/L-Verhältnis sinkt die Strommodulation von $I_{\mathrm{ON}}/I_{\mathrm{OFF}} \approx 10^7$ in Langkanaltransistoren mit $L = 1{,}7\,\mu\mathrm{m}$ auf $I_{\mathrm{ON}}/I_{\mathrm{OFF}} \approx 10$ in Kurzkanaltransistoren mit $L = 50\,\mathrm{nm}$.

Eigene FEM-Simulationen[6] an einer einfachen Kurzkanaltransistorstruktur, die aus sehr schwach dotiertem Silzium ($N_{\mathrm{A}} = 10^{12}\,\mathrm{cm}^{-3}$) als Halbleitermaterial im Aktivgebiet und Aluminium-Drain-/Source-Elektroden besteht, zeigen ebenfalls,

---

[6]Informationen über die verwendeten Komponenten des Programmpakets ISE TCAD und der verwendete Simulationsquellcode für ISE TCAD-Komponente DESSIS können dem Anhang B entnommen werden. Für eine detaillierte Betrachtung der Finite-Elemente-Methode wird wiederum auf die einschlägige Literatur verwiesen.

dass das $I_{\mathrm{ON}}/I_{\mathrm{OFF}}$-Verhältnis mit sinkender Kanallänge abfällt. Viel größeren Einfluss als die Kanallänge weist offensichtlich die Dicke der Halbleiterschicht auf. Wie in Abbildung 5.11a zu erkennen ist, nimmt die Strommodulation mit steigender Schichtdicke stark ab. Transistoren mit kurzen Kanallängen weisen ohnehin wesentlich geringere Stromverhältnisse auf, so dass ausreichende $I_{\mathrm{ON}}/I_{\mathrm{OFF}}$-Verhältnisse nur bei langen Transistorkanälen und äußerst dünnen Halbleiterschichten erreicht werden. Die schlechten Verhältnisse bei dickeren Schichten resultieren nicht aus einem Abfall der maximalen Stromdichte, sondern aus dem unzureichenden Sperrverhalten [siehe Abbildung 5.11b]. Oberflächennah kann bei der *Inverted Staggered*-Architektur ein parasitärer, leitfähiger Kanal erhalten bleiben, obwohl der Transistorkanal an der Grenzfläche zum Dielektrikum unterbrochen wird. Je dicker die Halbleiterschicht ist, desto weniger Einfluss hat das Gate-Potenzial auf den parallelen, oberflächennahen Kanal. Für relativ dicke Schichten ($h_{\mathrm{HL}} = 500\,\mathrm{nm}$) zeigt sich, dass der Sperrstrom so groß wird, dass nur noch Strommodulationen kleiner als 10 erreicht werden. Neben der Nanopartikelschichtdicke nimmt das Material der Gate-Elektrode Einfluss auf die Sperrcharakteristik. So wurde für n-dotierte Silizium-Gate-Elektroden ein geringerer Leckstrom als für p-dotiertes Silizium nachgewiesen [WST99]. Vor diesen Hintergründen ist das experimentell ermittelte $I_{\mathrm{ON}}/I_{\mathrm{OFF}}$-Verhältnis für den *Inverted Staggered*-Transistor mit $L = 70\,\mathrm{nm}$ und $h_{\mathrm{HL}} \approx 300\,\mathrm{nm}$ nachvollziehbar.

Mit $\mu_{\mathrm{FE}} = 5{,}6 \cdot 10^{-4}\,\mathrm{cm}^2(\mathrm{Vs})^{-1}$ beträgt die Feldeffektbeweglichkeit nur einen Bruchteil der in den *Inverted Coplanar*-Strukturen erreichten Mobilitäten. Auch diese Eigenschaft ist mit dem Aufbau des Transistors zu begründen. Die Simulation der Stromdichteverteilung in Abbildung 5.12b zeigt, dass sich ein Transistorkanal an der Grenzfläche zum Dielektrikum ausbildet. Ladungsträger müssen die Strecke zwischen Source-Elektrode und der Grenzfläche bzw. zwischen der Grenzfläche und der Drain-Elektrode zusätzlich zurücklegen. Direkt unter der Source-Elektrode bildet sich hierzu ein vertikaler Strompfad aus. Ladungsträger auf dem Weg von der Grenzfläche zur Drain-Elektrode hingegen bewegen sich aufgrund der Feldverteilung nicht auf direktem Weg zur Elektrode, sondern werden auf der vom Source abgewandten Elektrodenseite abgeführt. Aus dem Strompfad folgt, dass die effektive Weglänge der Ladungsträger bzw. die effektive Kanallänge des Transistors ein Vielfaches des geometrischen Abstands zwischen Drain- und Source-Elektrode beträgt. Die Feldstärke des transversalen elektrischen Feldes an der Grenzfläche ist stark abgeschwächt, da sich die Potenzialfelder von Drain- und Source-Elektrode näherungsweise halbkugelförmig ausbreiten. Die Ladungsträger erfahren somit kaum eine treibende Kraft zur Fortbewegung. Die Abbildung 5.11c stellt den Zusammenhang zwischen der simulierten Ladungsträgerbeweglichkeit und der Halbleiterschichtdicke mit der Kanallänge als Parameter dar. Aufgrund des

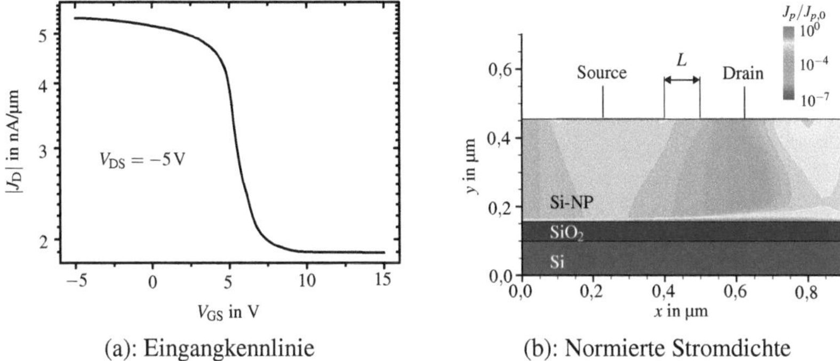

(a): Eingangkennlinie

(b): Normierte Stromdichte

Abbildung 5.12: Transferkennlinie eines FEM-simulierten Si-Nano-TFT (a) und dessen normierte Stromdichteverteilung im eingeschalteten Zustand (b)

oberflächennahen Strompfads ist der Einfluss des Gates in kurzkanaligen Transistoren geringer als in langkanaligen. In Zusammenhang mit dem schlechten Sperrverhalten von Kurzkanaltransistoren sinkt die Steilheit und somit die Feldeffektbeweglichkeit. Mit zunehmend längeren Kanälen wird dieser Teileffekt verringert, dennoch erscheint die Feldeffektbeweglichkeit, in deren Berechnung lediglich V_{DS} und L einfließen, aufgrund der geringen Potenzialdifferenz klein. Eine signifikante Senkung der Mobilität in Abhängigkeit von der Halbleiterschichtdicke tritt in erster Näherung erst auf, wenn die Schichtdicke die Kanallänge übersteigt.

Die FEM-Simulation lässt erwartungsgemäß auf einen Zusammenhang zwischen der Schwellenspannung und der Schichtdicke des Halbleiters schließen [siehe Abbildung 5.11d]. Im Falle der simulierten Transistoren handelt es sich unabhängig von der Kanallänge und der Halbleiterschichtdicke um selbstleitende p-Kanal-Transistoren. Mit zunehmender Schichtdicke verschiebt sich die Schwellenspannung in positive Richtung, d. h. der Transistor benötigt immer höhere Spannungen, um den Sperrbereich zu erreichen. Zudem zeigen die Simulationen das Auftreten eines $DIBL$[7]-Effekts, der eine Schwellenspannungsverschiebung mit steigender Drain-Source-Spannung bewirkt. In Abbildung 5.13a ist das Transferkennlinienfeld eines simulierten Transistors ($L = 100\,\text{nm}$, $h_{HL} = 200\,\text{nm}$) für verschiedene Drain-Source-Spannungen dargestellt. Neben schlechteren I_{ON}/I_{OFF}-Verhältnissen mit höheren Drain-Source-Spannungen, die auf einer vermehrten Ladungsträgerinjektion im Sperrbereich beruhen, ist eine Schwellenspannungsverschiebung zu erkennen. Werden die Schwellenspannungen gegen die Drain-Source-Spannungen aufgetragen, so ergibt sich das Diagramm in Abbildung 5.13b.

---

[7] $\underline{D}$rain $\underline{I}$nduced $\underline{B}$arrier $\underline{L}$owering

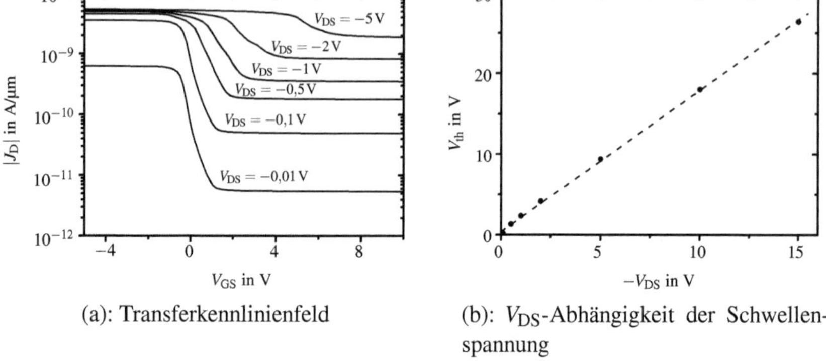

(a): Transferkennlinienfeld

(b): V_{DS}-Abhängigkeit der Schwellenspannung

Abbildung 5.13: Simulation eines Si-Nano-TFT im *Inverted Staggered*-Aufbau. Der Transistor besitzt eine Kanallänge von $L = 100\,$nm und als Halbleitermaterial 200 nm Si ($N_A \approx 10^{12}\,$cm^{-3}). Das Gate-Dielektrikum besteht aus 50 nm SiO$_2$. Als Gate-Rückseitenelektrode dient p-Si ($N_A \approx 10^{12}\,$cm^{-3}). Die Drain- und Source-Kontakte bestehen aus Aluminium.

Ein typischer Wert für den *DIBL*-bedingten Schwellenspannungsabfall in konventionellen *MOSFET* wird mit 100 mV/V angegeben [LSH03]. Der ermittelte Wert für den simulierten nanoskaligen Transistor beträgt mit ca. 1750 mV/V ein Vielfaches. Es ist demnach zu vermuten, dass auch die integrierten Nanopartikelbauelemente einem verstärkten *DIBL*-Effekt unterworfen sind. Ein Abfall der Schwellenspannung mit kürzeren Kanallängen (V_{th}-*Fall-off*) ist nicht festzustellen. Bezüglich des *DIBL*-Effekts wird auf Abschnitt 6.3.1 verwiesen.

Qualitativ ähnelt der integrierte Einzelpartikeltransistor dem simulierten Bauelement in großem Maße. Wie an der simulierten Transferkennlinie in Abbildung 5.12a zu erkennen ist, ist der Verlauf durch die starke Ähnlichkeit zur Transferkennlinie in Abbildung 5.10a gekennzeichnet. Beide Transistoren zeigen p-Kanal-Verhalten. Sowohl im offenen Zustand als auch im Sperrbereich bildet sich in beiden Bauelementen ein Plateaubereich aus. Die Differenz der Schwellenspannungen und der Strommodulation zwischen Experiment und Simulation ist mit den verschiedenen Halbleitereigenschaften und den nicht vollständig nachgebildeten Kontakteigenschaften zu begründen.

Transistoren mit Phosphor-dotierten Silizium-Nanopartikeln
Aufgrund der geringen Stromstärke in Si-NP-EPT mit undotierten Nanopartikeln wird versucht, die Leitfähigkeit des Kanals zu steigern, indem n-dotierte Silizium-Nanopartikel als Halbleitermaterial verwendet werden. Wie aus den Transistor-

kennlinien in Abbildung 5.14 ersichtlich ist, zeigt auch der Transistor mit n-dotierten Nanopartikeln ein p-Kanal-Verhalten, obwohl wegen der Dotierung ein dominierender Elektronenstrom zu erwarten ist. Hieraus lässt sich schließen, dass entweder die Metall-Halbleiter-Kontakte einen Elektronenstrom verhindern oder die Dotierung in den Nanopartikeln elektrisch nicht wirksam ist. Wird davon ausgegangen, dass die Partikelkonzentration ca. $2 \cdot 10^{15}\,\mathrm{cm}^{-3}$ beträgt, muss die Dotierstoffkonzentration zumindest dieselbe Größe aufweisen, damit im Mittel ein Dotierstoffatom pro Nanopartikel vorliegt. Selbst bei einer wesentlich höheren Dotierstoffkonzentration neigen die Phosphoratome zu einer vermehrten Diffusion zur Oxidhüllengrenzfläche [NA96], so dass der Dotierstoff im Siliziumkristall elektrische inaktiv ist. Die nicht unerhebliche Störstellenkonzentration maskiert den Dotiereffekt zusätzlich [LSP$^+$08]. Im Gesamten erscheinen die Nanopartikel demnach als undotiert und bilden einen Löcherkanal aus. Die elektrische Inaktivität lässt sich auch aus der maximalen Drain-Stromstärke ableiten, die nur unwesentlich größer als bei undotierten Partikeln ist, obwohl sich eine Dotierung des Halbleiters theoretisch in einem signifikanten Anstieg des Drain-Stroms bemerkbar machen sollte. Es ist mit $I_{\mathrm{D,max}} = 2{,}7 \cdot 10^{-6}\,\mathrm{A}$ nur ein Anstieg um den Faktor 3 zu beobachten, wobei dieser ebenfalls mit einer Exemplarstreuung begründet werden kann.

Der untersuchte selbstleitende Transistor mit $V_{\mathrm{th}} = 0{,}38\,\mathrm{V}$ sperrt im Allgemeinen schlechter als Bauelemente mit undotierten Nanopartikeln. Diese Tatsache

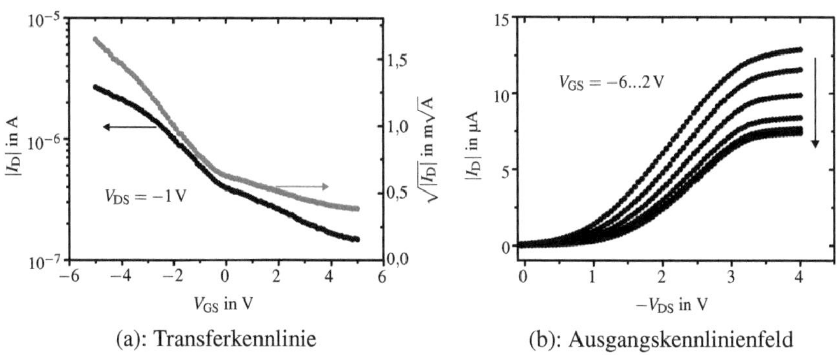

(a): Transferkennlinie　　　　　(b): Ausgangskennlinienfeld

Abbildung 5.14: Kennlinien eines Si-NP-EPT im *Inverted Staggered*-Aufbau. Der Transistor besitzt eine Kanallänge von $L = 70\,\mathrm{nm}$ und eine Weite von $W = 800\,\mathrm{\mu m}$. Das Gate-Dielektrikum besteht aus $30\,\mathrm{nm}$ SiO_2. Als Substrat und Gate-Rückseitenelektrode dient p-Si ($N_{\mathrm{A}} \approx 10^{15}\,\mathrm{cm}^{-3}$). Die Drain- und Source-Kontakte bestehen aus $100\,\mathrm{nm}$ Aluminium. Die Partikel sind mit Phosphor n-dotiert.

schlägt sich sowohl im $I_{\mathrm{ON}}/I_{\mathrm{OFF}}$-Verhältnis mit $I_{\mathrm{ON}}/I_{\mathrm{OFF}} = 18$ als auch im Subschwellenstromanstieg mit $S = 10{,}2\,\mathrm{V/dek}$ nieder. Unter Berücksichtigung des Ausgangskennlinienfelds in Abbildung 5.14b wird geschlussfolgert, dass die Kontakte zum Halbleiter primär durch das Drainpotenzial gesteuert werden. Eine Abhängigkeit des Drain-Stroms vom Gate-Potenzial ist weniger stark ausgeprägt. Zudem scheint der Kontaktleitwert aufgrund des flachen Kennlinienverlaufs im Anlaufbereich recht niedrig zu sein. Dennoch ist eine leicht höhere Feldeffektbeweglichkeit von $\mu_{\mathrm{FE}} = 6{,}5 \cdot 10^{-4}\,\mathrm{cm^2(Vs)^{-1}}$ aus der Transferkennlinie zu extrahieren.

Transistoren mit Bor-dotierten Silizium-Nanopartikeln

Bei der Verwendung von p-dotierten Si-Nanopartikeln mit Bor als Dotierstoff ist erwartungsgemäß ein p-Kanal-Verhalten zu beobachten. Die Transistorkennlinien in Abbildung 5.15 und im Speziellen das Ausgangskennlinienfeld in Abbildung 5.15b zeigen einen relativ hohen Gate-Leckstrom, der jedoch nicht durch den gegenüber den bisher vorgestellten Transistoren veränderten Dotierstoff, sondern vielmehr durch eine Exemplarstreuung in der Herstellung hervorgerufen wird. Unabhängig vom Gate-Leckstrom, der über dem jeweiligen Messbereich nahezu konstant ist, ist ein Sättigungsbereich im Ausgangskennlinienfeld zu erkennen. Dieser Bereich wird offensichtlich durch einen weiteren Anstieg des Drain-Stroms beherrscht. Es ist naheliegend, dass der Anstieg entweder durch eine erhöhte Ladungsträgerinjektion einen raumladungsbegrenzten Strom [LM70] oder durch

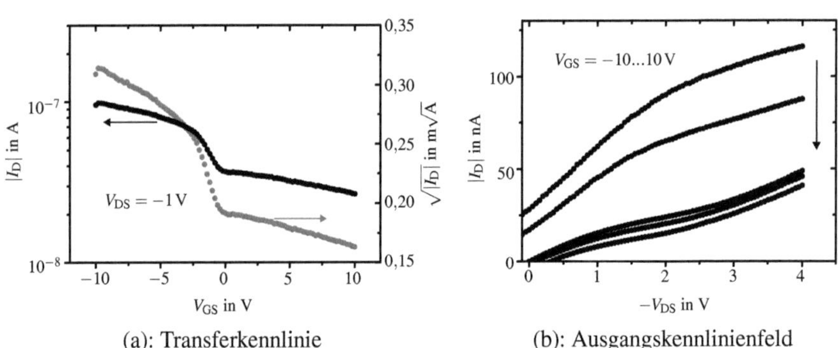

(a): Transferkennlinie   (b): Ausgangskennlinienfeld

Abbildung 5.15: Kennlinien eines Si-NP-EPT im *Inverted Staggered*-Aufbau. Der Transistor besitzt eine Kanallänge von $L = 80\,\mathrm{nm}$ und eine Weite von $W = 2000\,\mu\mathrm{m}$. Das Gate-Dielektrikum besteht aus $30\,\mathrm{nm}$ $\mathrm{SiO_2}$. Als Substrat und Gate-Rückseitenelektrode dient p-Si ($N_{\mathrm{A}} \approx 10^{15}\,\mathrm{cm^{-3}}$). Die Drain- und Source-Kontakte bestehen aus $100\,\mathrm{nm}$ Aluminium. Die Partikel sind mit Bor p-dotiert.

Tabelle 5.4: Übersicht über die elektrischen Transistorparameter der Silizium-NP-Einzelpartikeltransistoren im *Inverted Staggered*-Aufbau mit unterschiedlicher Nanopartikeldotierung und Aluminium-Drain-/Source-Elektroden. $L \approx 70\,\text{nm}$, $W = 800\,\mu\text{m}$ für undotierte und n-dotierte Partikel, $L \approx 80\,\text{nm}$, $W = 2000\,\mu\text{m}$ für p-dotierte Nanopartikel. Die Rückseiten-Gate-Elektrode besteht aus p-Silizium ($N_A \approx 10^{15}\,\text{cm}^{-3}$). Als Gate-Dielektrikum dient SiO_2 mit $\varepsilon_r = 3{,}9$ und $t_i = 30\,\text{nm}$.

NP-Dot.	I_{ON}/I_{OFF}	V_{th} **in V**	μ_{FE} **in** $\text{cm}^2(\text{Vs})^{-1}$	S **in V/dek**
i	36	$-0{,}25$	$5{,}6 \cdot 10^{-4}$	1,7
n	18	0,38	$6{,}5 \cdot 10^{-4}$	10,2
p	3,7	2,4	$6{,}5 \cdot 10^{-6}$	65,1

ein ambipolares Bauelementverhalten hervorgerufen wird. Eine genaue Differenzierung der beiden Mechanismen ist unter Berücksichtigung des erhöhten Gate-Leckstroms nicht möglich.

Mit einer Schwellenspannung $V_{th} = 2{,}4\,\text{V}$ ist der Transistor selbstleitend. Sein Sperrvermögen ist aufgrund der Kontakte zwischen Aluminium und p-Si geringer [RM91], wobei der Gate-Leckstrom die Kennlinienmessung zusätzlich beeinträchtigt. Es kann aus der Transferkennlinie lediglich $I_{ON}/I_{OFF} = 3{,}6$ und $S = 65{,}1\,\text{V/dek}$ extrahiert werden. Die Ladungsträgerbeweglichkeit ist mit $\mu_{FE} = 6{,}5 \cdot 10^{-6}\,\text{cm}^2(\text{Vs})^{-1}$ zwei Größenordnungen schlechter als bei den zuvor genutzten Nanopartikeln.

Auch bei den Bor-dotierten Nanopartikeln ist zweifelhaft, ob der Dotierstoff elektrisch aktiv ist. Trotz der in [LSP$^+$08] für Bor nachgewiesenen Anreicherung des Silizium-Kerns in Nanopartikeln zeigt sich kein Anstieg des maximalen Drain-Stroms gegenüber Bauelementen mit undotierten Nanopartikeln. Es kann demnach davon ausgegangen werden, dass entweder eine unzureichende Menge des Dotierstoffs während der Nanopartikelsynthese in den Feststoff eingebaut wurde, der eingebrachte Dotierstoff elektrisch inaktiv ist oder durch die hohe Störstellendichte maskiert wird.

Vergleich

Eine Zusammenstellung der wichtigsten Transistorparameter der untersuchten *Inverted Staggered*-Einzelpartikeltransistoren mit p-, n- und undotierten Silizium-Nanopartikeln ist in Tabelle 5.4 aufgeführt. Im Vergleich ist zu erkennen, dass Transistoren mit undotierten Nanopartikeln bezüglich ihrer Leistungsfähigkeit insgesamt den Bauelementen mit dotierten Nanopartikeln überlegen sind. Zwar sind die Ladungsträgerbeweglichkeit und der maximale Drain-Strom gegenüber den n-dotierten Partikeln leicht niedriger, doch steht dem das vergleichsweise gute Sperrverhalten gegenüber. Außerdem ist das selbstsperrende Verhalten als Vorteil zu werten, da hierdurch der Aufbau von logischen Schaltungen stark vereinfacht wird.

Ursache für die guten Eigenschaften des undotierten Halbleiterbauelements ist mit großer Wahrscheinlichkeit die Ausbildung von Kontakten zwischen Halbleiter und Metallelektroden, die für die Integration von Transistoren geeignet sind. Wie bereits anhand der Grundcharakterisierung der verwendeten Nanopartikel in Kapitel 2.2.3 vermutet wird, kann insgesamt gefolgert werden, dass die Dotierung von Nanopartikeln bzw. die Verwendung von dotierten Nanopartikeln in den vorgestellten Transistoren als nicht sinnvoll bewertet werden kann, da:

- sowohl für n-, p- als auch für undotierte Nanopartikel ein p-Kanal-Verhalten erreicht wird und die Dotierung somit nicht die Majoritätsladungsträgerart bestimmt;

- eine Steigerung der Treiberfähigkeit (maximaler Drain-Strom) nicht eintritt;

- die Dotierung nur geringen Einfluss auf die Kontakteigenschaften zu den Metallelektroden hat.

Insbesondere der letzte Punkt zeigt, dass – auch wenn die Dotierung zu keiner wesentlichen Änderung der Bandstruktur führt – die Wahl eines undotierten Halbleiters vorteilhaft ist. Während sich zu vermeintlich n- oder p-leitenden Nanopartikeln Kontakte ausbilden, die für die Strommodulation nachteilig sind, erzeugen Übergänge zu undotiertem Material Kontakte, die eine Überflutung des Halbleiters mit Ladungsträgern in gewissem Maße einschränken, ohne zu hohe Kontaktwiderstände in Vorwärtsrichtung zu erzeugen.

5.2.3 Degradationsverhalten

Ein häufig beschriebener Vorteil von elektronischen Bauelementen mit anorganischen Halbleiternanomaterialien ist das Ausbleiben einer alterungsbedingten Degradation [SFC$^+$05, HZGB09, SR07]. Während organische Halbleiterbauelemente ohne jegliche Kapselung des Halbleitermaterials zum Schutz vor der Umgebungsatmosphäre Einbußen der Ladungsträgerbeweglichkeit um mehrere Größenordnungen aufweisen, sind die Wechselwirkungen von Silizium-Nanostrukturen

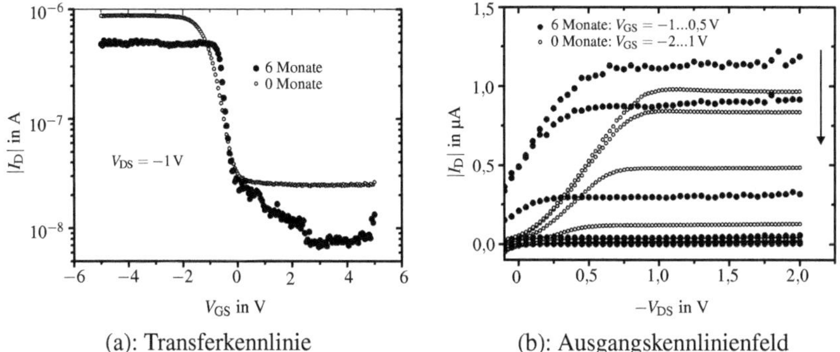

(a): Transferkennlinie (b): Ausgangskennlinienfeld

Abbildung 5.16: Kennlinien eines Si-NP-EPT im *Inverted Staggered*-Aufbau nach einer Lagerzeit von sechs Monaten in Umgebungsatmosphäre im Vergleich zur Charakteristik nach der Herstellung. Der Transistor besitzt eine Kanallänge von $L = 70\,\text{nm}$ und eine Weite von $W = 800\,\mu\text{m}$. Das Gate-Dielektrikum besteht aus $30\,\text{nm}$ SiO_2. Als Substrat und Gate-Rückseitenelektrode dient p-Si ($N_A \approx 10^{15}\,\text{cm}^{-3}$). Die Drain- und Source-Kontakte bestehen aus $100\,\text{nm}$ Aluminium. Die Partikel sind undotiert.

mit der Atmosphäre vergleichsweise gering ausgeprägt, zumal diese im Gegensatz zu organischen Halbleitern reversibel sind [WÖ8, Pan06, PDH$^+$07, YYL08, CNHL99, SWB89].

Die Kennlinien in Abbildung 5.16 zeigen das Verhalten eines Transistors im *Inverted Staggered*-Aufbau nach einer Lagerzeit von sechs Monaten an Luft[8]. Zum direkten Vergleich sind die Messpunkte der Kennlinien des Transistors nach der Herstellung als offene Kreismarker in die Diagramme eingefügt. Qualitativ stellt sich weder im Ausgangskennlinienfeld noch in der Transferkennlinie ein gravierender Unterschied dar. Lediglich die Leckströme im Ausgangskennlinienfeld sind erhöht. Das Auftreten eines verstärkten Gate-Leckstroms führt zu der Annahme, dass eine Degradation des Gate-Dielektrikums während der Lagerzeit auftritt. Das Auftreten einer beschleunigten Degradation von SiO_2 durch Feuchtigkeit ist bekannt [SAr82, KG66, KMR07]. KLAMPAFTIS ET AL. nennen hierfür als die drei wichtigsten Mechanismen die Reaktion von diffundierten Wassermolekülen mit Wasserstoffatomen an der Si-SiO_2-Grenzfläche, die Bildung von Kieselsäure und eine damit verbundene Zerstörung des Gate-Oxides sowie die Anlagerung von Oberflächenladungen [KMR07]. Eine weitere Folge der angelagerten Feuchtigkeit

---

[8]Der nach sechs Monaten charakterisierte Transistor befindet sich in direkter Nähe des Transistors in Abbildung 5.10; dieser wurde während der anfänglichen Messungen zerstört. Es kann dennoch davon ausgegangen werden, dass sich beide Transistoren zumindest bezüglich der Alterung in ihrem Verhalten gleichen.

ist die Neigung der polaren Oberfläche, weitere Verunreinigungen anzuziehen und hierdurch eine indirekte Degradation des Dielektrikums zu bewirken [RYSS04]. Auch wenn die Steigungen der Kennlinien im Anlaufbereich des Transistors als Maß für die Kontaktwiderstände ungefähr gleich sind, ist die Veränderung der Kontakteigenschaften zu den Drain- und Source-Elektroden eine mögliche Erklärung für den kleineren Drain-Strom in der Transferkennlinie. Eine Degradation der Ladungsträgermobilität ist unwahrscheinlich, da mit $\mu_{FE} = 1{,}6 \cdot 10^{-3}\,\mathrm{cm}^2(\mathrm{Vs})^{-1}$ der berechnete Wert für den älteren Transistor doppelt so hoch ist wie für den unmittelbar nach der Herstellung vermessenen Transistor. Bezüglich der Mobilität besteht somit ein entscheidender Unterschied zu organischen Halbleiterbauelementen, die vornehmlich durch eine Ladungsträgerbeweglichkeitsreduktion altern [PDH$^+$07]. Eine Exemplarstreuung kann ebenfalls mit großer Wahrscheinlichkeit ausgeschlossen werden, da für sämtliche nach sechs Monaten vermessene Transistoren die Tendenz eines abgeschwächten Drain-Stroms auftritt. Vorteil der veränderten Kontakteigenschaften durch Degradation ist die Tatsache, dass der Drain-Strom im Sperrbereich doppelt so stark abfällt wie im Durchlassbereich. Somit steigt die Strommodulation auf $I_{ON}/I_{OFF} = 73$. Trotz des verbesserten I_{ON}/I_{OFF}-Verhältnisses verschlechtert sich das Sperrverhalten mit einem Subschwellenstromanstieg $S = 6{,}5\,\mathrm{V/dek}$.

Neben den bisher genannten Effekten ist eine geringe Verschiebung der Schwellenspannung um $\Delta V_{th} = 0{,}35\,\mathrm{V}$ auf $V_{th} = 0{,}1\,\mathrm{V}$ zu beobachten, so dass der Transistor nun leicht selbstleitend ist. Augenscheinlich bewirkt die Adsorption von Umgebungsfeuchte eine Schwellenspannungsverschiebung in positive Richtung wie in Abschnitt 5.2.1 [CNHL99, SWB89, YYL08].

Insgesamt ist zu bemerken, dass eine Degradation während Lagerung an Luft nur in geringem Maße durch eine Feuchtigkeitseinwirkung eintritt. Gegenüber organischen Transistoren sind Silizium-Nanopartikelbauelemente daher als alte-

Tabelle 5.5: Übersicht über die elektrischen Transistorparameter eines Si-NP-Einzelpartikeltransistors im *Inverted Staggered*-Aufbau nach einer Lagerzeit von 0 und 6 Monaten an Luft. $L \approx 70\,\mathrm{nm}$, $W = 800\,\mu\mathrm{m}$, $t_i = 30\,\mathrm{nm}$ und $\varepsilon_r = 3{,}9$. Die Rückseiten-Gate-Elektrode besteht aus p-Si ($N_A \approx 10^{15}\,\mathrm{cm}^{-3}$).

Lagerzeit	I_{ON}/I_{OFF}	V_{th} **in V**	μ_{FE} **in** $\mathrm{cm}^2(\mathrm{Vs})^{-1}$	S **in V/dek**
0 Monate	36	$-0{,}25$	$5{,}6 \cdot 10^{-4}$	1,7
6 Monate	73	$0{,}1$	$1{,}6 \cdot 10^{-3}$	6,5

rungsresistent zu bezeichnen, so dass eine Kapselung zunächst nicht notwendig ist. Sie sollte aber für den späteren Einsatz der Transistoren in integrierten Schaltungen durchgeführt werden, wenn die vorgesehene Funktionsdauer die Lebensdauer der ungekapselten Bauelemente übersteigt. Für die spätere Integration auf Foliensubstraten ist die Permeabilität der Substrate zu berücksichtigen [Die08]. Die Übersicht über die Transistorparameter nach der Herstellung und nach einer Lagerzeit sechs Monaten ist in Tabelle 5.5 aufgeführt.

5.3 Zusammenfassung und Bewertung von Silizium-Nanopartikel-Transistoren

Durch die Verwendung von Silizium-Nanopartikeldispersionen lassen sich kostengünstige Feldeffekttransistoren integrieren. Die Untersuchungen zeigen, dass die Integration von Dünnfilmtransistoren zwar möglich ist, die Transistoreigenschaften jedoch im Vergleich zur organischen Elektronik als schlecht zu bewerten sind. Gründe hierfür sind hohe Kontaktwiderstände sowie äußerst niedrige Leitwerte der Nanopartikelschicht, hervorgerufen durch die SiO_x-Hüllen der Nanopartikel. Vergleiche mit bisherigen Ergebnissen aus der Literatur sind nicht möglich, da einerseits nur sehr wenige Veröffentlichungen existieren, andererseits die berichteten Werte von Dickfilm-Transistoren in [BH06, HZGB09] nur schwierig zu vergleichen sind. Im Gegensatz zu den Dünnfilmtransistoren zeigen Einzelpartikeltransistoren mit Silizium-Nanopartikeln eine deutlich bessere Leistungsfähigkeit. Insbesondere die Verwendung von undotierten Nanopartikeln ist vorteilhaft. In Abbildung 5.17 sind die Ladungsträgerbeweglichkeit und das I_{ON}/I_{OFF}-Verhältnis als Vergleichsparameter für die Si-Nanopartikel-FET dargestellt. Einzelpartikeltransistoren in der *Inverted Coplanar*-Bauform bieten gegenüber den *Inverted Staggered*-Bauelementen eine generell höhere Strommodulation bei gleichen oder besseren Ladungsträgerbeweglichkeiten. Besonders hervorzuheben ist der Transistor, der durch den Zusatz von *Tego Dispers 750W* zur Nanopartikeldispersion hergestellt wurde. Dieser zeigt die beste Performance aller integrierten Si-NP-FET, leidet jedoch unter einem starken Hystereseeffekt. Ein Vorteil der *Inverted Staggered*-Architektur ist der vereinfachte Herstellungsprozess, der außerdem zu einer höheren Ausbeute funktionierender Bauelemente führt, da die Abscheidung der Nanopartikel in Zwischenräume, wie sie bei *Inverted Coplanar*-EPT notwendig ist, nicht reproduzierbar und in ausreichender Qualität möglich ist.

Unter Berücksichtigung eines *Performance*-Kosten-Kriteriums bieten somit die Transistoren mit undotierten Nanopartikeln sowohl im *Inverted Coplanar*-Aufbau

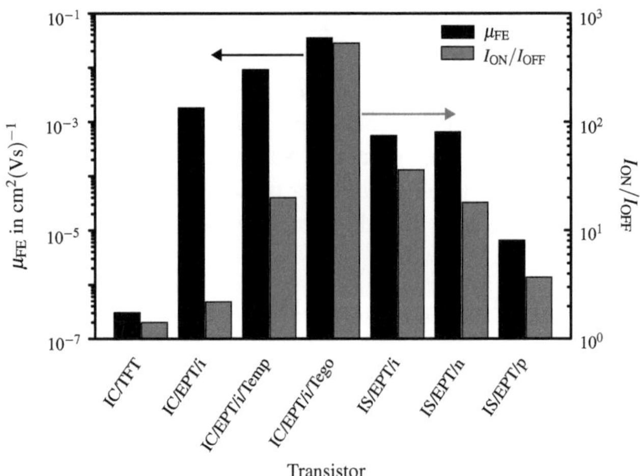

Abbildung 5.17: Vergleich von Ladungsträgerbeweglichkeit und $I_{\text{ON}}/I_{\text{OFF}}$-Verhältnis zwischen den integrierten Silizium-Nanopartikel-Feldeffekttransistoren

mit *Tego Dispers* als auch im *Inverted Staggered*-Aufbau eine hohe Leistungsfähigkeit. Diese schlägt sich nicht nur in den Parametern der Strommodulation und der Mobilität nieder, sondern auch in Schwellenspannungen nahe 0 V und guten Subschwellenstromanstiegen.

Die Barrierenhöhe des SCHOTTKY-Kontakts zwischen Drain-/Source-Elektroden und dem Silizium als Halbleiter lässt sich durch die geeignete Wahl eines Kontaktmaterials anpassen. Zur Auswahl stehen hier insbesondere die Silizide von Edelmetallen (Pt, Pd etc.) und seltener Erden (z. B. Yb, Dy, Er etc.), die je nach Material die Integration von p- als auch von n-Kanal-Transistoren ermöglichen [Mae95]. Neben den Materialkosten ist die Neigung zur schnellen Oxidation ein gravierender Nachteil. Die Oxidationsneigung erfordert eine sofortige Passivierung nach der Abscheidung, noch bevor die Oberfläche mit Luftsauerstoff in Kontakt kommt. Ein derartiger Oberflächenschutz ist bei den vorgestellten *Inverted Coplanar*-Transistoren nicht und bei *Inverted Staggered*-Transistoren nur mit hohem Aufwand möglich, so dass diese Materialien zunächst nicht von Interesse sind. Metallische Elektroden (Al, Ti etc.) zeigen durch den *Fermi-pinning*-Effekt ähnlich ausgeprägte Barrierenhöhen [Sze81]. Da während der Herstellung Haftungsprobleme von Cr, Ni, Ti bzw. Au zum Untergrund auftreten und somit eine Integration von funktionsfähigen Bauelementen nicht möglich ist, muss an dieser Stelle auf einen direkten Vergleich verzichtet werden.

Insgesamt ist es im Rahmen dieser Arbeit erstmals gelungen, großflächig Silizium-Nanopartikel-basierte Bauelemente in lateraler Bauform zu integrieren, die einzelne Nanopartikel als Aktivgebiet nutzen und annehmbare Leistungsparameter erreichen. Als Vergleich in der Literatur können nur vertikal integrierte Transistoren von DING ET AL. in [DDB$^+$06] und SONG ET AL. in [SDB$^+$07] herangezogen werden, die allein schon deswegen Nachteile besitzen, da sie aufwendig hergestellt und nicht für ein Schaltungslayout geeignet sind. Dennoch zeigen auch jene Transistoren, ebenso wie die in dieser Arbeit vorgestellten Bauelemente, selbstleitende Charakteristiken, jedoch bleibt dort ein Sättigungsverhalten aus. Stattdessen tritt ein quadratischer Zusammenhang zwischen V_{DS} und I_D auf. Ladungsträgerbeweglichkeiten werden nicht angegeben; die erreichten Strommodulationen liegen bei ca. 20 bis 30, also teilweise unterhalb der hier erreichten Werte.

6 Feldeffekttransistoren mit Zinkoxid-Nanopartikeln

Alternativ zu Transistoren mit Silizium-Nanopartikeln lassen sich auch Bauelemente mit Zinkoxid als Halbleitermaterial integrieren. Da nanopartikuläres Zinkoxid als homogenes oxidisches Material nicht zur Ausbildung einer isolierenden Hülle neigt, verringert sich die Problematik der elektrischen Kontaktierung bezüglich der Nanopartikelhülle und der Konzentration umladbarer Haftstellen, die durch den oberflächlichen Isolator und seine Grenzschicht hervorgerufen wird. Prozesstechnisch findet eine Substitution der verwendeten Nanopartikeldispersionen statt. Weitere Vorteile von Zinkoxid sind die Verfügbarkeit, Transparenz im optischen Bereich sowie die sensorischen Eigenschaften des Materials [Jag06, MO09].

Aus der Literatur sind bislang nur Dünnfilmtransistoren bekannt; Einzelpartikeltransistoren mit ZnO-Nanopartikeln werden nicht beschrieben. Die in der Literatur vorgestellten Untersuchungen an ZnO-Nanopartikel-TFT erstrecken sich auf die Einflüsse von Partikelformen, einer thermischen Behandlung, Dispergieradditiven und alternativen Gate-Dielektrika [LJK$^+$07, LJJ$^+$08, OMNH08, BNMH09, FBJ$^+$09, MBNH10]. Auch wenn grundlegende Eigenschaften jener Transistoren bereits bekannt sind, werden in diesem Kapitel Transistoren vorgestellt, die unter vergleichbaren Bedingungen integriert werden. Allein die Verwendung einer nicht identischen Nanopartikelsuspension bedingt unmittelbar andere elektrische Eigenschaften, die es zu untersuchen gilt. Neben den Partikeleigenschaften selbst resultieren die Eigenschaften hauptsächlich aus der Wechselwirkung mit den umgebenden Materalien. Über die Integration und Charakterisierung hinaus werden weiterhin an einfachen ZnO-Nanopartikel-TFT Effekte vorgestellt, die durch die SHOCKLEY-Gleichungen nicht erfasst werden und in die Modellgleichungen eingebracht werden. Daher behandeln die Abschnitte 6.3 und 6.4 zunächst die Integration und eine grundsätzliche Charakterisierung von FET mit gemeinsamen Rückseiten-Gate-Elektroden, wobei die Rückseiten-Elektrode aus dem leicht p-dotierten Silizium-Substrat und das Gate-Dielektrikum aus elektrisch stabilem, thermisch gewachsenem Oxid bzw. *LPCVD*-Si$_3$N$_4$ bestehen. Anhand dieser Transistoren werden Aussagen über die geeignete Auswahl von Kontaktmetallen, über die Prozessierung zur Kontaktherstellung, über den Einfluss der Architektur getroffen sowie schlussendlich die Analyse und Modellierung der auf-

tretenden Effekte durchgeführt. Durch die Einschränkung des Dielektrikums ist
die Integration nur in *Bottom-Gate*-Konfigurationen möglich, also nicht in den
Noninverted Staggered-Bauformen. Da sich Transistoren mit frei beschaltbaren
Gate-Elektroden in ihrer Eignung für den Schaltungsaufbau und durch alternative Gate-Dielektrika unterscheiden, werden diese gesondert in Abschnitt 6.6 untersucht. Zusätzlich werden Einzelpartikeltransistoren vorgestellt, die sowohl gemeinsame Rückseiten-Gate-Elektroden als auch frei beschaltbare Gate-Elektroden
aufweisen.

6.1 Einfluss der Umgebungsatmosphäre auf das Transistorverhalten

Metalloxide sind aufgrund von Adsorptions- und Desorptionsvorgängen an der
Oberfläche geeignet, oxidierende und reduzierende Gase, insbesondere O_2 und
H_2O, zu detektieren [BW01]. Auf die Zusammensetzung der Atmosphäre reagiert
somit auch ZnO mit der Veränderung der elektrischen Eigenschaften. In seiner nanopartikulären Form zeigt ZnO wegen der großen Oberfläche eine verstärkte Wechselwirkung mit der umgebenden Atmosphäre [LXL04]. Zu erwarten ist demnach
ein Einfluss der Atmosphäre, insbesondere der Luftfeuchtigkeit auf die Transistorkennlinien [Wal08].

In Gegenwart von Feuchtigkeit und Sauerstoff bilden sich an der Oberfläche sowohl Hydroxyl- (OH^-) als auch Sauerstoffionenadsorbate, hauptsächlich in Form
von O^-, O^{2-} und O_2^-. Diese Adsorbate wirken wie Akzeptoren, die Ladungsträger aus dem Kristall einfangen [Nag71,BW01,BW03,FWC$^+$04,FKS06,SHKL08].
Hingegen erzeugt ungesättigtes Zn^+ im Kristall (Defektstellen) freie Elektronen.
Somit steigt die Elektronendichte bei Desorption von Hydroxylgruppen sowie Sauerstoffionen und sinkt entsprechend bei Adsorption. Ein entgegengesetzter Prozess
in Anwesenheit von Feuchte ist die Neutralisation des elektrischen Feldes an der
Oberfläche. Das Prinzip ist in Abbildung 6.1 dargestellt. Ohne physikalisch adsor-
biertes Wasser ist die oxidische Oberfläche nur teilweise durch das chemisorbierte
Wasser neutralisiert, so dass zwischen der Oberfläche und den Sauerstoffionen starke Bindungen entstehen. Durch die physikalische Adsorption von H_2O entsteht
eine Dipolschicht, die das elektrische Feld abschirmt. Somit können Sauerstoffionen nur noch schwach an die Oberfläche gebunden werden und ein Elektron aus
der vorherigen starken Bindung steht für den Ladungsträgertransport zur Verfügung [Mor81].

Während die Akzeptorwirkung der Adsorbate eine Absenkung der thermisch
generierten Ladungsträgerdichte bewirkt, werden durch Bindungsschwächung

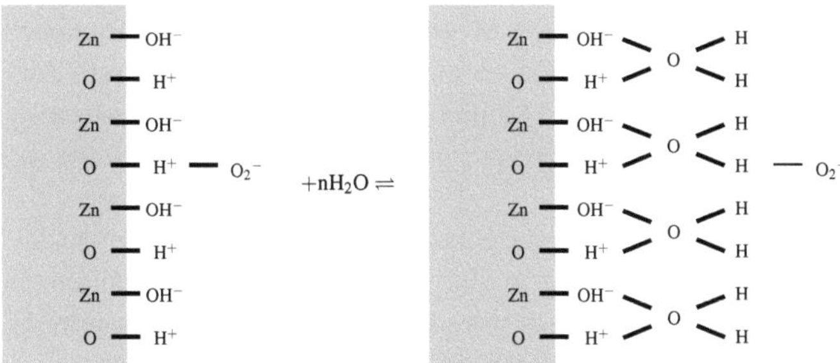

Abbildung 6.1: Neutralisation der Oberflächenladung durch Adsorption von Wasser und Abschwächung der Bindungsenergie zu Sauerstoffionen nach [Mor81]

Elektronen in den Kristall injiziert. Beide Effekte bewirken im Transistor das frühe Auftreten eines raumladungsbegrenzten Stroms, da die Dichte injizierter Ladungsträger die Dichte thermisch generierter Ladungsträger bei geringerem V_{DS} erreichen kann [LM70]. In den Ausgangskennlinien von ZnO-Nanopartikel-Dünnfilmtransistoren ist ein Ausbleiben eines definierten Sättigungsverhaltens zu beobachten. Je höher die Luftfeuchtigkeit ist, desto schwächer ist die Sättigung des Drain-Stroms ausgeprägt [Wal08]. An seine Stelle tritt ein quadratischer Zusammenhang zwischen Drain-Source-Spannung und Drain-Strom. Ebenfalls verschiebt sich die Schwellenspannung in den selbstleitenden Bereich, da die vermehrten freien Elektronen ein größeres negatives Potenzial erfordern, um den Transistorkanal zu sperren.

Im Allgemeinen ergibt sich aus der Sensitivität gegenüber der Umgegebungsatmosphäre die Forderung nach einer konstanten, definierten Messatmosphäre. BUBEL untersuchte das elektrische Verhalten von ZnO-Nanopartikelschichten nach einer Lagerung in N_2 mit O_2- und H_2O-Konzentrationen jeweils kleiner als 1 ppm [Bub09]. Es stellte sich heraus, dass die Leitfähigkeit mit zunehmender Zeit gemäß der Desorptionstheorie von REDHEAD ansteigt, aber lediglich mit ca. 0,7 bis 0,9 Größenordnungen pro Tag [Red62]. Erst nach sechs Tagen Lagerzeit ergibt sich ein Gleichgewichtszustand mit einer konstanten Leitfähigkeit. Weiterhin konnte ermittelt werden, dass die Störstellendichte innerhalb der ersten vier Tage der Lagerzeit lediglich von $6{,}2 \cdot 10^{20}\,\mathrm{cm}^{-3}$ auf $5{,}3 \cdot 10^{20}\,\mathrm{cm}^{-3}$ abfällt, so dass gefolgert wird, dass erstens nicht sämtliche Atmosphärenadsorbate desorbieren und zweitens der in [Bub09] verwendete Dispersionsstabilisator einen nicht unerheblichen Einfluss auf das Leitfähigkeits- und das Desorptionsverhalten nimmt. Sowohl der recht langsame Desorptionsvorgang als auch das realitätsferne Betriebsszenario einer genau definierten und an Sauerstoff und Feuchtigkeit verarmten Atmosphäre legen nahe, dass Messungen unter normalen Raumbedingungen für die Charakterisierung von Bauelementen mit nanopartikulärem ZnO zunächst vollkommen ausreichend sind. Methoden zur Kapselung für zukünftige Bauelemente sind hinreichend bekannt und grundlegend für ZnO-basierte Transistoren geeignet [PDH$^+$07, SHKL08].

Einen größeren Stellenwert für die Störstellenkonzentration nehmen das Syntheseverfahren zur Herstellung der Nanopartikel, das Dispergierverfahren, die Prozesstechnik zur Integration der Transistoren und die JOULEsche Erwärmung während der Charakterisierung ein [RAA$^+$07, PSG06, DDB$^+$06, LJJ$^+$08].

Die Transistorparameter lassen sich auch durch die Atmosphäre während der Schichtherstellung bzw. während eines Annealing-Schritts nach der Abscheidung der ZnO-Nanopartikel beeinflussen. Es gilt, dass durch den verstärkten Einbau von Sauerstoff während eines *Annealings* die Ladungsträgerdichte durch den Abbau von Donatorzuständen reduziert wird und das ZnO einen stärkeren halbleitenden Charakter erhält. Für eine tiefergehende Betrachtung wird auf Abschnitt 4.4.1 verwiesen.

6.2 Auswahl des Kontaktmetalls für die Drain- und Source-Elektroden

Eine gezielte Auswahl des Elektrodenmaterials zur Herstellung von geeigneten Kontakten auf Zinkoxid ist verglichen mit Silizium wesentlich schwieriger. Die Abbildung 6.2 zeigt die Lage der Energiebänder in ZnO-Nanopartikeln und die Austrittsarbeiten ausgewählter Metalle. Da davon ausgegangen werden kann, dass im Zinkoxid Sauerstofffehlstellen existieren und diese als Donatoren wirken, ist in der Grafik das Zinkoxid als n-leitend mit dem Fermienergieniveau in der oberen Hälfte der Bandlücke angedeutet [Jag06]. Die folgenden Erläuterungen beziehen sich daher auf n-leitendes ZnO.

Gemäß Gleichung (2.7a) bildet sich zwischen Aluminium bzw. Titan und ZnO nur eine sehr geringe Potenzialbarriere für Ladungsträger aus, so dass die Kontakte als ohmsch bezeichnet werden können. Experimentell ermittelte Kontaktwiderstände werden in der Literatur mit $\rho_{R,c} = 9{,}0 \cdot 10^{-7}$ Ωcm^2 für Ti/Al-Stapelkontakte, $\rho_{R,c} = 1{,}5 \cdot 10^{-5}$ Ωcm^2 für Ti/Au-Stapelkontakte und $\rho_{R,c} = 8{,}0 \cdot 10^{-4}$ Ωcm^2 für reine Al-Kontakte angegeben [KJK$^+$02a, KBK$^+$04, GGB$^+$04].

SCHOTTKY-Kontakte auf Zinkoxid, die es ermöglichen, ein besseres Sperrverhalten zu erreichen, können mit Metallen realisiert werden, die eine größere Austrittsarbeit besitzen. Hierfür kommen vorrangig die Edelmetalle Gold, Platin, Palladium und Silber in Betracht [ITY$^+$06]. Die Barrierenhöhe der SCHOTTKY-

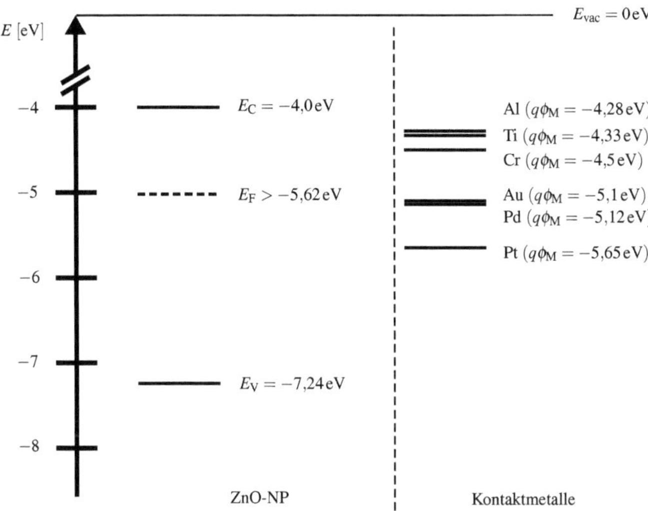

Abbildung 6.2: Lage der Bandkanten von ZnO-Nanopartikeln und der Austrittsarbeiten ausgewählter Metalle[1]

Kontakte folgt jedoch nicht der Differenz zwischen Elektronenaffinität des Halbleiters und der Austrittsarbeit des Metalls, da der Einfluss der Oberflächenzustände nicht vernachlässigbar ist. Angegeben werden Barrierenhöhen von $q\phi_{\mathrm{Bn}} = 0{,}79...0{,}93\,\mathrm{eV}$ für Pt-Kontakte, $q\phi_{\mathrm{Bn}} = 0{,}59...0{,}71\,\mathrm{eV}$ für Au-Kontakte und $q\phi_{\mathrm{Bn}} = 0{,}58...0{,}68\,\mathrm{eV}$ für Ag- und Pd-Kontakte [GGB$^+$04, CFH$^+$04, WKL$^+$04]. Da durch die Kontaktierung mit Gold SCHOTTKY-Übergänge mit guten Idealitätsfaktoren realisierbar sind [ITY$^+$06], können Transistoren mit Zinkoxid als Halbleitermaterial integriert werden, deren Steuerbarkeit theoretisch sowohl durch die Kontakteigenschaften als auch durch einen Akkumulationskanal gegeben ist. Ohmsche Kontakte mit Aluminium hingegen ermöglichen die Untersuchung an Transistoren, deren Steuerbarkeit ausschließlich durch die Ladungsträgerakkumulation bestimmt wird. Sofern sich die Erkenntnisse über die Kontaktierung auf nanopartikuläres ZnO übertragen lassen, gelten die Annahmen auch für die in dieser Arbeit untersuchten Nanopartikeltransistoren.

Um Erkenntnisse über die Barrierenhöhen von Metallen zu nanopartikulärem Zinkoxid zu gewinnen, wird die Ausgangskennlinie bei $V_{\mathrm{GS}} \approx V_{\mathrm{th}}$ (Flachbandfall) ausgewertet. In diesem Fall kann die Struktur stark vereinfacht als Diode angenommen werden. Die Barrierenhöhe in Dioden lässt sich aus der $\log(I)$-V-

Charakteristik berechnen, indem der Sperrsättigungstrom durch Extrapolation bestimmt wird. Für die Barrierenhöhe gilt nach [Sze81]

$$q\phi_{\text{Bn}} = kT \ln \left(\frac{A^{**}T^2}{J_s} \right),$$ (6.1)

wobei die effektive RICHARDSON-Konstante A^{**} für ZnO mit

$$A^{**} = \frac{4\pi q k^2 m_{0\text{e}}}{h^3} \left(\frac{m_\text{e}^*}{m_{0\text{e}}} \right)$$ (6.2)

abgeschätzt werden kann[2], so dass $A^{**} \approx 32{,}4\,\text{Acm}^{-2}\text{K}^{-2}$ ist [MO09, Sze81].

Die Kontaktierung des Valenzbandes mit den gegebenen Metallen ist aufgrund der energetisch ungünstigen Lage nicht möglich. Dennoch kann eine Ladungsträgerinjektion in das Valenzband bei einer starken Bandverbiegung außerhalb des thermodynamischen Gleichgewichts, z. B. durch den Tunneleffekt, auftreten. Im Allgemeinen werden Transistoren demnach als n-Kanal-FET auftreten. Eine gezielte p-Dotierung der Nanopartikel zur Integration von p-Kanal-Transistoren ist wegen der eingeschränkten Löslichkeit bzw. der nicht reproduzierbaren Dotierung bislang weder in Bulk-ZnO noch in nanopartikulärem Zinkoxid möglich [Jag06, MO09, PNI$^+$03].

6.3 Dünnfilmtransistoren mit Rückseiten-Gate-Elektrode

6.3.1 *Inverted Coplanar*-Architektur

Bauelementintegration

Als Substrat und Rückseiten-Gate-Elektrode für die Transistoren dienen Bor-dotierte, einkristalline Silizium-Wafer. Als Gate-Dielektrikum werden 300 nm SiO_2 durch feuchte Oxidation thermisch aufgewachsen. Auf dem Dielektrikum werden Aluminium-Interdigital-Strukturen mit einer Dicke von 200 nm als Drain- und Source-Elektroden erzeugt. Anschließend wird 1 ml einer unverdünnten ZnO-Nanopartikelsuspension durch eine Schleuderbeschichtung bei 2000 min^{-1} für 30 s abgeschieden und das Dispersionsmittel bei einer Temperatur von 120°C für

---

[1]Die Lage des FERMIniveaus ist in der Grafik willkürlich, aber aufgrund der intrinsischen n-Dotierung, welche durch Sauerstofffehlstellen erzeugt wird, mit $E_\text{F} > -5{,}62\,\text{eV}$ gewählt.

[2]Die Abschätzung der effektiven RICHARDSON-Konstante ist als hinreichend anzunehmen, da eine Abweichung von 100% für die Barrierenhöhe lediglich eine Änderung um $0{,}018\,\text{eV}$ bedeutet.

120 s auf der *Hot-plate* ausgetrieben. Da Voruntersuchungen gezeigt haben, dass bei der Abscheidung durch *Spin-Coating* über 3D-Topographien Bereiche entstehen, die von Partikeln nicht ausreichend beschichtet werden und somit schlechte elektrische Kontakte entstehen, wird die Nanopartikelabscheidung insgesamt drei Mal durchgeführt. Die Inhomogenität der Schleuderbeschichtung über Topographien ist auch aus der Belackung in der Fotolithografie bekannt [PL93]. Dass bei der mehrmaligen Beschichtung die Schichtdicke anwächst, ist nicht relevant, da sowohl die Elektroden als auch der Transistorkanal an der Unterseite der Partikelschicht liegen. Abschließend wird der Transistor für fünf Stunden bei 430°C in Sauerstoff-Atmosphäre (300 sccm) getempert, um Fehlstellen im Kristall durch den Einbau von Sauerstoff zu besetzen und ein gemäßigtes Zusammenwachsen einzelner Nanopartikel zu größeren Domänen zu erreichen. Die Temperatur ist hoch genug, um die beschriebene Schichtveränderung und eine Sauerstoffdiffusion über Zwischengitterplätze zu erreichen, aber niedrig genug, um die Aluminium-Elektroden mit einer Schmelztemperatur von 660°C nicht zu zerstören und eine Dotierung des Zinkoxid mit Aluminium weitestgehend zu verhindern [SC04, KK09, LJJ$^+$08].

Die Abbildung 6.3 zeigt den Ausschnitt einer Drain-Source-Struktur, die teilweise von der ZnO-Nanopartikelschicht überdeckt wird. Es existieren demnach durchaus Bereiche, in denen trotz mehrmaliger Partikelabscheidung und einer hohen Massenkonzentration der Nanopartikel in der Dispersion keine Bedeckung stattfindet. Die lückenhafte Bedeckung wird mit der Oberflächespannung der Suspension

Abbildung 6.3: REM-Aufnahme eines Ausschnitts des Aktivgebietes eines Zinkoxid-Nanopartikel-TFT im *Inverted Coplanar*-Aufbau. Deutlich sind die nur teilweise mit ZnO bedeckten Al-Elektroden zu sehen.

bzw. mit der gitterähnlichen Oberflächenstruktur der Elektroden begründet. Die tatsächliche Kanallänge des Transistors ist demnach kleiner als die geometrische Kanallänge. Es ist ferner zu erkennen, dass die Elektroden und ihre Zwischenräume in bedeckten Bereichen sehr gut mit Nanopartikeln beschichtet sind.

Elektrische Transistorparameter

Die Kennlinien eines typischen *Inverted Coplanar*-TFT sind in Abbildung 6.4 dargestellt. Der Transistor ist vom n-Typ und selbstsperrend mit einer Schwellenspannung $V_{th} = 6{,}5\,\text{V}$. Für $V_{GS} < V_{th}$ ist ein Anstieg des Drain-Stroms zu beobachten, der durch einen Löchertransport hervorgerufen wird. Das Bauelement unterliegt folglich einem ambipolaren Ladungsträgertransport. Durch das ambipolare Verhalten kann lediglich ein I_{ON}/I_{OFF}-Verhältnis von ca. 10^2 erreicht werden. Die Feldeffektladungsträgerbeweglichkeit wird mit $\mu_{FE} = 1{,}1 \cdot 10^{-5}\,\text{cm}^2(\text{Vs})^{-1}$ aus der Transferkennlinie ermittelt. Ein Grund für die geringe Mobilität ist die starke Rauheit der Grenzfläche zwischen Dielektrikum und Halbleiterschicht [Sch06, OMNH08], die zu einer Ansammlung der Ladungsträger in den grenzflächennahen Nanopartikeln [vergleiche Kapitel 3.1] führt, so dass diese für einen transversalen Transport nicht im vollem Umfang zur Verfügung stehen. Die Abnahme der für den Transport verfügbaren Ladungen schlägt sich in einer Beweglichkeitsdegradation nieder. Die maximal benötigten Betriebspannungen betragen für V_{GS} und V_{DS} ca. 25 V. Die Wahl höherer Betriebsspannungen ist nicht sinnvoll, da bereits für

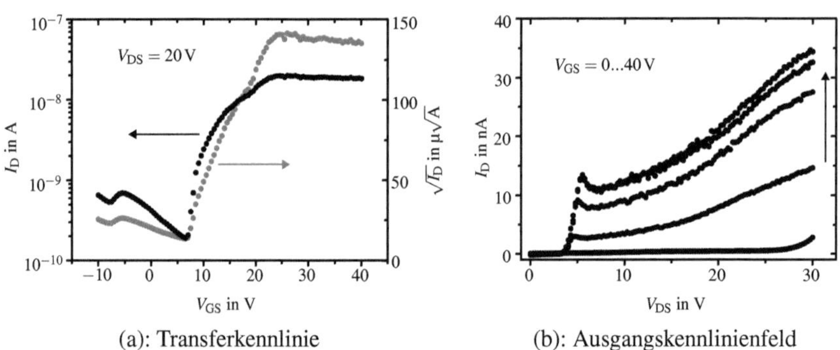

(a): Transferkennlinie   (b): Ausgangskennlinienfeld

Abbildung 6.4: Kennlinien eines ZnO-NP-TFT im *Inverted Coplanar*-Aufbau. Der Transistor besitzt eine Kanallänge von $L = 8\,\mu\text{m}$ und eine Weite von $W = 16\,\text{cm}$. Das Gate-Dielektrikum besteht aus 300 nm SiO_2. Als Substrat und Rückseiten-Gate-Elektrode dient p-Si ($N_A \approx 10^{15}\,\text{cm}^{-3}$). Die Drain- und Source-Kontakte bestehen aus 200 nm Aluminium.

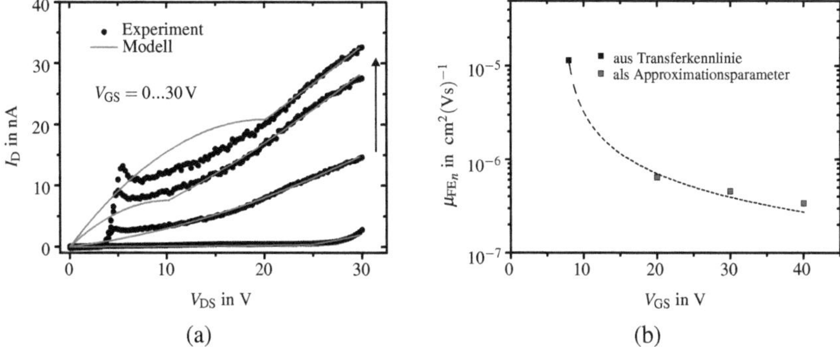

Abbildung 6.5: Modellierung des Ausgangskennlinienfeldes unter der Annahme einer Mobilitätsdegradation. (a) Ausgangskennlinienfeld, (b) Elektronenfeldeffektbeweglichkeit in Abhängigkeit von der Gate-Source-Spannung

$V_{DS} > 27\,\mathrm{V}$ ein merklicher Anstieg des Drain-Stroms im Ausgangskennlinienfeld gemessen wird.

Ursache für den Anstieg des Drain-Stroms im Ausgangskennlinienfeld ist ebenfalls der ambipolare Ladungsträgertransport. Nach Gleichung (3.6) müssen im Falle einer Kanalabschnürung hinter dem Abschnürpunkt auch die Löcher berücksichtigt werden, was zu einem quadratischen Anstieg des Stromes führt. Ein quadratischer Zusammenhang zwischen Strom und Spannung aufgrund des *Punch-through*-Effektes kann bei einer Kanallänge von $L = 8\,\mu\mathrm{m}$ ausgeschlossen werden. Die Abbildung 6.5a zeigt nochmals das Kennlinienfeld des vorgestellten Transistors für $0 \leq V_{GS} \leq 30\,\mathrm{V}$ mit einer Anpassung nach dem Transistormodell gemäß Gleichung (3.6) für den Sättigungsbereich und dem Standardmodell der SHOCKLEY-Gleichungen im Anlaufbereich. Für die Approximation im Sättigungsbereich werden

- die Degradation der Ladungsträgerbeweglichkeit mit steigendem V_{GS} und

- die Festlegung der Schwellenspannung auf einen virtuellen Wert

als Anpassungen durchgeführt. Um das Gleichungssystem der Kurvenanpassung nicht zu überparametrisieren, wird eine Ladungsträgerbeweglichkeit für eine feste Gate-Source-Spannung vorgegeben. Werden hierfür die aus der Transferkennlinie gewonnene Mobilität für die Ausgangskennlinie bei $V_{GS} = 10\,\mathrm{V}$ angesetzt, führt dieses zu einer Anpassung der Parameter der Modellkurve mit einer virtuelle Schwellenspannung $V_{th} = 9{,}8\,\mathrm{V}$. Dieser Wert wird für die weiteren Kennlinien festgesetzt, so dass sich die Elektronenbeweglichkeit mit zunehmender Gate-

Tabelle 6.1: Übersicht über die elektrischen Transistorparameter des ZnO-NP-TFT im *Inverted Coplanar*-Aufbau mit $L = 8\,\mu\mathrm{m}$, $W = 16\,\mathrm{cm}$ und Al-Drain-/Source-Elektroden

Substrat/Gate	ε_r	t_i in nm	$I_\mathrm{ON}/I_\mathrm{OFF}$	V_th in V	μ_FE in $\mathrm{cm}^2(\mathrm{Vs})^{-1}$
p-Si	3,9	300	106	6,5	$1{,}1 \cdot 10^{-5}$

Spannung gemäß Abbildung 6.5b reduziert. Die Abnahme der Feldeffektbeweglichkeit folgt einem reziproken Verlauf, wie er in der Literatur beschrieben wird [Fu82]. Für die Löcherbeweglichkeit ergibt das Ergebnis der Kurvenanpassung für alle V_GS ca. $\mu_\mathrm{p} \approx 8 \cdot 10^{-8}\,\mathrm{cm}^2(\mathrm{Vs})^{-1}$. Diese Beweglichkeit ergibt sich ebenfalls bei der Ermittlung aus der Steigung der Transferkennlinie für $V_\mathrm{GS} < V_\mathrm{th}$, also unter der Annahme eines Löcherstroms. Das Verhältnis zwischen der extrahierten Elektronen- und Löcherbeweglichkeit entspricht damit ungefähr dem Verhältnis der Beweglichkeiten in ZnO-Volumenmaterial [Jag06, RLW03].

Es ist in Abbildung 6.5a zu erkennen, dass das Modell im Sättigungsbereich dem experimentell gewonnenen Kennlinienverlauf sehr gut folgt. Im Triodenbereich hingegen können die Kennlinien nur bedingt durch die SHOCKLEY-Gleichung beschrieben werden. Zwar wird hier ebenfalls auf eine Beweglichkeitsreduktion zur Modellierung durch die Kurvenanpassung zurückgegriffen, doch werden weitere Effekte im Bauelement vernachlässigt. Neben der vereinfachten Annahme, dass kein ambipolarer Ladungsträgertransport auftritt, werden Kontakteffekte nicht durch das Modell abgebildet. Diese spielen aber offensichtlich eine entscheidende Rolle, da der Strom nicht bereits für $V_\mathrm{DS} > 0\,\mathrm{V}$ ansteigt, sondern zunächst sehr klein bleibt. Erst für $V_\mathrm{DS} > 3{,}5\,\mathrm{V}$ kann ein deutlicher Drain-Strom gemessen werden. Bezüglich der Modellierung weiterer, feldabhängiger Effekte in SB-*MOSFET* wird auf Abschnitt 6.3.2 verwiesen.

Im Allgemeinen lassen sich im vorgestellten Transistor aufgrund der großen Grenzflächenrauheit und hochohmiger Drain-/Source-Kontakte nur geringe Ladungsträgerbeweglichkeiten bei einem niedrigen Drainstrom von $I_\mathrm{D} < 35\,\mathrm{nA}$ erreichen. Die Transistorparameter sind in Tabelle 6.1 als Übersicht dargestellt. Die ambipolare Charakteristik verhindert die Bestimmung des Subschwellenstromanstiegs.

Im Vergleich zur Literatur zeigen die integrierten Transistoren eine schlechte Leistungsfähigkeit. SUN ET AL. demonstrierten eine Ladungsträgerbeweglichkeit $\mu_\mathrm{FE} = 2{,}34 \cdot 10^{-4}\,\mathrm{cm}^2(\mathrm{Vs})^{-1}$ und ein $I_\mathrm{ON}/I_\mathrm{OFF}$-Verhältnis von $5 \cdot 10^3$ für *Inverted Coplanar*-Transistoren [SS05]. Beide Parameter liegen somit eine Größenordnung über den in dieser Arbeit vorgestellten Werten. Der hauptsächliche Grund für den Unterschied ist das hydrothermische Wachstum von zusätzlichem ZnO in [SS05], welches während eines Tauchbads in Zinknitrat und Ethylendiamin in den Zwischenräumen der Nanopartikelschicht synthetisiert wird. VOLKMAN ET AL. berichten von Beweglichkeiten größer als $0{,}1\,cm^2(Vs)^{-1}$. Zur Ermittlung werden jedoch Strukturen genutzt, die ein W/L-Verhältnis von 2 aufweisen [VMM$^+$05]. Bei solch geringen Geometrieverhältnissen führen die elektrischen Felder am Rand der Transistorstrukturen zu einer Überschätzung der Ladungsträgerbeweglichkeit [ONMH09]. Den Transistoren von SUN ET AL. und VOLKMAN ET AL. ist gemein, dass sie mit Nanopartikeldurchmessern $D_{NP} = 6\,nm$ bzw. $D_{NP} = 3\,nm$ sehr viel kleinere Nanopartikel benutzen und wesentlich dünnere Schichten erzeugen. Während kleinere Nanopartikel die Grenzflächenrauheit herabsetzen, unterdrücken dünnere Schichten den Sub-Oberflächenstrom im Halbleiter, was zum Anstieg der Strommodulation führt. Auch wenn die Wahl kleinerer Nanopartikel vorteilhaft erscheint, müssen dieses aufwändig aus der Flüssigphase synthetisiert werden, so dass die Verfügbarkeit der Nanopartikel äußerst gering ist. Dahingegen ist die Verfügbarkeit der in dieser Arbeit verwendeten kommerziellen ZnO-Nanopartikel als gut und damit günstig zu bewerten. Weiterhin nachteilig ist die Inkaufnahme zusätzlicher, teils umständlicher Prozesse (Formiergas-*Annealing*, hydrothermische ZnO-Synthese in Nanopartikelfilmen, etc.) zur Steigerung der Leistungsfähigkeit.

6.3.2 *Inverted Staggered*-Architektur

Um die Ladungsträgermobilität zu steigern, können die Kontaktwiderstände zwischen Halbleiterfilm und Drain-/Source-Elektroden durch den Übergang zur *Inverted Staggered*-Architektur verringert werden. Die nachträgliche Abscheidung der ladungsträgerinjizierenden Elektroden bietet einen formschlüssigen Kontakt zwischen Halbleiter und Metall. Die Grenzflächenrauheit am Gate-Dielektrikum bleibt bestehen.

Bauelementintegration

Als Substrat dient wiederum mit Bor p-dotiertes Siliziumsubstrat ($N_A \approx 10^{15}\,cm^{-3}$) mit thermisch gewachsenem SiO_2 als Gate-Dielektrikum. Auf das Gate-Dielektrikum wird durch Schleuderbeschichtung der Halbleiterfilm aus der Suspension mit $\xi(ZnO) = 35\,Gew.\text{-}\%$ bei $2000\,min^{-1}$ abgeschieden. Anschließend wird das Wasser als Dispergiermedium auf der *Hot-plate* für $60\,s$ bei $110\,°C$ ausgetrieben. Da die *Inverted Staggered*-Architektur die Strukturierung von Drain- und Source-Kontakten auf dem Nanopartikelfilm erfordert, wird der Film bei Temperaturen größer als $600\,°C$ für zwei Stunden in O_2-Atmosphäre getempert.

Die Vorteile eines Annealings in Sauerstoff für das elektrische Verhalten wurden im Abschnitt 4.4.1 näher diskutiert. Es entsteht schließlich ein Nanopartikelfilm, wie er in Abbildung 6.6a als REM-Aufnahme abgebildet ist. Die Nanopartikelschicht ist mechanisch so stabil, dass sich nahezu sämtliche Prozesse der Halbleitertechnologie auf dieser durchführen lassen. Die Drain- und Source-Kontakte werden abschließend im *Lift-off*-Verfahren mit einer Abscheidung durch Bedampfung oder Kathodenstrahlzerstäubung hergestellt. Das *Lift-off*-Verfahren ermöglicht die Skalierung der Bauelemente unterhalb der sonst üblichen minimalen Strukturgröße von 20 µm, die durch eine Schattenmaskenbedampfung limitiert ist. Die Abbildung 6.6b zeigt interdigitale Drain-Source-Strukturen auf einem ZnO-Nanopartikelfilm, hergestellt aus gesputtertem Gold. Die Transistorkanallänge beträgt 2 µm.

Vergleich der Kontaktmaterialien der Drain-/Source-Elektroden
Die Herstellung von qualitativ hochwertigen und geeigneten elektrischen Kontakten auf Zinkoxid, insbesondere von SCHOTTKY-Kontakten, ist entscheidend für die Funktions- und Leistungsfähigkeit der Transistoren. Daher werden mit Aluminium, Titan und Gold zwei Metalle (Al, Ti) mit einer Tendenz zur Ausbildung von ohmschen Kontakten und ein Metall (Au) mit der Tendenz zu SCHOTTKY-Kontakten untersucht. Nach Gleichung (2.7a) bilden sich theoretisch Barrieren für Elektronen zwischen ZnO und Al, Ti und Au von ca. 0,28 eV, 0,33 eV bzw. 1,1 eV aus. Wie bereits in Abschnitt 6.2 beschrieben, hängen die Eigenschaften des Gold-Kontakts stark von den Oberflächenzuständen des Halbleiters ab, so dass in der Li-

(a)   (b)

Abbildung 6.6: REM-Aufnahmen eines ZnO-Nanopartikel-TFT im *Inverted Staggered*-Aufbau. (a) ZnO-Nanopartikelfilm nach einem *Annealing* bei $T_\mathrm{a} = 600°C$, (b) Gold-Drain-/Source-Elektroden auf einem ZnO-Nanopartikelfilm

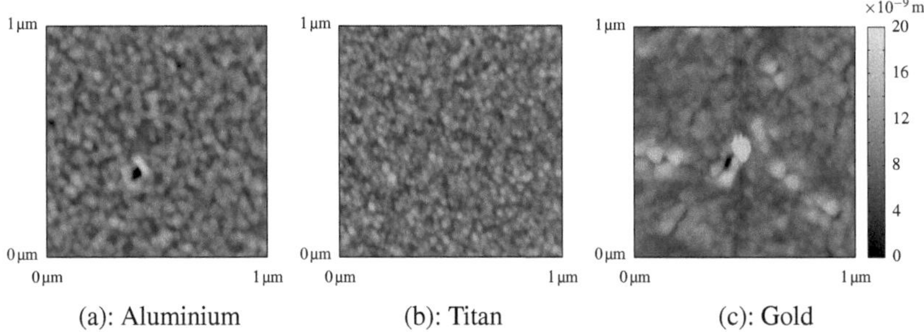

Abbildung 6.7: *AFM*-Topographien (*non-contact-mode*) verschiedener Kontaktmetalle, abgeschieden auf SiO_2

teratur experimentell ermittelte Barrierenhöhen im Bereich $q\phi_{Bn} = 0{,}59...0{,}71\,eV$ zu finden sind [CFH$^+$04, WKL$^+$04]. Alle Nanopartikelschichten im folgenden Abschnitt werden nach der Abscheidung für zwei Stunden in Sauerstoff-Atmosphäre bei 600°C getempert. Die Abscheidung von Aluminium und Titan findet durch Elektronenstrahlverdampfung mit einer Abscheiderate von 5 Å/s im Hochvakuum statt. Für die Herstellung der Gold-Kontakte wird die Kathodenstrahlzerstäubung mit Argon-Ionen bei einer Abscheiderate von ca. 5 nm/s verwendet. Alle Kontaktmetalle werden im *Lift-off*-Verfahren strukturiert. Für die Abscheidung auf glattem thermisch gewachsenem SiO_2 lassen sich geringe Rauheiten der metallischen Schichten mit $S_q \leq 2{,}5\,nm$ unabhängig vom *PVD*^{3}-Verfahren erreichen [siehe Tabelle 6.2]. Wie in Abbildung 6.7 zu erkennen ist, variieren die Topographien der Schichten, doch ist die Rauheit der Kontaktmetalle wesentlich kleiner als die Rauheit einer ZnO-Nanopartikelschicht ($S_q \approx 11{,}8\,nm$), so dass davon ausgegangen

Tabelle 6.2: Rauheiten der untersuchten Kontaktmetalle, abgeschieden in einer Dicke von 50 nm auf SiO_2

Metall	**Abscheideverfahren**	*RMS*-**Rauheit**
Aluminium (Al)	E-Verdampfung	2,14 nm
Titan (Ti)	E-Verdampfung	2,15 nm
Gold (Au)	DC-Sputtern	2,50 nm

---

^{3}*P*hysical *V*apor *D*eposition

werden kann, dass metallische Schichten mit formschlüssigen Grenzflächen auf Zinkoxid-Nanopartikelfilmen abgeschieden werden können. Die Topographie der auf ZnO-Nanopartikeln aufgedampften Filme wird in erster Näherung durch die Rauheit der Nanopartikel und nicht durch die Rauheit der Metallschicht definiert.

Mit Titan als Kontaktmetall werden typische Kennlinien gemessen wie sie in Abbildung 6.8 abgebildet sind. Gemäß der Differenz zwischen der Austrittsarbeit des Titans und der Lage der Leitungsbandkante im Zinkoxid ist der Transistor n-leitend und mit einer Schwellenspannung $V_{th} = 14{,}3\,$V (bezogen auf das *shunt-level*) selbstsperrend. Sowohl V_{GS} als auch V_{DS} müssen sehr hoch gewählt werden, um das Transistorverhalten darzustellen. Erst für $V_{GS} > 70\,$V ist in der Transferkennlinie eine Sättigung des Drain-Stroms zu erkennen. Der maximale Drain-Strom ist mit $28\,$mA bei $V_{DS} = 30\,$V vergleichsweise groß; das I_{ON}/I_{OFF}-Verhältnis für $V_{DS} = 30\,$V, ermittelt aus dem Ausgangskennlinienfeld, beträgt lediglich 16 und der Subschwellenstromanstieg $S = 122\,$V/dek. Beide Kennwerte zeigen, dass der Transistor nur äußerst schlecht sperrt und für logische Schaltungen ungeeignet ist. Ebenfalls nachteilig ist die Hysterese der Transferkennlinie mit entgegengesetzten Messrichtungen, wodurch eine Schwellenspannungsverschiebung um $\Delta V_{th} = -2{,}0\,$V hervorgerufen wird. Die Hysterese tritt nicht bei allen untersuchten Elektrodenmaterialien in dieser Stärke auf, so dass (bei gleich hergestelltem SiO_2) die Ursache der Kennlinienverschiebung unter anderem in den Eigenschaften der Grenzfläche zwischen dem Titan und dem Zinkoxid liegt. Es wird vermutet, dass während der Messung eine Umbesetzung der Grenzflächenzustände stattfin-

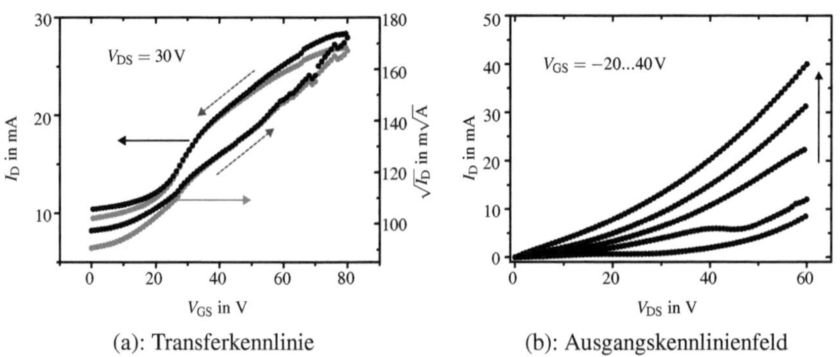

(a): Transferkennlinie   (b): Ausgangskennlinienfeld

Abbildung 6.8: Kennlinien eines ZnO-NP-TFT im *Inverted Staggered*-Aufbau mit Titan-Drain-/Source-Elektroden ($100\,$nm). Der Transistor besitzt eine Kanallänge von $L = 20\,\mu$m und eine Weite von $W = 45{,}1\,$cm. Das Gate-Dielektrikum besteht aus $125\,$nm SiO_2. Als Substrat und Rückseiten-Gate-Elektrode dient p-Si ($N_A \approx 10^{15}\,$cm^{-3}).

det und so eine Schwellenspannungsverschiebung bewirkt wird. Hierfür spricht auch, dass die Stromstärken im Sperrbetrieb nicht identisch sind und in Rückwärtsrichtung eine um 12,5% höhere Stromstärke messbar ist. Wäre die Hysterese hauptsächlich Gate-induziert, so ließe sich der Effekt durch eine Gate-Spannung mit umgekehrtem Vorzeichen ausgleichen. Dieses ist jedoch nur eingeschränkt der Fall.

Im Ausgangskennlinienfeld ist der Sättigungsbereich nicht vorhanden. Der Drain-Strom nimmt überproportional mit steigendem V_{DS} zu, so dass darauf zurückgeschlossen werden kann, dass Ladungsträger in hohem Maße injiziert werden. Eine hohe Injektionsrate ist zu erwarten, weil die Barriere mit einer theoretischen Höhe von 0,33 eV bei Feldstärken größer als 10 kV/cm leicht von Ladungsträgern durch Ausnutzung des FRENKEL-POOLE-Effekts bzw. des FOWLER-NORDHEIM-Tunneleffekts passiert werden kann. Der Drain-Strom bleibt zwar durch die Akkumulation von Ladungsträgern durch ein Potenzial an der Gate-Elektrode steuerbar, wird jedoch stark durch das Drain-Potenzial und dem damit verbundenen raumladungsbegrenzten Strom dominiert. Aus der Transferkennlinie kann mit $\mu_{FE} = 2{,}3 \cdot 10^{-2}\,\mathrm{cm^2(Vs)^{-1}}$ eine Feldeffektladungsträgerbeweglichkeit ermittelt werden, die drei Größenordnungen größer als in *Inverted Coplanar*-Transistoren ist.

Transistoren mit Aluminium als Material der Drain- und Source-Elektroden sollten wegen der vergleichbaren Austrittsarbeit gegenüber Titan ein ähnliches Verhalten aufweisen. Für ungefähr die Hälfte der integrierten Bauelemente lässt sich diese Erwartung auch tatsächlich in Form der in Abbildung 6.9 dargestellten Kennlinien beobachten. Der qualitative Kennlinienverlauf wird im Folgenden als Kennlinentyp I bezeichnet. Auch hier ist im Ausgangskennlinienfeld kein definierter Sättigungsbereich, sondern ein weiterer Anstieg des Drain-Stroms mit zunehmender Drain-Source-Spannung zu erkennen. Eindeutig unterschiedlich ist der Verlauf im unteren Spannungsbereich. Während bei Titankontaktierten Dünnfilmtransistoren der Drain-Strom für alle $V_{DS} > 0\,\mathrm{V}$ ansteigt, wird der Drain-Strom in Aluminium-Drain-/Source-Transistoren zunächst bis ca. $V_{DS} = 3\,\mathrm{V}$ unterdrückt und steigt erst dann an. Dieses Verhalten wird ebenfalls in *Inverted Coplanar*-Dünnfilmtransistoren mit ZnO als Halbleiter beobachtet [vergleiche Abschnitt 6.3.1]. Die Transferkennlinie weist erwartungsgemäß eine Hysterese auf. Im Vergleich zu Titan-Drain-/Source-TFT ist sie aber nicht so stark ausgeprägt und die verursachenden Ladungszustände können durch ein geeignetes Gate-Potenzial vollständig umgeladen werden, so dass die Kennlinien in Vorwärts- und Rückwärtsmessrichtung für $V_{GS} \leq -13\,\mathrm{V}$ identisch sind. Die Eigenschaften der Kontakte zwischen Aluminium und Zinkoxid werden demnach nicht durch Aufladungseffekte wie bei Titan negativ beeinflusst. Außerdem ist eine generelle

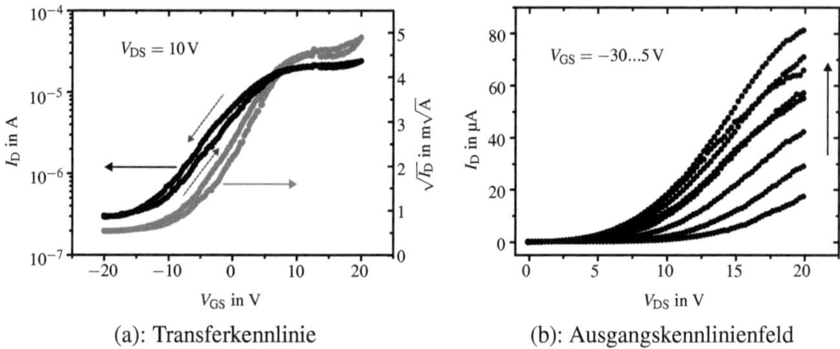

(a): Transferkennlinie　　　　　　　　　　　　(b): Ausgangskennlinienfeld

Abbildung 6.9: Kennlinien eines ZnO-NP-TFT im *Inverted Staggered*-Aufbau mit Aluminium-Drain-/Source-Elektroden (200 nm) (Kennlinientyp I). Der Transistor besitzt eine Kanallänge von $L = 3\,\mu\text{m}$ und eine Weite von $W = 100\,\mu\text{m}$. Das Gate-Dielektrikum besteht aus 53 nm SiO_2. Als Substrat und Rückseiten-Gate-Elektrode dient p-Si ($N_A \approx 10^{15}\,\text{cm}^{-3}$).

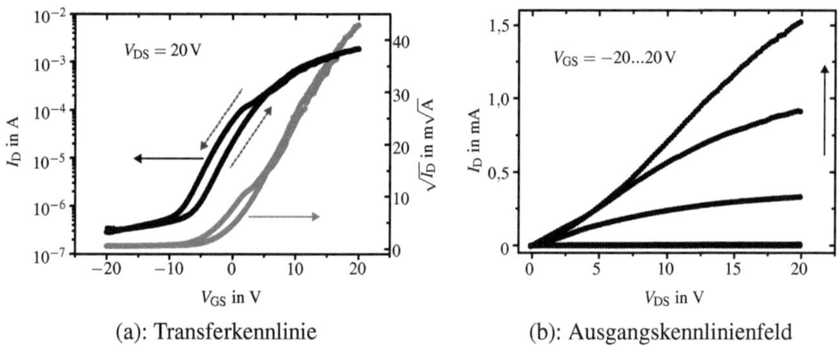

(a): Transferkennlinie　　　　　　　　　　　　(b): Ausgangskennlinienfeld

Abbildung 6.10: Kennlinien eines ZnO-NP-TFT im *Inverted Staggered*-Aufbau mit Aluminium-Drain-/Source–Elektroden (200 nm) (Kennlinientyp II). Der Transistor besitzt eine Kanallänge von $L = 8\,\mu\text{m}$ und eine Weite von $W = 16\,\text{cm}$. Das Gate-Dielektrikum besteht aus 53 nm SiO_2. Als Substrat und Rückseiten-Gate-Elektrode dient p-Si ($N_A \approx 10^{15}\,\text{cm}^{-3}$).

Absenkung der Schwellenspannung zu messen, die neben einer geringeren Kontaktbarrierenhöhe mit der später beschriebenen, Drain-induzierten Schwellenspannungsabsenkung begründet wird.

Der andere Teil der integrierten Transistoren besitzt eine Kennliniencharakteristik, die in Abbildung 6.10 dargestellt ist und als Kennlinientyp II bezeichnet wird. Die Messkurven des Ausgangskennlinienfeldes verlaufen vollkommen verschieden im Vergleich zum Kennlinientyp I. Der Drain-Strom steigt bereits mit $V_{DS} > 0\,V$ an. Mit zunehmender Drain-Source-Spannung tritt letztendlich ein Sättigungsbereich auf. Der für SB-*MOSFET* typische linksgekrümmte Anlaufbereich bleibt erhalten. Wie auch bei den Typ-I-Kennlinien, verschiebt sich die Kennlinie durch einen Hystereseeffekt, der durch die Grenzfläche am Dielektrikum und nicht durch die Drain-Source-Kontakte verursacht wird. Die Hysterese ist ähnlich stark ausgeprägt und kann durch ein entsprechendes Gate-Potenzial vollständig kompensiert werden. Das Sperrverhalten ist mit $I_{ON}/I_{OFF} = 7 \cdot 10^3$ und $S = 3{,}9\,V/dek$ vergleichsweise gut. Die Schwellenspannung beträgt $V_{th} = 0{,}9\,V$ und die Ladungsträgermobilität $\mu_{FE} = 5{,}5 \cdot 10^{-3}\,cm^2(Vs)^{-1}$.

Die Transistorparameter der Aluminium-Drain-/Source-TFT deuten im Vergleich zu Titan-kontaktierten Transistoren darauf hin, dass die Kontakt- und Grenzflächeneigenschaften von Al und Ti zu ZnO grundsätzlich verschieden sind, obwohl die Austrittsarbeiten beider Metalle und die spezifischen Kontaktwiderstände ähnlich sind [ITY$^+$06]. Titan als Elektrodenmaterial lässt es zu, relativ hohe Stromstärken zu erreichen. Die Ladungsträgerinjektionsrate wird jedoch durch Grenzflächenzustände bestimmt, die einerseits eine starke, nur schwierig zu kompensierende Hysterese hervorrufen und andererseits die Steuerbarkeit des Kanalstroms herabsetzen. Hierdurch entsteht unweigerlich ein schlechtes Sperrverhalten. Die Kontaktstelle zwischen Aluminium und Zinkoxid weist keine derart hohe Grenzflächenzustandsdichte auf. Vermutlich wird die Eignung von Aluminium als Dotierstoff für Zinkoxid ausgenutzt, um Al-Atome oberflächennah in Gitterfehlstellen des ZnO-Kristalls einzubauen [Jag06]. Die Folge weniger Grenzflächenzustände ist eine Reduktion des Drain-Stroms, aber auch die bessere Steuerbarkeit des Transistors. Obwohl die theoretische Barrierenhöhe zwischen Aluminium und Zinkoxid geringer ist, kann die Unterbindung einer parasitären Ladungsträgerinjektion im Sperrbetrieb erreicht werden. Unterstützt wird diese Annahme durch die Schwellenspannung nahe $0\,V$. Für $V_{GS} \ll V_{th}$ verlieren die Kontakte ihre ohmsche Charakteristik durch eine Barrierenverbreiterung (Abnahme der Tunnelwahrscheinlichkeit). Die theoretische Barrierenhöhe von ca. $0{,}28\,eV$ ist ausreichend, um eine thermische Emission über die Barriere zu verhindern [LS06]. Die Ursache für das Auftreten zweier Kennlinientypen ist unklar und bleibt zu klären. Beide Typen treten parallel auf der selben Probe auf. Mögliche Gründe sind inhomogen abgeschiedene Schichteigenschaften bzw. eine ungleichmäßige Prozessierung über den Wafer.

Wird Gold als typisches Material für SCHOTTKY-Kontakte auf Zinkoxid eingesetzt, zeigen die Transistoren ein Verhalten entsprechend der Kennlinien in Abbildung 6.11. Bei den integrierten Bauelementen handelt es sich offensichtlich eben-

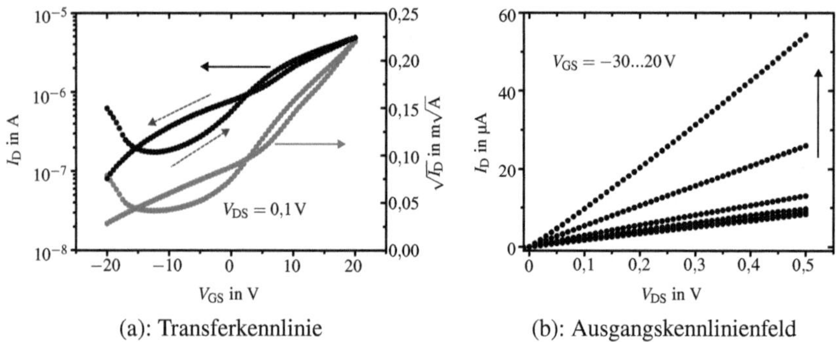

<table>
<tr><td>(a): Transferkennlinie</td><td>(b): Ausgangskennlinienfeld</td></tr>
</table>

Abbildung 6.11: Kennlinien eines ZnO-NP-TFT im *Inverted Staggered*-Aufbau mit Gold-Drain-/Source-Elektroden (100 nm). Der Transistor besitzt eine Kanallänge von $L = 20\,\mu$m und eine Weite von $W = 45{,}1$ cm. Das Gate-Dielektrikum besteht aus 78 nm SiO_2. Als Substrat und Rückseiten-Gate-Elektrode dient p-Si ($N_A \approx 10^{15}\,\mathrm{cm}^{-3}$).

falls um selbstleitende n-Kanal-Transistoren. Obwohl die Gate-Source-Spannung wie bei den Aluminium-Drain-/Source-TFT im Bereich $-20\,\mathrm{V} \leq V_{GS} \leq +20\,\mathrm{V}$ gewählt wird, erfolgt die Messung mit einer geringen Drain-Source-Spannung von $0{,}1$ V. Da im Ausgangskennlinienfeld ein linearer Zusammenhang zwischen I_D und V_{DS} ersichtlich ist und dieser sich auch über den dargestellten Bereich hinaus fortsetzt, ist die Wahl der geringen Drain-Source-Spannung für die Strommodulation unerheblich. Für die Ladungsträgerbeweglichkeit hingegen bewirkt sie eine Verringerung des V_{GS}-Einflusses. Im initialen Durchlauf der Charakterisierungsmessung zeigt sich in der Transferkennlinie eine Grenzflächenaufladung wie sie im Abschnitt 5.2.1 beschrieben wurde. Wird die Schwellenspannung im steilen Teil der Rückwärtsmessung bestimmt, so dass eine Beeinflussung durch initiale Ladungseffekte vermieden wird, ergibt sich $V_{th} = -8{,}4$ V. Die Ladungsträgerbeweglichkeit für diesen Arbeitsbereich beträgt $\mu_{FE} = 2{,}2 \cdot 10^{-3}\,\mathrm{cm}^2(\mathrm{Vs})^{-1}$ und ist dementsprechend geringer als in Ti- bzw. Al-kontaktierten Dünnfilmtransistoren. Wider Erwarten ist das Sperrverhalten mit $I_{ON}/I_{OFF} = 28$ und $S = 23{,}7$ V/dek eher als mittelmäßig und qualitativ zwischen dem der Aluminium- und Titan-kontaktierten Transistoren einzustufen. Es wird insbesondere im Zusammenhang mit dem Anstieg aller Kennlinien im Ausgangskennlinienfeld vermutet, dass ähnlich wie bei Titan-Kontakten Grenzflächenzustände dafür sorgen, dass eine parasitäre Ladungsträgerinjektion stattfinden kann.

Im Vergleich aller drei untersuchten Metalle zeigt Aluminium die besten Eigenschaften als Kontaktmaterial für die Drain-/Source-Elektroden, obwohl es im All-

Tabelle 6.3: Übersicht über die elektrischen Transistorparameter der ZnO-NP-TFT im *Inverted Staggered*-Aufbau mit unterschiedlichen Drain-/Source-Kontaktmetallen. Die Rückseiten-Gate-Elektrode besteht aus p-Si ($N_A \approx 10^{15}\,\mathrm{cm}^{-3}$). Als Gate-Dielektrikum dient SiO_2 mit $\varepsilon_r = 3{,}9$.

D/S-Metall	t_i in nm	I_{ON}/I_{OFF}	V_{th} in V	μ_{FE} in $\mathrm{cm}^2(\mathrm{Vs})^{-1}$	S in V/dek
Ti	125	3,5	16,5	$2{,}3 \cdot 10^{-2}$	122
Al	53	$7 \cdot 10^3$	0,9	$5{,}5 \cdot 10^{-3}$	3,9
Au	78	28	$-8{,}4$	$2{,}2 \cdot 10^{-3}$	23,7

gemeinen ohmsche Kontakte zu Zinkoxid bildet. Es bietet ausreichende I_{ON}/I_{OFF}-Verhältnisse bei moderaten Ladungsträgerbeweglichkeiten. Titan hingegen ist als Kontaktmetall aufgrund seiner schlechten Sperreigenschaften für den Einsatz in ZnO-Nanopartikel-Dünnfilmtransistoren ungeeignet. Tabelle 6.3 zeigt die Transistorparameter als Übersicht.

Zur Klärung des Transistorverhaltens in Abhängigkeit von der Wahl des Drain- und Source-Metalls trägt die Bestimmung der Barrierenhöhen mittels des in Abschnitt 6.2 beschriebenen Verfahrens bei. Die an den Transistoren ermittelten Barrierenhöhen sind in Tabelle 6.4 den theoretischen und den Literaturwerten gegenübergestellt. Aluminium und Titan bilden zwar nahezu die selbe Barrierenhöhe zu ZnO-Nanopartikeln aus, die Barrierenhöhe liegt jedoch über den theoretischen Werten. Das extrem unterschiedliche Verhalten von Aluminium und Titan in den integrierten Transistoren lässt sich nicht mit der gemessenen Barrierenhöhe begründen, so dass die Hypothese einer erhöhten Grenzflächenzustandsdichte am Ti-ZnO-Übergang unterstützt wird. Gold zeigt im Kontakt mit Zinkoxid zwar ebenfalls ei-

Tabelle 6.4: Experimentell ermittelte Barrierenhöhen ϕ_{Bn} an Metall-ZnO-Übergängen im Vergleich zu Theorie und Literatur [ITY$^+$06, GGB$^+$04, CFH$^+$04, WKL$^+$04]

Metall	Experiment	Theorie	Literatur
Ti	0,426 eV	0,33 eV	—
Al	0,429 eV	0,28 eV	—
Au	0,649 eV	1,1 eV	0,59...0,71 eV

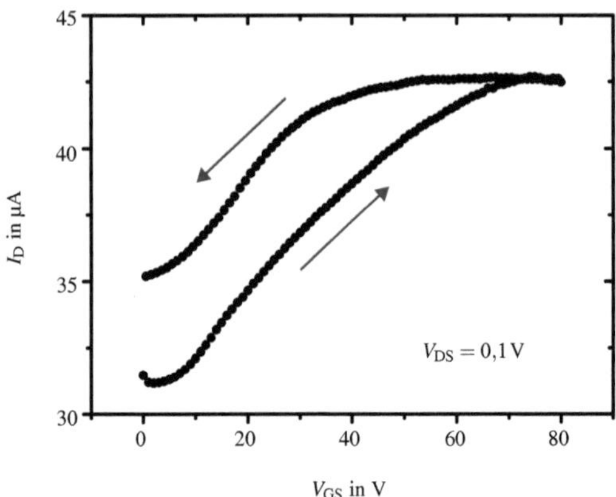

Abbildung 6.12: Transferkennlinie eines ZnO-NP-TFT im *Inverted Staggered*-Aufbau mit Titan-Drain-/Source-Elektroden (100 nm) nach einer nachträglichen Temperung bei 400°C für 2 h in N_2-Atmosphäre. Der Transistor besitzt eine Kanallänge von $L = 10\,\mu m$ und eine Weite von $W = 45\,cm$. Das Gate-Dielektrikum besteht aus 125 nm SiO_2. Als Substrat und Rückseiten-Gate-Elektrode dient p-Si ($N_A \approx 10^{15}\,cm^{-3}$).

ne von der Theorie abweichende Barrierenhöhe, die aber von der Literatur gestützt wird. Durch $\phi_{Bn}(Au) - \phi_{Bn}(Al) = 0{,}22\,eV$ und der damit verbundenen höheren thermischen Emission an Al-ZnO-Kontakten lässt sich ebenfalls der Unterschied der Transistor-Drain-Ströme um ca. drei Größenordnungen begründen.

Einfluss einer nachträglichen Temperung zur Beeinflussung der elektrischen Kontakteigenschaften am Beispiel von Titan-Elektroden

Kontakte aus Titan zeigen offensichtlich ein für Transistoren ungeeignetes Verhalten, sofern die Transistoren unmittelbar nach der abschließenden Strukturierung der Drain- und Source-Kontakte charakterisiert werden. Die Temperung von Transistoren und deren Kontakte ist eine oftmals erfolgreiche Methode, elektrische Kontakte im Nachhinein zu verbessern, da Grenzflächenstörstellen ausgeheilt und Kontaktwiderstände reduziert werden können. Daher werden die Dünnfilmtransistoren einer Temperung bei 400°C für zwei Stunden unterzogen. Die Temperung findet in Stickstoff-Atmosphäre statt, um eine mögliche Oxidation der Oberfläche zu elektrisch schlecht leitendem Titanoxid zu vermeiden. Eine Nitridierung des Titans tritt erst bei Temperaturen oberhalb von 800°C auf. Eine Reaktion des Titans mit Stickstoff in geringem Maße bei 400°C ist nicht hinderlich, da Titannitrid (TiN) in elektrischen Kontakten der Silizium-Halbleitertechnologie als Diffusionsbarriere eine gute Leitfähigkeit aufweist [Hil04]. Zusätzlich bewirkt die Temperaturbehandlung eine Verdrängung von adsorbierter Feuchtigkeit, so dass sich direkt nach der Temperung Proben ohne den Einfluss einer Wasserstoffionenleitung als Ursache möglicher Leckströme messen lassen.

Die Transferkennlinie in Abbildung 6.12 zeigt im Vergleich zum Zustand vor der Temperung qualitativ keine Veränderung. Die starke Hysterese lässt sich auch nach dem *Annealing* nicht durch $V_{\mathrm{GS}} < V_{\mathrm{th}}$ kompensieren. Quantitativ ist eine Verschiebung der Schwellenspannung auf $V_{\mathrm{th}} = 6{,}9\,\mathrm{V}$, eine weitere Reduktion der Strommodulation auf $I_{\mathrm{ON}}/I_{\mathrm{OFF}} = 1{,}37$ und ein sehr schlechter Anstieg des Drain-Stroms im Unterschwellenbereich von $S = 451\,\mathrm{V/dek}$ zu bemerken. Das ungenügende Sperrverhalten bedingt eine geringere Drain-Source-Spannung zur Messung der Transferkennlinie. Für höhere V_{DS} ist kein Transistorverhalten mehr festzustellen, da weder Kontakte noch das Halbleitergebiet eine Modulation zulassen. Die Temperung erbringt demnach keinerlei Vorteil. Lediglich die Ladungsträgerbeweglichkeit, wenn auch gegenüber vorher verringert, ist mit $\mu_{\mathrm{FE}} = 2{,}5 \cdot 10^{-3}\,\mathrm{cm^2(Vs)^{-1}}$ in einem Größenbereich, der auch für Gold- und Aluminiumkontakte ermittelt werden kann.

Einfluss eines Reinigungsprozesses zur Verbesserung der elektrischen Kontakteigenschaften mit Gold-Elektroden

Der Vergleich verschiedener Metalle als Drain-/Source-Elektroden zeigt, dass das Transistorverhalten vermutlich stark durch Energiezustände am Metall-Halbleiter-Übergang beeinflusst wird. Für Goldelektroden wird in der Literatur beschrieben, dass sich die Qualität der SCHOTTKY-Kontakte durch eine geeignete Reinigungsprozedur der Halbleiteroberfläche vor der Abscheidung des Metalls verbessern lässt. POLYAKOV ET AL. beschreiben in [PSK⁺03] den Effekt der Reinigung durch HNO_3- bzw. H_3PO_4-Ätzung und durch Spülen in organischen Substanzen (Aceton, Trichlorethan und Methanol). Die beste Wirkung zeigt die Spülung der Proben in organischen Lösungsmitteln. Für die in dieser Arbeit untersuchten TFT wird daher der folgende Reinigungsprozess vor der lithografischen Strukturierung des *Lift-off*-Lacks durchgeführt:

1. Reinigung in Aceton (3 min),

2. gründliches Spülen in VE-Wasser zur Entfernung des Aceton,

3. Reinigung in Isopropanol (3 min),

4. gründliches Spülen in VE-Wasser zur Entfernung des Isopropanols.

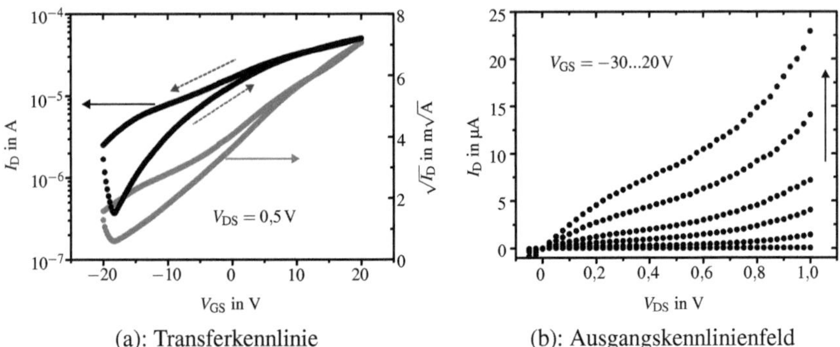

(a): Transferkennlinie (b): Ausgangskennlinienfeld

Abbildung 6.13: Kennlinien eines ZnO-NP-TFT im *Inverted Staggered*-Aufbau mit Gold-Drain-/Source-Elektroden (100 nm). Der Transistor besitzt eine Kanallänge von $L = 10\,\mu\mathrm{m}$ und eine Weite von $W = 45\,\mathrm{cm}$. Das Gate-Dielektrikum besteht aus 53 nm SiO_2. Als Substrat und Rückseiten-Gate-Elektrode dient p-Si ($N_\mathrm{A} \approx 10^{15}\,\mathrm{cm}^{-3}$). Vor der Abscheidung der Drain- und Source-Elektroden wurde ein Reinigungsschritt in Aceton und Isopropanol durchgeführt.

Eventuelle Verunreinigungen an den Kontaktflächen durch die nachfolgende Fototechnik werden toleriert. Nach dem *Lift-off*-Schritt in n-Methyl-2-Pyrrolidon und Aceton werden die Kennlinien in Abbildung 6.13 gemessen. Die Transferkennlinie enthält wie zuvor eine Verschiebung zwischen Vorwärts- und Rückwärtsmessrichtung. Die wesentlich niedrigere Schwellenspannung $V_\mathrm{th} = -15{,}5\,\mathrm{V}$ wird nicht ausschließlich einer Änderung der Kontakteigenschaften zugesprochen, sondern – wie an späterer Stelle erläutert – der Steuerung des Kanals durch das Drain-Potenzial, da die Transferkennlinie nun bei $V_\mathrm{DS} = 0{,}5\,\mathrm{V}$ gegenüber vorher mit $V_\mathrm{DS} = 0{,}1\,\mathrm{V}$ aufgenommen wird.

In der Tat zeigt sich am Verhalten des Transistors eine Verbesserung der Drain- und Source-Kontakte. Im Ausgangskennlinienfeld ist der Sättigungsbereich eindeutig ausgeprägt. Der Drain-Strom steigt in gereinigten Proben erst ab wesentlich höheren Drain-Source-Spannungen als in ungereinigten Transistoren überproportional an, was auf ein verbessertes Injektionsverhalten am Source-Kontakt hindeutet. Die Kennwerte der Strommodulation und des Subschwellenstromanstieges heben sich mit $I_\mathrm{ON}/I_\mathrm{OFF} = 474$ bzw. $S = 7\,\mathrm{V/dek}$ deutlich von den Transistoren mit ungereinigten ZnO-Schichten ab. Die Ladungsträgerbeweglichkeit nimmt nur minimal ab. Ob diese Abnahme durch ein verändertes Kontaktverhalten oder durch eine Exemplarstreuung verursacht wird, kann nicht festgestellt werden.

Tabelle 6.5: Vergleich der elektrischen Transistorparameter von ZnO-NP-TFT im *Inverted Staggered*-Aufbau mit und ohne Reinigungsprozess der Nanopartikelschicht. $L = 20\,\mu\mathrm{m}$, $W = 45{,}1\,\mathrm{cm}$ für die ungereinigte Probe, $L = 10\,\mu\mathrm{m}$, $W = 45\,\mathrm{cm}$ für die gereinigte Probe. Die Rückseiten-Gate-Elektrode besteht aus p-Si ($N_\mathrm{A} \approx 10^{15}\,\mathrm{cm}^{-3}$). Die Drain- und Source-Elektroden bestehen aus 100 nm Gold. Als Gate-Dielektrikum dient thermisch gewachsenes SiO_2 mit $\varepsilon_\mathrm{r} = 3{,}9$.

Reinigung	t_i in nm	$I_\mathrm{ON}/I_\mathrm{OFF}$	V_th in V	μ_FE in $\mathrm{cm}^2(\mathrm{Vs})^{-1}$	S in V/dek
nein	78	28	$-8{,}4$	$2{,}2 \cdot 10^{-3}$	23,7
ja	71	474	$-15{,}5$	$1{,}8 \cdot 10^{-3}$	7,0

Eine Reinigung der Halbleiterschicht mit Aceton und Isopropanol bewirkt eine Verbesserung des Transistorverhaltens, so dass auch Gold zur Drain-/Source-Kontaktierung in SB-*MOSFET* mit ZnO-Nanopartikeln geeignet ist. Zum Vergleich sind die elektrischen Transistorparameter der typischen Transistoren mit ungereinigten bzw. gereinigten Halbleiterfilmen in Tabelle 6.5 aufgeführt.

Einfluss der *Annealing*-Temperatur

Die Ladungsträgerbeweglichkeit in nanopartikulären Transistoren ist aufgrund der hohen Korngrenzendichte stark reduziert. Dieses ist der Grund, warum Nanopartikelfilme häufig einem *Annealing* zur Versinterung unterzogen werden. Um quantitative Aussagen treffen zu können, werden die Transistorparameter von ZnO-Nanopartikel-TFT mit Au-Drain-/Source-Elektroden in Abhängigkeit von der *Annealing*-Temperatur T_a untersucht. Eine statistische Aussage kann bislang nur bei $T_\mathrm{a} = 600\,°\mathrm{C}$ (10 Exemplare) und $T_\mathrm{a} = 800\,°\mathrm{C}$ (9 Exemplare) erreicht werden, da die Ausbeute funktionsfähiger Bauelemente bei geringeren Temperaturen nicht ausreichend ist. Einzelexemplare mit $T_\mathrm{a} < 600\,°\mathrm{C}$ zeigen als Anhaltspunkt Feldeffektladungsträgerbeweglichkeiten von $10^{-5} \leq \mu_\mathrm{FE} \leq 10^{-4}\,\mathrm{cm}^2(\mathrm{Vs})^{-1}$, Schwellenspannungen $V_\mathrm{th} < -20\,\mathrm{V}$ bzw. Strommodulation $1 < I_\mathrm{ON}/I_\mathrm{OFF} < 10^2$.

Die ermittelten Transistorparameter Schwellenspannung, Feldeffektladungsträgerbeweglichkeit und $I_\mathrm{ON}/I_\mathrm{OFF}$-Verhältnis sind als Häufigkeitsverteilung in Abbildung 6.14 dargestellt. Als Signifikanztest zur Überprüfung auf eine normalverteilte Grundgesamtheit dient der SHAPIRO-WILK-Test. Dieser Test zeichnet sich durch eine hohe Teststärke, insbesondere bei der Überprüfung von kleinen Stichproben ($3 \leq N \leq 50$) aus [SW65]. Demnach ist die Schwellenspannung normal-

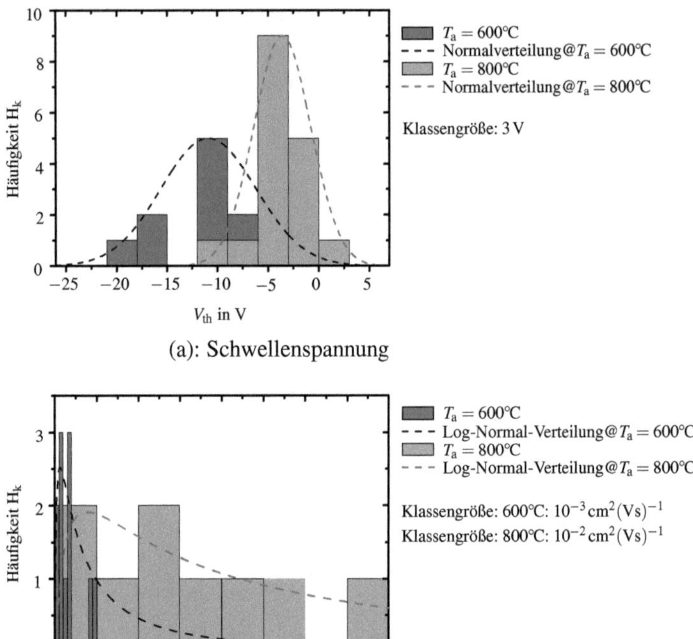

(a): Schwellenspannung

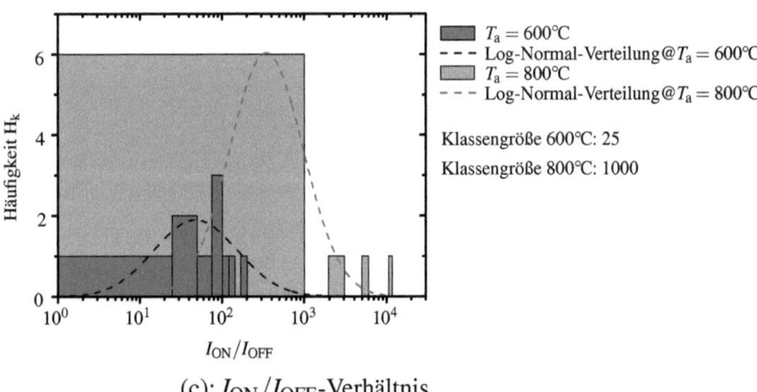

(b): Feldeffektladungsträgerbeweglichkeit

(c): I_{ON}/I_{OFF}-Verhältnis

Abbildung 6.14: Häufigkeitsverteilungen der Transistorparameter in ZnO-NP-TFT mit Au-Drain-/Source-Elektroden

verteilt und sowohl die Ladungsträgerbeweglichkeit und die Strommodulation als Stichproben mit ausschließlich positiven Werten logarithmisch normalverteilt[4].

Alle Transistorparameter zeigen eine Abhängigkeit von der *Annealing*-Temperatur. Die Schwellenspannung lässt sich mit erhöhtem T_a anheben, da Oberflächenzustände ausgeheilt werden. An den Grenzflächen zwischen Metall und Halbleiter wird daher ein Ladungsträgertransport durch die Barriere über Störstellenmechanismen (z. B. FRENKEL-POOLE-Effekt oder FOWLER-NORDHEIM-Tunneleffekt) verringert. Infolgedessen ist die benötigte Gate-Spannung zur Sperrung des Transistors betragsmäßig geringer, d. h. die Schwellenspannung steigt. Zusätzlich findet während des *Annealings* eine Absättigung von Sauerstofffehlstellen mit Sauerstoffatomen statt, so dass die halbleitenden Eigenschaften des Zinkoxids und damit auch die Steuerung des Transistors durch Ladungsträgerakkumulation verbessert werden [LJJ+08].

Der ursprüngliche Grund für die Temperung in Sauerstoffatmosphäre ist die Verbesserung der Ladungsträgermobilität. Diese lässt sich im Mittel durch die Erhöhung der *Annealing*-Temperatur um 200 K auf insgesamt 800°C um ca. eine Größenordnung erhöhen. Wird eine Ladungsträgerbeweglichkeit von $10^{-5} \leq \mu \leq 10^{-4}\,\mathrm{cm^2(Vs)^{-1}}$ als Referenz angenommen, wie sie für Transistoren bei sehr niedrigen *Annealing*-Temperaturen gemessen wird, so beträgt die Verbesserung bereits zwei bis drei Größenordnungen. Während die Gruppe der Transistoren mit $T_a = 600°C$ kein Exemplar mit einer Beweglichkeit größer als $10^{-2}\,\mathrm{cm^2(Vs)^{-1}}$ aufweist, werden in einzelnen Bauelementen der 800°C-Gruppe Feldeffektbeweglichkeiten von bis zu $0{,}1\,\mathrm{cm^2(Vs)^{-1}}$ gemessen. Als Ursache für die Steigerung gilt nicht nur die Reduktion der Korngrenzendichte, sondern auch die Verringerung der Dichte tiefer Störstellenzustände [EKR08, IPG+05].

Durch die Nachbesetzung von Fehlstellen im Kristall mit Sauerstoff während der Temperung wird die Dichte freier Ladungsträger im ZnO abgesenkt. Zudem bewirkt die Temperung – wie bereits im Zusammenhang mit der Schwellenspannungsanhebung beschrieben – die Verbesserung der Grenzflächeneigenschaften zwischen Metall und Halbleiter und damit die Verringerung einer parasitären Ladungsträgerinjektion durch Störstellen am Kontakt. Beide Effekte tragen zu einer Steigerung der Strommodulation bei, die sich im untersuchten Fall im Mittel um eine Größenordnung, in Einzelfällen sogar um bis zu zwei Größenordnungen steigern lässt. Somit sind in den vorgestellten Dünnfilmtransistoren I_{ON}/I_{OFF}-Verhältnisse von über 10^4 zu beobachten.

Insgesamt lässt sich feststellen, dass ein *Annealing* in Sauerstoffatmosphäre positiven Einfluss auf die Transistorparameter nimmt, auch wenn die Exemplarstreu-

---

[4]Als Signifikanzniveau wurde der übliche Wert von 0,05 verwendet [Sti08], so dass für die Prüfgröße ein kritischer Wert von 0,829 für $N = 9$ bzw. 0,842 für $N = 10$ gilt [SW65].

ung der Kennwerte nicht unerheblich ist. Nachteilig ist jedoch die Tatsache, dass eine Temperung nicht mit jedem Substratmaterial durchgeführt werden kann. So liegt die maximale tolerierbare Prozesstemperatur für Glassubstrate im Bereich von 525°C bis 715°C und für die Kunststoffsubstrate PET, PEN[5] und PP[6] unter 200°C [Mac06, Syn09, Car95]. Polyimid gilt bei den Kunststoffsubstraten als Ausnahme, da es kurzeitig Temperaturen von bis zu 400°C standhält [HHH04]. Sofern eine Temperung nicht möglich ist, müssen schlechtere Transistorparameter toleriert oder alternative Maßnahmen ergriffen werden. Für *Inverted Staggered*-Bauformen bietet sich insbesondere die Reduktion der Rauheit der Halbleiterschicht an [OMNH08, BNMH09].

Feldabhängigkeit der Transistorparameter und Pseudo-Kurzkanaleffekte

Werden die Transistorparameter statistisch betrachtet, fällt unweigerlich die relativ große Standardabweichung der Häufigkeitsverteilungen auf. Einerseits liegt diese an einer derzeit nicht vermeidbaren Exemplarstreuung (z. B. inhomogene Eigenschaften von Ober- bzw. Grenzflächen), andererseits werden die Kennlinien in Messspannungsbereichen charakterisiert, die auf die jeweiligen Bauelemente angepasst sind. Mit den unterschiedlichen Kanallängen der vermessenen Transistoren existieren in den Halbleiterschichten demnach unterschiedlich starke elektrische Feldstärken. Die Transistorparameter in SB-*MOSFET* sind im Allgemeinen gegenüber der elektrischen Feldstärke sehr empfindlich, da die Eigenschaften der Drain- und Source-Kontakte von der Spannung V_{DS} abhängen. Wird die Barriere näherungsweise mit einem dreiecksförmigen Verlauf angenähert [siehe Abbildung 6.15], ist die Barrierenweite durch

$$W_{\phi_{Bn}}(\mathcal{E}) = \frac{L\phi_{Bn}(\mathcal{E})}{V_{DS}} = \frac{\phi_{Bn}(\mathcal{E})}{\mathcal{E}} \tag{6.3}$$

gegeben. Der Ladungsträgerfluss über bzw. durch den in Sperrrichtung gepolten SCHOTTKY-Kontakt und als Folge auch dessen Kontaktwiderstand sind Funktionen der elektrischen Feldstärke:

$$J = J\big(\phi_{Bn}(\mathcal{E}), W_{\phi_{Bn}}(\mathcal{E})\big) \quad \text{und} \quad \rho_{R,c} = \rho_{R,c}\big(\phi_{Bn}(\mathcal{E}), W_{\phi_{Bn}}(\mathcal{E})\big). \tag{6.4}$$

Im Folgenden werden die Feldabhängigkeiten der Schwellenspannung und der Feldeffektladungsträgerbeweglichkeit am Beispiel Al-kontaktierter ZnO-Nanopartikel-TFT analysiert und modelliert. Die Stichprobenmenge besteht aus

---

[5]PolyEthylenNaphthalat
[6]PolyPropylen

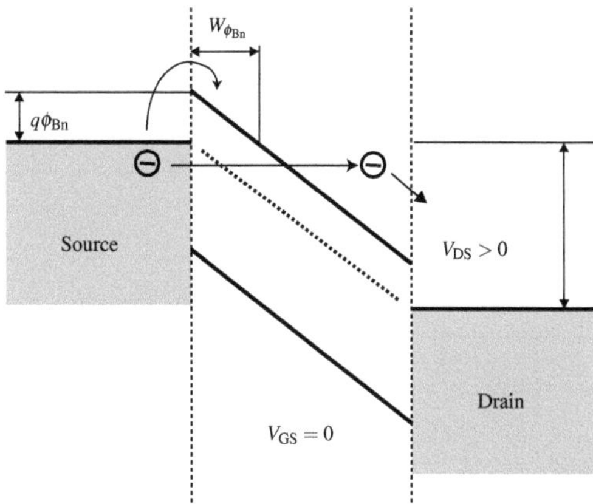

Abbildung 6.15: Banddiagramm eines SB-*MOSFET* und Abhängigkeit der Barrierenweite von der Drain-Source-Spannung

29 Transistoren mit Kanallängen von 5 µm, 10 µm und 20 µm. Um die Abhängigkeit der Schwellenspannung vom elektrischen Feld zu ermitteln, wird entgegen der Standardmethode, die auf der Auswertung der Transferkennlinie bei verschiedenen V_{DS} beruht, die Häufigkeitsverteilung der Schwellenspannung in Abbildung 6.16a aufgetragen. Wie an späterer Stelle in Abschnitt 6.6.2 noch gezeigt wird, ist dieses Vorgehen angemessen, da die Schwellenspannung unter anderem vom vorherigen V_{GS}- und V_{DS}-Verlauf abhängt. Eine statistische Betrachtung der Häufigkeitsverteilung bzw. der Mittelwerte kompensiert diesen Einfluss zumindest teilweise. Es ist eindeutig zu erkennen, dass der Mittelwert der Schwellenspannung mit steigender Feldstärke zwischen den Drain- und Source-Elektroden abfällt. Dieses Phänomen tritt in konventionellen *MOSFET* als Kurzkanaleffekt *DIBL* auf [Sze81]. Bei Auftreten des *DIBL*-Effekts erzeugt das Drainpotenzial bereits teilweise eine Anlagerung von Minoritätsladungsträgern im Kanal, so dass ein geringeres Gate-Potenzial angelegt werden muss, um eine vollständige Inversionsschicht zu erreichen. In den hier vorgestellten Transistoren findet zwar kein Schaltmechanismus durch die Bildung einer Inversionsschicht statt, doch nimmt das Drainpotenzial Einfluss auf den sperrenden Source-Kontakt, so dass die Schwellenspannung reduziert wird. Das Transistorverhalten erscheint so, als unterläge es dem *DIBL*-Effekt. Zur Unterscheidung wird dieser Effekt im Folgenden *drain induced threshold lowering* (*DITL*) genannt und als Pseudo-Kurzkanaleffekt bezeichnet, da er offensichtlich auch in Langkanaltransistoren auftritt. Zur näheren Erläuterung des *DITL*-Effekts wird Abbildung 6.17 herangezo-

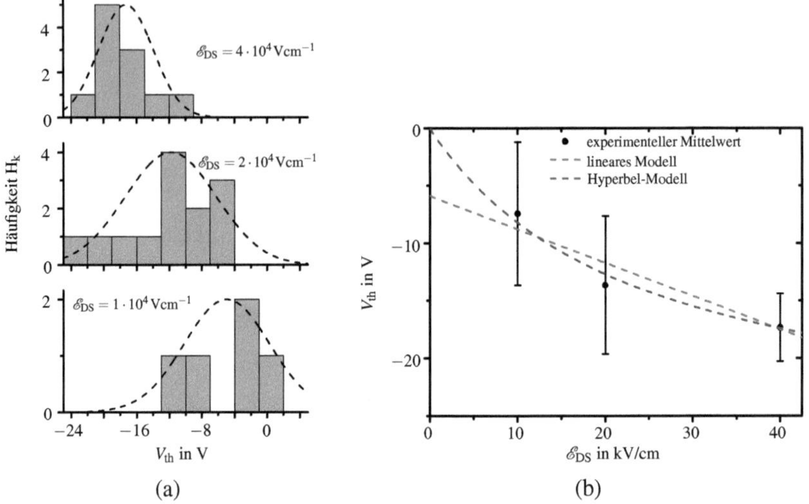

Abbildung 6.16: Verteilung der Schwellenspannung und ihre Abhängigkeit von der Drain-Source-Feldstärke. (a) Häufigkeitsverteilungen, (b) Abhängigkeit der Schwellenspannung von der elektrischen Feldstärke

gen. Sei $W_{\phi_{Bn},\mathrm{sperr}}$ die Barrierenweite, die idealerweise ausreichend ist, um eine Durchtunnelung der Barriere zu unterbinden und den Transistor zu sperren; dann ist φ_{sperr} das Potenzial, welches an der Stelle $x = W_{\phi_{Bn},\mathrm{sperr}}$ existieren muss, um den Transistor zu sperren. Die Energie der Leitungsbandkante an dieser Stelle muss demnach im Sperrbetrieb mindestens $q\varphi_{\mathrm{sperr}}$ betragen. Liegt als Drain/Source-Spannung V_{DS1} an, so muss durch eine negative Gate-Spannung die Energiedifferenz $qV_{th}(V_{DS1})$ erreicht werden. Die Bandverbiegung im Leitungsband, die durch das Gate-Potenzial bewirkt wird, ist exemplarisch als gestrichelte, graue Bandkante eingezeichnet. Für eine höhere Drain/Source-Spannung $V_{DS2} > V_{DS1}$ verschiebt sich das zur Sperrung notwendige Gate-Potenzial (also die Schwellenspannung) weiter in den negativen Bereich. Die Mittelwerte der Schwellenspannungen sind in Abhängigkeit von der longitudinalen Feldstärke im Diagramm der Abbildung 6.16b aufgetragen. In der Literatur wird für den *DIBL*-Effekt ein linearer Zusammenhang zwischen Schwellenspannung und Drain-Source-Spannung beschrieben [Aro07]. Wird diese Abhängigkeit auf den *DITL*-Effekt übertragen, so lässt er sich mit

$$\hat{V}_{t,\mathrm{lin}} = V_{t0} + \frac{\delta}{L} V_{DS} \tag{6.5}$$

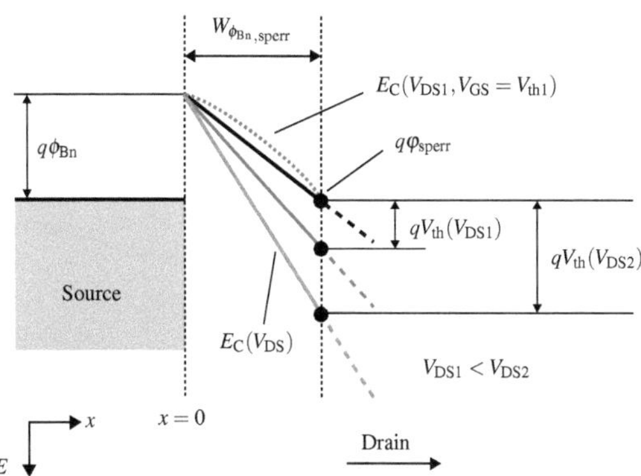

Abbildung 6.17: Vereinfachtes Bändermodell des Source-Kontakts in Abhängigkeit der Drain-Source-Spannung V_{DS}

approximieren, wobei V_{t0} die Schwellenspannung für $V_{DS} = 0\,\mathrm{V}$ und δ die Steigung sind. Der lineare Zusammenhang ergibt sich unweigerlich aus Abbildung 6.17, da sich dort eine Änderung der Drain-Source-Spannung proportional auf das Potenzial an der Stelle $W_{\phi_{Bn},sperr}$ auswirkt. Die Grafik in Abbildung 6.16b zeigt jedoch, dass das lineare Modell nur einen Kompromiss zwischen Einfachheit und Genauigkeit darstellt. Die durch das Gate-Potenzial hervorgerufene Bandverbiegung bewirkt einen nicht linearen Zusammenhang zwischen V_{th} und V_{DS}. Wird eine Abhängigkeit mit einer Hyperbel als Verlauf angenommen, stimmen die Messwerte mit dem Kurvenverlauf wesentlich besser überein. Die Modellgleichung lautet

$$\hat{V}_{t,hyp} = \frac{\alpha V_{DS}}{\beta L + V_{DS}} + \eta \qquad (6.6)$$

mit α, β und η als bauelement- und messumgebungsabhhängige Konstanten. An dieser Stelle unterscheidet sich folglich der beobachtete *DITL*-Effekt in SB-*MOSFET* vom *DIBL*-Effekt in konventionellen Kurzkanaltransistoren. Letztendlich wirkt sich die unterschiedliche Abhängigkeit nur geringfügig auf den Kennlinienverlauf aus. Die modellierten Kennlinien in Abbildung 6.18 zeigen die Ausgangskennlinienfelder unter Anwendung des linearen Modells nach Gleichung (6.5), des Hyperbel-Modells nach Gleichung (6.6) und der SHOCKLEY-Gleichungen als Standard-Transistormodell. Zur Wahrung der Verhältnismäßigkeit sind die Kennlinien im Verhältnis der V_{th}-V_{DS}-Charakteristik in Abbildung 6.16b gewählt, wobei die konstante Schwellenspannung für das SHOCKLEY-Modell als arithmetischer Mittelwert der drei experimentellen Schwellenspannungswerte ver-

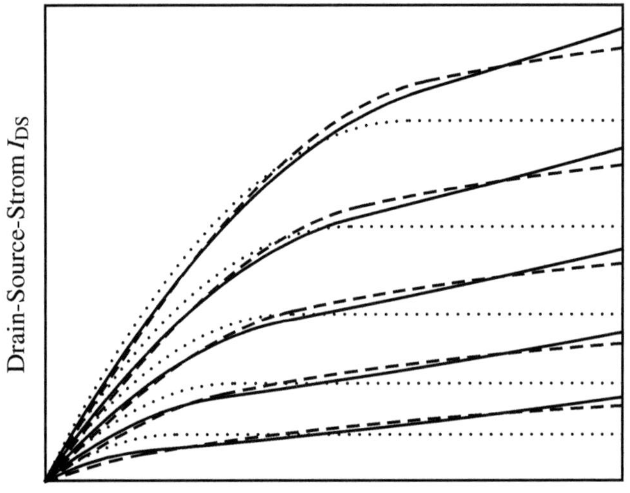

Abbildung 6.18: Vergleich der Modelle zum *DITL*-Effekt

wendet wird. Es zeigt sich, dass im Anlaufbereich beide Modelle einen flacheren Kennlinienverlauf als das SHOCKLEY-Modell ausbilden. Dieser relativ flache Verlauf kann auch in Experimenten beobachtet werden. Die Abweichung zwischem dem linearen und dem Hyperbel-Modell ist nur geringfügig. Im Sättigungsbereich tritt ein weiterer Anstieg des Drain-Stroms auf. Dieser Effekt darf nicht mit dem ambipolaren Ladungsträgertransport verwechselt werden. Der Anstieg wird allein durch den weiteren Schwellenspannungsabfall mit steigenden Drain-Source-Feldern verursacht. Zunächst ist auch hier die Abweichung beider Modelle voneinander unerheblich. Sinnvollerweise sättigt das Hyperbel-Modell den Drain-Strom für sehr hohe V_{DS} aymptotisch ab, da die Änderung der Barrierenweite für hohe Drain-Potenziale abnimmt. Das lineare Modell weist diese Eigenschaft nicht auf, was theoretisch zu einem unlimitierten, aber von der Gate-Elektrode immer noch steuerbaren Drain-Stromanstieg führt. In der konventionellen *MOSFET*-Technik führt die Anhebung der Drain-Source-Spannung in *DIBL*-betroffenen Bauelementen unweigerlich in einen Bereich, der durch den *Punch-through*-Effekt dominiert wird, so dass der Transistor seine Gate-Steuerbarkeit verliert [Sze81].

Ebenso wie die Schwellenspannung zeigt auch die Feldeffektladungsträgerbeweglichkeit eine Abhängigkeit von dem lateralen elektrischen Feld im Kanal [siehe Abbildung 6.19a]. Wird die Häufigkeitsverteilung in Abhängigkeit von der Feldstärke aufgetragen, so lässt sich der Zusammenhang offensichtlich in linearer Weise beschreiben [siehe Abbildung 6.16b]. Die Modellgleichung lautet somit

$$\hat{\mu}_{FE} = \mu_{FE0} + \frac{\gamma}{L}V_{DS}, \tag{6.7}$$

mit μ_{FE0} als Feldeffektladungsträgerbeweglichkeit ohne Einfluss des lateralen, elektrischen Felds und γ als Steigung. Die Ursache des Anstiegs liegt vermutlich einerseits an der Eigenschaft, dass die Barrierenweiten der Metall-Halbleiter-Kontakte und damit auch die Kontaktwiderstände stark spannungsabhängig sind; andererseits ist der Effekt in einem gewissen Maß der ambipolaren Ladungsträgerinjektion zuzurechnen[7].

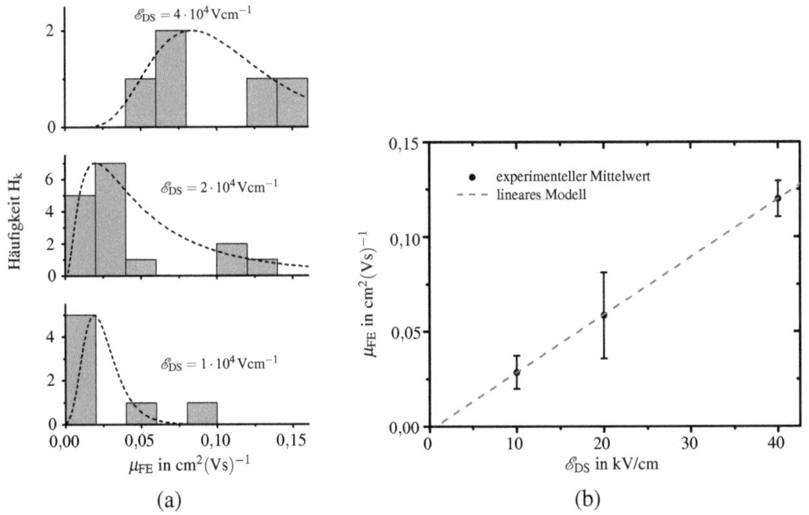

Abbildung 6.19: Verteilung der Feldeffektladungsträgerbeweglichkeit und ihre Abhängigkeit von der Drain-Source-Feldstärke. (a) Häufigkeitsverteilungen, (b) Abhängigkeit der Mobilität von der elektrischen Feldstärke

---

[7]Die Feldeffektladungsträgerbeweglichkeit stellt lediglich einen Effektivwert dar, der aus der Überlagerung der Ströme beider Ladungsträgerarten ermittelt wird. Eine Unterscheidung zwischen Löcher- und Elektronenbeweglichkeit ist anhand dieser Größe nicht möglich.

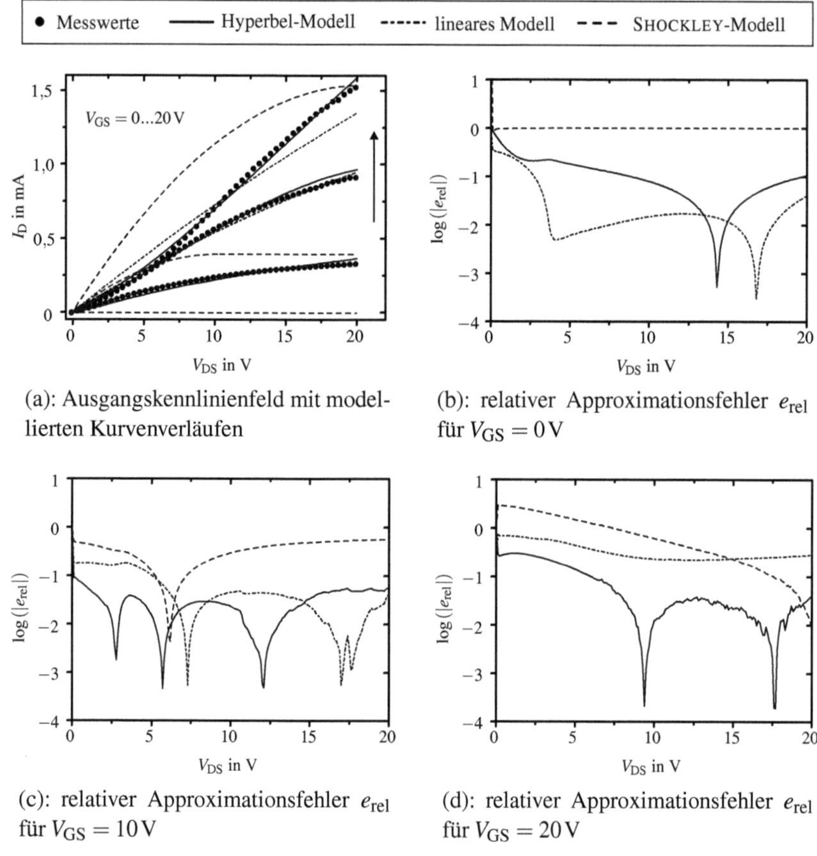

(a): Ausgangskennlinienfeld mit modellierten Kurvenverläufen

(b): relativer Approximationsfehler e_{rel} für $V_{GS} = 0\,V$

(c): relativer Approximationsfehler e_{rel} für $V_{GS} = 10\,V$

(d): relativer Approximationsfehler e_{rel} für $V_{GS} = 20\,V$

Abbildung 6.20: Ausgangskennlinienfelder der Kennlinienmodelle im Vergleich und deren relative Approximationsfehler[8] zum Transistor aus Abbildung 6.10

Dem Anstieg der Ladungsträgermobilität durch die Spannung V_{DS} wirkt die Mobilitätsreduktion durch den Einfluss des Gate-Potenzials entgegen. Durch die Ladungsträgerakkumulation treten vermehrt Streuereignisse von Ladungsträgern am Gitter und untereinander auf. Die Abhängigkeit wird mit Gleichung (3.13) beschrieben [Fu82]. In Nanopartikelbauelementen wird dieser Effekt durch die Ansammlung von Ladungsträgern in den Halbsphären grenzflächenna-

---

[8]Der verwendete relative Approximationsfehler wird zu $e_{rel} = \dfrac{\hat{I}_D - I_D}{I_D}$ berechnet.

her Nanopartikel bzw. durch die Rauheit der Nanopartikelschicht verstärkt [OM-NH08,BNMH09]. Wird angenommen, dass die Abhängigkeiten der Beweglichkeit von V_{GS} und V_{DS} nicht zusammenhängen, kann Gleichung (3.13) einschließlich der Annahme einer Feldabhängigkeit der Schwellenspannung zu

$$\hat{\mu}_{FE} = \frac{\mu_{FE0} + \dfrac{\gamma}{L} V_{DS}}{1 + \theta \left[V_{GS} - \hat{V}_{th} \right]}$$ (6.8)

erweitert werden.

Abbildung 6.20a zeigt den Vergleich der Ausgangskennlinienfelder, modelliert nach dem linearen und dem Hyperbel-Modell der Schwellenspannungsabhängigkeit sowie die Kennlinien nach den SHOCKLEY-Gleichungen. Als Referenzbauelement wird der Transistor aus Abbildung 6.10 und seine Strom-Spannungs-Charakteristik herangezogen. Die Wahl der Modellparameter orientiert sich an den Graphen der Abbildungen 6.16b und 6.19b. Da die Verteilungen der Transistorparameter, aus denen die Modelle entwickelt werden, einer statistischen Streuung unterliegen, müssen die Modellparameter individuell an den Transistor angepasst werden. Die Kennlinien des Hyperbel-Modells beinhalten auch die laterale Feldabhängigkeit der Mobilität im Triodenbereich des Transistor, so dass die Modellgleichungen durch Einsetzen der Gleichungen (6.6) und (6.8) in die Gleichungen (3.5a) und (3.5b) berechnet werden können. Für das lineare Modell ergibt sich der Drain-Strom durch Einsetzen der Gleichungen (6.5) und (6.7) in die Gleichungen (3.5a) und (3.5b), wobei der Wert γ gleich Null gesetzt wird und damit die Abhängigkeit der Ladungsträgermobilität von der Drain-Source-Spannung abgestellt wird. Die Parameter der SHOCKLEY-Gleichungen werden nach den Standardverfahren aus der Transferkennlinie extrahiert. Anhand der Ausgangskennlinienfelder ist zu bemerken, dass die beiden vorgestellten Modelle das reale Verhalten des Transistors wesentlich besser approximieren als die SHOCKLEY-Gleichung mit konstanten Transistorkennwerten. Deutliche Unterschiede zwischen dem linearen Modell und dem Hyperbel-Modell sind jedoch in Abhängigkeit von der Gate-Source-Spannung zu bemerken. Das lineare Modell scheint insbesondere für niedrige V_{GS} geeignet zu sein [siehe Abbildung 6.20b], da – obwohl der Parameter γ im linearen Modell zu Null gesetzt wird, d. h. die Steigerung der Mobilität mit größerem V_{DS} abgestellt wird – eine bessere Überdeckung der Kennlinien erreicht wird. Für hohe V_{GS} hingegen erscheint das Hyperbel-Modell geeigneter [siehe Abbildungen 6.20c und 6.20d]. Die getrennte Wahl der Modellparameter des Hyperbel-Modells nach Betriebsbereichen des Transistors ist notwendig, weil offensichtlich die Annahme der Unabhängigkeit der transversalen und lateralen Feldkomponenten für die Herleitung der Gleichung (6.8) nicht ohne Einschränkung gültig ist.

Insbesondere für niedrige Gate-Source-Spannung scheint eine Korrelation zu existieren. Das Modell berücksichtigt ebenfalls nicht die Korrelation zwischen Schwellenspannung und Ladungsträgerbeweglichkeit. Wie in Abbildung 6.21 dargestellt, besteht ein Zusammenhang zwischen beiden Größen. Der Korrelationskoeffizient nach PEARSON mit

$$\mathrm{Korr}(V_{\mathrm{th}}, \mu_{\mathrm{FE}}) = \frac{\mathrm{Cov}(V_{\mathrm{th}}, \mu_{\mathrm{FE}})}{\sqrt{\mathrm{Var}(V_{\mathrm{th}})} \cdot \sqrt{\mathrm{Var}(\mu_{\mathrm{FE}})}} \tag{6.9}$$

bestätigt immerhin mit einem Wert von $-0{,}58$ eine schwache Korrelation [HEK05]. Auffällig ist, dass oberhalb der eingezeichneten Gerade keine Wertepaare gefunden werden, so dass davon ausgegangen wird, dass eine obere Schranke existiert und beide Parameter nicht unabhängig voneinander eingestellt werden können. Dieses ist in Übereinstimmung mit der physikalischen Vorstellung des Transistors: hohe Kontaktwiderstände bedeuten eine geringe Ladungsträgerinjektionsrate, so dass die Schwellenspannung hoch ist. In Folge des Kontaktwiderstands sinkt aber die Feldeffektladungsträgerbeweglichkeit.

6.3.3 Bewertung der Dünnfilmtransistoren

Durch die Integration und Analyse von ZnO-NP-TFT in der *Inverted Staggered*-Bauform mit Rückseiten-Gate-Elektrode können sowohl Rückschlüsse auf die

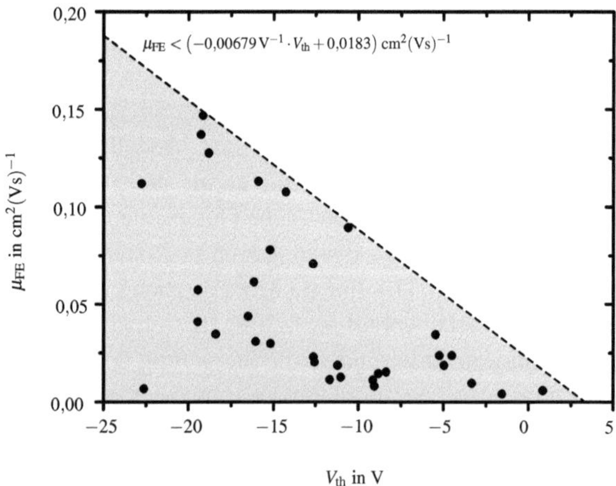

Abbildung 6.21: Korrelation der ermittelten Feldeffektmobilität mit der Schwellenspannung in ZnO-NP-TFT mit Al-Drain-/Source-Elektroden

Kontakteigenschaften als auch auf die Auswirkungen der Oberflächenreinigung des Halbleiters und der *Annealing*-Temperatur geschlossen werden. Es zeigt sich, dass sowohl Aluminium-Kontakte als auch Gold-Kontakte geeignet sind, um leistungsfähige Transistoren zu integrieren. Die hohe Ausbeute an funktionsfähigen Bauelementen ermöglicht statistische Aussagen über das Transistorverhalten. In Langkanal-FET mit halbleitendem ZnO tritt eine draininduzierte Schwellenspannungsabsenkung (*DITL*) als Pseudo-Kurzkanaleffekt auf. Weiterhin ist die Zunahme der Feldeffektladungsträgerbeweglichkeit mit steigender Drain-Source-Spannung zu beobachten. Die SHOCKLEY-Gleichungen beschreiben daher das Transistorverhalten nicht mehr in ausreichender Weise. Mit dem vorgestellten semi-empirischen Modell lassen sich die Kennlinienverläufe jedoch, einschließlich einer gate-induzierten Mobilitätsdegradation, in hinreichender Weise modellieren.

Die in dieser Arbeit vorgestellten Transistoren zeigen, verglichen mit Veröffentlichungen in der Fachliteratur, eine gute Leistungsfähigkeit. So berichten LEE ET AL. Ladungsträgerbeweglichkeiten von $\mu_{FE} = 4 \cdot 10^{-4} \, \text{cm}^2(\text{Vs})^{-1}$ in [LJJ$^+$08] und $\mu_{FE} = 2 \cdot 10^{-3} \, \text{cm}^2(\text{Vs})^{-1}$ in [LJK$^+$07]. Die *Annealing*-Bedingungen werden mit $T_a = 600°C$ für fünf Stunden in O_2-Atmosphäre angegeben. Die Strommodulationen betragen ca. 10^2 bzw. $3 \cdot 10^3$. Ein deutlicher Unterschied zu den Transistoren in [LJJ$^+$08] und [LJK$^+$07] ist die Lage der Schwellenspannung. Während für die einen Transistoren eine Schicht aus 50 nm Gold verwendet wird [LJJ$^+$08], besteht in [LJK$^+$07] die Kontaktierung aus 1 nm Chrom und 49 nm Gold. Für den ersten Fall wird eine Schwellenspannung $V_{th} =$

Tabelle 6.6: Vergleichende Übersicht über Transistorparameter aus der Literatur und den eigenen Arbeiten

Quelle	D/S	T_a	V_{th} in V	μ_{FE} in $\text{cm}^2(\text{Vs})^{-1}$	I_{ON}/I_{OFF}
LEE ET AL. [LJK$^+$07]	Au	600°C	−9,0	$4 \cdot 10^{-4}$	$1 \cdot 10^2$
LEE ET AL. [LJJ$^+$08]	Au	600°C	31,0	$2 \cdot 10^{-3}$	$3 \cdot 10^3$
OKAMURA ET AL. [OMNH08]	Al	150°C	49,7	$8,4 \cdot 10^{-3}$	$3,8 \cdot 10^4$
BUBEL ET AL. [BNMH09]	Al	150°C	60,0	$2 \cdot 10^{-3}$	$1 \cdot 10^2$
MECHAU ET AL. [MBNH10]	Al	150°C	65,0	$< 2 \cdot 10^{-3}$	$1 \cdot 10^3$
vorliegende Arbeit	Au	600°C	−6,0	$1,0 \cdot 10^{-2}$	$1 \cdot 10^2$
vorliegende Arbeit	Al	600°C	−11,0	$1,3 \cdot 10^{-2}$	$1,2 \cdot 10^4$

$-9\,$V angegeben, die konsistent mit den Schwellenspannungen der vorgestellten Verarmungstyp-Transistoren ist; im zweiten Fall beträgt die Schwellenspannung $31\,$V, so dass der Transistor selbstsperrend ist. OKAMURA ET AL. untersuchen in [OMNH08] den Einfluss der Grenzflächenrauheit zwischen der ZnO-Nanopartikelschicht und dem Gate-Dielektrikum. Die bei einer maximalen Temperatur von 150°C prozessierten und mit Aluminium kontaktierten Transistoren zeigen demnach höhere Mobilitäten für glattere Grenzflächen, wobei die Reduktion der Rauheit durch höhere Dispergierzeiten und damit kleineren Partikeln erreicht wird. Die ermittelte Ladungsträgerbeweglichkeit und Strommodulation betragen $\mu_{\text{FE}} = 8{,}4 \cdot 10^{-3}\,\text{cm}^2(\text{Vs})^{-1}$ und $I_{\text{ON}}/I_{\text{OFF}} = 3{,}8 \cdot 10^3$ bei einer Schwellenspannung $V_{\text{th}} = 49{,}7\,$V. Hierauf aufbauend demonstrieren sowohl BUBEL ET AL. in [BNMH09] als auch MECHAU ET AL. in [MBNH10], dass die Mobilitätssteigerung durch Rauheitsreduktion ebenfalls mittels Zugabe von Dispergierstabilisatoren bewirkt werden kann. Dennoch übertrifft weder die Feldeffektladungsträgerbeweglichkeit bei BUBEL ET AL. noch bei MECHAU ET AL. einen Wert von $\mu_{\text{FE}} = 2 \cdot 10^{-3}\,\text{cm}^2(\text{Vs})^{-1}$ nicht. Zur Übersicht ist in Tabelle 6.6 ein Vergleich der Parameter der in dieser Arbeit vorgestellten Transistoren mit ausgewählten Bauelementen aus der Literatur aufgeführt.

6.4 Einzelpartikeltransistoren mit Rückseiten-Gate-Elektrode

Um auch mit ZnO-Nanopartikeln eine Steigerung der Ladungsträgerbeweglichkeit zu erreichen, wird wiederum eine Reduktion der Dichte der interpartikulären Grenzflächen vorgenommen. Die Integrationstechniken zur Herstellung der Einzelpartikeltransistoren, die Vorteile, Nachteile und allgemeinen Problematiken (z. B. der mangelhaft reproduzierbare Partikeleintrag in nanoskalige Zwischenräume) können von den Silizium-Einzelpartikeltransistoren prinzipiell übertragen werden. Die im Folgenden vorgestellten Einzelpartikelbauelemente werden ausschließlich mit Aluminium kontaktiert, da dieses aufgrund seiner Haftungseigenschaften in besonderem Maße für den Einsatz in der verwendeten Kantenabscheidungstechnik geeignet ist.

Ein Vergleich mit Berichten aus der Literatur ist nicht möglich, da entsprechende Veröffentlichungen über Kurzkanal- oder Einzelpartikeltransistoren mit Zinkoxid bzw. Zinkoxid-Nanopartikeln nicht bekannt sind.

6.4.1 *Inverted Coplanar*-Architektur

Elektrische Transistorparameter

Typische Kennlinien sind in den Abbildungen 6.22 und 6.23 dargestellt. Beide Transistoren befinden sich auf dem selben Wafer, zeigen jedoch unterschiedliche Qualitäten im Ausgangskennlinienfeld. Das Auftreten verschiedener Kennlinienverläufe im Zusammenhang mit ZnO-Nanopartikel-Dünnfilmtransistoren wurde bereits in Abschnitt 6.3.2 beobachtet. Während im Ausgangskennlinienfeld des Kennlinientyps I die Drain-Source-Spannung eine Schwelle übersteigen muss, um einen Drain-Strom hervorzurufen, ist im Kennlinientyp II ein sofortiger Drain-Stromanstieg für $V_{DS} > 0\,V$ zu verzeichnen. Die Ursache für die Existenz derart verschiedener Verläufe liegt vermutlich in einer sehr verschiedenen Anordnung der Partikel innerhalb des Nanograbens bzw. in einem Unterschied der elektrisch aktiven Störstellen. Festzustellen sind weiterhin starke Ähnlichkeiten der Charakteristiken der *Inverted Coplanar*-EPT zu den in Abschnitt 6.3.1 beschriebenen *Inverted Coplanar*-TFT. Die I_D-V_{DS}-Charakteristiken des Kennlinientyps I und der Dünnfilmtransistoren ähneln sich, einschließlich des überschwingenden Drain-Stroms, sehr stark. Der Kennlinienverlauf erscheint typisch für diese Bauart. Das Überschwingen des Drain-Strom wird nicht durch den GUNN-Effekt verursacht, da das nächste Seitental mit einer Energiedifferenz von $3\,eV$ ungünstig liegt. Wahrscheinlicher ist ein Aufladungseffekt grenzflächennaher Defektstellen

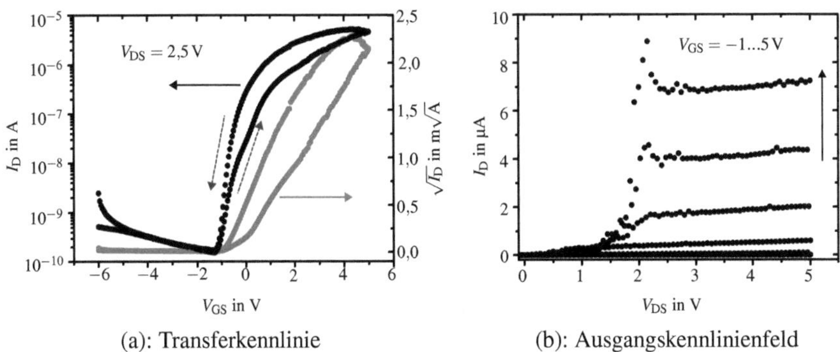

(a): Transferkennlinie (b): Ausgangskennlinienfeld

Abbildung 6.22: Kennlinien eines ZnO-NP-Einzelpartikeltransistors im *Inverted Coplanar*-Aufbau (Kennlinientyp I). Der Transistor besitzt eine Kanallänge von $L = 80\,nm$ und eine Weite von $W = 100\,\mu m$. Das Gate-Dielektrikum besteht aus $31\,nm$ SiO_2 und $47\,nm$ Si_3N_4. Als Substrat und Rückseiten-Gate-Elektrode dient p-Si ($N_A \approx 10^{15}\,cm^{-3}$). Die Drain- und Source-Kontakte bestehen aus $100\,nm$ Aluminium.

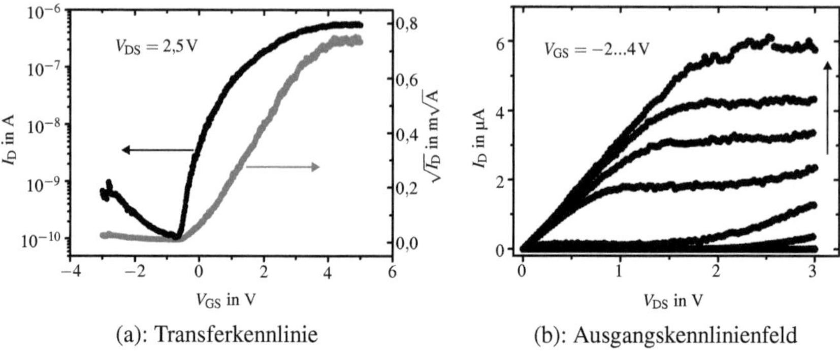

(a): Transferkennlinie   (b): Ausgangskennlinienfeld

Abbildung 6.23: Kennlinien eines ZnO-NP-Einzelpartikeltransistors im *Inverted Coplanar*-Aufbau (Kennlinientyp II). Der Transistor besitzt eine Kanallänge von $L = 80\,\text{nm}$ und eine Weite von $W = 100\,\mu\text{m}$. Das Gate-Dielektrikum besteht aus $31\,\text{nm}$ SiO_2 und $47\,\text{nm}$ Si_3N_4. Als Substrat und Rückseiten-Gate-Elektrode dient p-Si ($N_A \approx 10^{15}\,\text{cm}^{-3}$). Die Drain- und Source-Kontakte bestehen aus $100\,\text{nm}$ Aluminium.

oder die Selbsterwärmung während des Stromflusses. Neben der absoluten Sättigung des Drain-Strom $V_{GS} \gg V_{th}$ ist im Betriebsbereich $V_{GS} < V_{th}$ ein erneutes Aufsteuern des Transistors durch ambipolaren Ladungsträgertransport zu beobachten.

Wie erwartet können die notwendigen Betriebsspannungen reduziert werden, so dass $|V_{GS}| < 3\,\text{V}$ und $V_{DS} < 3\,\text{V}$ gewählt werden können. Da die Schwellenspannungen der untersuchten Transistoren teilweise im negativen Spannungsbereich liegen und die Bauelemente somit selbstleitend sind, kann die Gate-Source-Spannung nicht mit $V_{GS} \geq 0\,\text{V}$ begrenzt werden. Die Schwellenspannungen der dargestellten Transistoren betragen $V_{th} = -0{,}8\,\text{V}$ für Bauelemente des Kennlinientyps I bzw. $V_{th} = -0{,}1\,\text{V}$ für Bauelemente des Kennlinientyps II. Eine Hysterese ist nur sehr gering ausgeprägt. Da sie vornehmlich bei Gate-Source-Spannungen oberhalb der Schwellenspannung auftritt und in der Nähe der Schwellenspannung bereits kompensiert ist, ist auch nur eine Schwellenspannungsverschiebung von ca. $\Delta V_{th} = -0{,}2\,\text{V}$ zu messen. Auffällig sind die guten I_{ON}/I_{OFF}-Verhältnisse mit Werten bis zu $3{,}5 \cdot 10^4$. Diese übertreffen die Strommodulationen, die an vergleichbaren Dünnfilmtransistoren gemessen werden. Dieses Verhalten deutet auf ein angemessenes Sperrverhalten hin, so dass die Kontakte geeignet sind, im eingeschalteten Zustand ausreichend Ladungsträger passieren zu lassen und im ausgeschalteten Zustand den Stromfluss zu sperren. Weiterhin drückt sich das gute Sperrverhalten in Subschwellenstromanstiegen aus, die für Nanopartikel-basierte SB-*MOSFET* mit $S = 340\,\mathrm{mV/dek}$ bzw. $S = 240\,\mathrm{mV/dek}$ äußerst gering sind.

Eine Steigerung der Ladungsträgerbeweglichkeit kann nur eingeschränkt erreicht werden. Mobilitäten von $\mu_{\mathrm{FE}} = 0{,}01\,\mathrm{cm^2(Vs)^{-1}}$ befinden sich zumindest in einem Bereich, in dem auch die Beweglichkeiten von Al-kontaktierten Dünnfilmtransistoren in der *Inverted Staggered*-Konfiguration und einer *Annealing*-Temperatur von $T_a = 600\,°\mathrm{C}$ liegen. Verglichen mit Dünnfilmtransistoren im *Inverted Coplanar*-Aufbau ist eine Steigerung um 3 Größenordnungen zu verzeichnen. In Anbetracht des Problems, dass eine genaue Bestimmung der Anzahl elektrisch aktiver Nanopartikel nicht möglich ist, kann die Beweglichkeit in den Einzelpartikeltransistoren mittels der geometrischen Transistorweite ausschließlich nach unten abgeschätzt werden. Somit ist von wesentlich höheren, realen Beweglichkeiten auszugehen. Die Transistorparameter typischer Bauelemente des Kennlinientyps I und II sind in Tabelle 6.7 aufgeführt.

Trotz der drastischen Skalierung der Kanallänge um zwei Größenordnungen kann keine abschließende Aussage über das Auftreten von Kurzkanaleffekten getroffen werden. Im Kennlinientyp II ist zwar nach dem eindeutigen Sättigungsbereich ein weiterer Anstieg des Drain-Stroms zu erkennen; ein *Punch-through*-Effekt mit der Dominanz des raumladungsbegrenzten Stromflusses kann jedoch weitestgehend ausgeschlossen werden, da I_D proportional zu V_DS zunimmt. Das Auftreten des *DITL*-Effekts kann hingegen nicht ausgeschlossen werden, zumal die Kanallängen sehr kurz sind. Ebenfalls naheliegend ist der ambipolare Ladungsträgertransport, der im Ausgangskennlinienfeld nach Gleichung (3.6) beschrieben wird und auch in der Transferkennlinie ersichtlich ist. Das Verhältnis zwischen Elektronen und Löcherbeweglichkeit wird aus einer Kurvenanpassung bestimmt, nach dem die Löcherbeweglichkeit um einen Faktor von ca. 0,2...0,3 unter der

Tabelle 6.7: Übersicht über die elektrischen Transistorparameter typischer ZnO-NP-Einzelpartikeltransistoren im *Inverted Coplanar*-Aufbau. $L = 80\,\mathrm{nm}$, $W = 100\,\mathrm{\mu m}$. Drain- und Source-Elektroden bestehen aus $100\,\mathrm{nm}$ Aluminium.

Typ	Dielektrikum	$I_\mathrm{ON}/I_\mathrm{OFF}$	V_th in V	μ_FE in $\mathrm{cm^2(Vs)^{-1}}$	S in V/dek
I	31 nm SiO_2 +47 nm Si_3N_4	$3 \cdot 10^4$	$-0{,}8$	$1{,}0 \cdot 10^{-2}$	0,34
II	31 nm SiO_2 +47 nm Si_3N_4	$5 \cdot 10^3$	$-0{,}1$	$4{,}9 \cdot 10^{-3}$	0,24

Elektronenbeweglichkeit liegt. Eine Überlagerung der beiden letztgenannten Effekte ist selbstverständlich möglich.

Die Ausbeute an funktionsfähigen Transistoren ist im Vergleich zu Silizium-Nanopartikeltransistoren in Einzelpartikel-Bauform recht hoch, so dass anhand der Parameter von acht Transistoren statistische Aussagen bezüglich der Kennwerte getroffen werden können. Die Häufigkeitsverteilungen der Schwellenspannung, der Feldeffektladungsträgerbeweglichkeit und der Strommodulation sind in den Diagrammen der Abbildung 6.24 dargestellt. Mit hoher Wahrscheinlichkeit entscheidet die physische Lage der Nanopartikel in den Nanozwischenräumen über die Eigenschaften der elektrischen Kontakte. Die Lage unterliegt naturgemäß dem Zufall, so dass sich die Verteilungseigenschaften auf die elektrischen Eigenschaften auswirken. Eine detaillierte Analyse der Faktoren, die zu den experimentell gewonnenen Ergebnissen, insbesondere ihrer Verteilung führen, ist aufgrund der nicht zur Verfügung stehenden Analyse-Werkzeuge (z. B. hochauflösende *Focused ion beam*-Rasterelektronenmikroskopie) nicht Gegenstand dieser Arbeit.

Die Häufigkeitsverteilung weist einen Mittelwert der Schwellenspannung von $\overline{V_{\mathrm{th}}} = -0{,}84\,\mathrm{V}$ auf, wobei zu bemerken ist, dass 3 von 8 Transistoren eine positive Schwellenspannung besitzen und somit selbstsperrend sind. Der Mittelwert der Ladungsträgerbeweglichkeit ist mit $\overline{\mu_{\mathrm{FE}}} = 9{,}4 \cdot 10^{-4}\,\mathrm{cm}^2(\mathrm{Vs})^{-1}$ recht gering, aber größer als die ermittelte Beweglichkeit in vergleichbaren Dünnfilmtransistoren. Die Strommodulation verteilt sich mit einem Mittelwert von ca. 10^3 über die funktionsfähigen Exemplare, so dass mit dem Austausch des Dünnschichthalbleiters durch einzelne Nanopartikelagglomerate eine Steigerung um durchschnittlich eine Größenordnung erreicht wird.

Degradation

Eine Degradation der Transistorparameter durch Lagerung an Luft kann selbst nach einer Lagerzeit von 18 Monaten ohne Passivierungsmaßnahmen nicht festgestellt werden. Vielmehr ist eine Degradation der elektrischen Eigenschaften von Zinkoxid bekannt, die durch elektrischen Stress hervorgerufen wird. Für ZnO-TFT mit gesputterten ZnO-Schichten berichten CROSS und SOUZA eine Transistordegradation mit zunehmender Messzeit bei anliegender Gate-Spannung [CS06, CS08]. Dabei nimmt auch die Größe des Gate-Potenzials Einfluss auf die Ausprägung der Degradation. Diese äußert sich einerseits durch eine Anhebung der Schwellenspannung, und infolgedessen durch einen Abfall der maximalen Drain-Stromstärke. Begründet wird die Beobachtung mit der Besetzung von Haftstellen im Halbleiter an oder zumindest in der Nähe der Grenzfläche zum

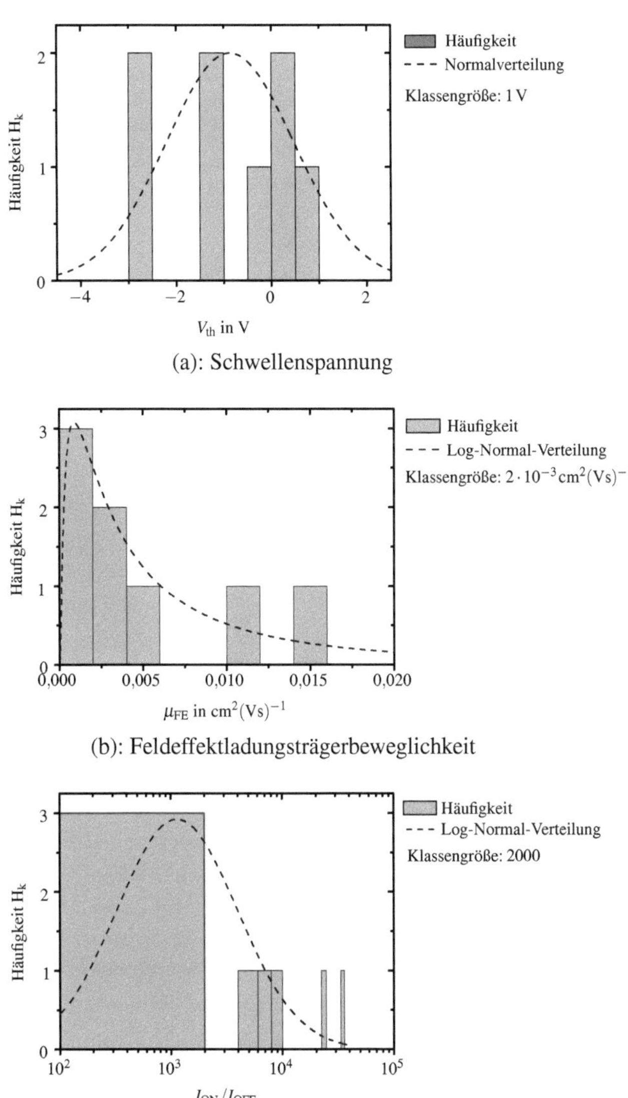

(a): Schwellenspannung

(b): Feldeffektladungsträgerbeweglichkeit

(c): I_{ON}/I_{OFF}-Verhältnis

Abbildung 6.24: Häufigkeitsverteilungen der Transistorparameter in ZnO-NP-EPT in der *Inverted Coplanar*-Bauform mit Al-Drain-/Source-Elektroden

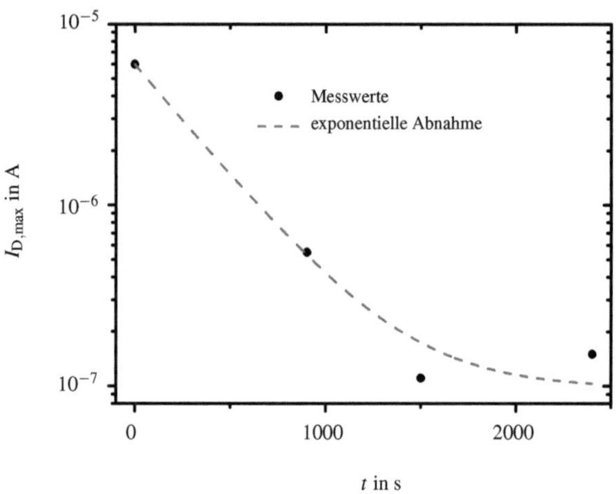

Abbildung 6.25: Quasi-transientes Verhalten der maximalen Drain-Stromstärke in einem ZnO-Einzelpartikeltransistor im *Inverted Coplanar*-Aufbau unter Stress (normale Betriebsbedingungen)

Gate-Dielektrikum. Mit Beendigung des Stress' ist eine selbsttätige Relaxation bei Raumtemperatur festzustellen, die auf eine thermische Ionisierung der Haftstellen schließen lässt. Sowohl BERA ET AL. als auch MAENG ET AL. untersuchen den selben Sachverhalt an einem den Nanopartikeln verwandten Material, den Nanodrähten (*nanowires*). Ihre Analyse an Nanodraht-Transistoren führt ebenfalls zu dem Ergebnis eines Stromabfalls mit steigender Messzeit [BB09, MPC$^+$09]. Neben der Abhängigkeit vom Gate-Potenzial identifizieren MAENG ET AL. einen zusätzlichen Einfluss der Drain-Source-Spannung [MPC$^+$09]. In beiden Veröffentlichungen wird die Degradation als Folge einer Wechselwirkung mit der Umgebungsatmosphäre angesehen, dessen Wirkmechanismus darin besteht, durch die Ad-, De- und Resorption von Sauerstoffionen und Wassermolekülen die oberflächennahe Defektdichte zu verändern. Das transiente Verhalten wird mittels einer exponentiellen Abnahmefunktion modelliert, wobei die Anzahl der Zerfallsterme die Anzahl der unterschiedlichen Arten von Defektzuständen entspricht [BB09]. Bei zeitlich konstanter Lichtimmission genügt ein Zerfallsterm mit der Relaxationszeit τ_{deg}. Der beschreibende Funktionsterm lautet dann allgemein

$$I_{\mathrm{D}} = I_{\mathrm{D0}} + a \cdot \exp\left(-\frac{t}{\tau_{\mathrm{deg}}}\right). \qquad (6.10)$$

In der Tat lässt sich auch in den ZnO-Einzelpartikeltransistoren eine Degradation des Drain-Stroms feststellen. Anhand der wiederholt gemessenen Kennlinien eines Transistors, der unter gleichen Messparametern belastet wird, lässt sich mit fortschreitender Zeit ein Abfall des maximalen Drain-Stroms beobachten. Dieser ist im Diagramm der Abbildung 6.25 dargestellt. Die durch eine Kurvenanpassung mit Gleichung (6.10) ermittelte Zeitkonstante beträgt $\tau_{\mathrm{deg}} = 345{,}3\,\mathrm{s}$.

Bewertung und Fazit

Einzelpartikeltransistoren mit Zinkoxid-Nanopartikeln in der *Inverted Coplanar*-Architektur zeigen eine verbesserte Leistungsfähigkeit gegenüber ZnO-Nanopartikel-Dünnfilmtransistoren. Durch die Reduktion der Störstellenanzahl innerhalb des Kanals kann unter Aufrechterhaltung der erreichten Ladungsträgerbeweglichkeit auf ein *Annealing* der Nanopartikel verzichtet werden. Besonders hervorzuheben ist das wesentlich verbesserte Sperrverhalten. Die hohen $I_{\mathrm{ON}}/I_{\mathrm{OFF}}$-Verhältnisses sind geeignet, um die Pegeldetektionssicherheit in logischen Schaltungen zu gewährleisten. Nachteilig ist die bauartbedingte, geringe Ausbeute an funktionsfähigen Bauelementen, die zuvor bereits bei der Integration der Silizium-Einzelpartikeltransistoren bemängelt wurde.

6.4.2 *Inverted Staggered*-Architektur

Bauelementintegration

Der Ablauf der Integration der *Inverted Staggered*-Einzelpartikeltransistoren wird analog zu den Silizium-EPT in Abschnitt 5.2.2 durchgeführt, wobei das Dielektrikum aus elektrischen Stabilitätsgründen durch ein Stapeldielektrikum aus 100 nm SiO_2 und 20 nm Si_3N_4 ersetzt wird. Die ZnO-Dispersion mit $\xi(ZnO) = 35\,\mathrm{Gew.-\%}$ wird bei $2000\,\mathrm{min}^{-1}$ aufgetragen und anschließend für zwei Stunden in O_2-Atmosphäre bei $800°C$ getempert.

Nach der Strukturierung der Drain- und Source-Elektroden werden die Nanolinien entfernt, um mögliche elektrische Kurzschlüsse, die durch die geringe Kantenbedeckung während der Bedampfung entstehen, zu verhindern. Die Strukturen sind in Abbildung 6.26 als REM-Aufnahmen abgebildet. Auf eine Untersuchung von anderen Drain-/Source-Materialien als Aluminium muss verzichtet werden, da sich herausstellt, dass andere Materialien eine unzureichende Haftung zum ZnO-Nanopartikelfilm aufweisen.

Elektrische Transistorparameter

Aufgrund der elektrischen Instabilität des Gate-Dielektrikums können die Transis-

 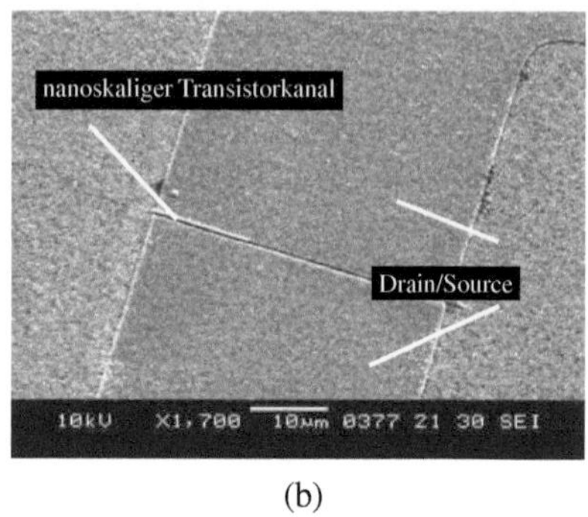

(a)   (b)

Abbildung 6.26: REM-Aufnahmen der Transistorstrukturen im *Inverted Staggered*-Aufbau auf einem ZnO-Nanopartikelfilm. (a) Übersicht, (b) Ausschnitt des Kanalgebiets

toren nur in einem sehr kleinen Spannungsbereich charakterisiert werden. Selbst eine Erhöhung der Gateoxiddicke verhindert nicht den Durchbruch des Dielektrikums. Es wird vermutet, dass während der Temperung der Partikelschicht zwischen Zinkoxid und dem Siliziumdioxid bzw. dem Siliziumnitrid eine Reaktion zu Zinksilikat (Zn_2SiO_4) abläuft, die zu einer Zerstörung des Dielektrikums führt. Unter UV-Bestrahlung wird eine grüne Fluoreszenz beobachtet, die für Zn_2SiO_4 typisch ist [XGQ$^+$02, XWQ$^+$03]. Eine Fluoreszenz ist auch für ZnO im gleichen Wellenlängenbereich ($510\,nm \leq \lambda \leq 525\,nm$) bekannt [VWS$^+$96, XGQ$^+$02]. Die Intensität der Fluoreszenz in Zinkoxid ist von der Dichte der Sauerstoffleerstellenkonzentration abhängig, so dass mit sinkender Leerstellenkonzentration eine Abnahme der Luminiszenz auftritt [VWS$^+$96], also ein Annealing-Prozess unter Sauerstoffatmosphäre theoretisch zu einer geringeren Leuchtintensität führt. Im beobachteten Experiment tritt eine sichtbare Zunahme der Intensität auf, welche auf die Bildung von Zn_2SiO_4 hindeutet. Der genaue Reaktionsmechanismus ist unbekannt, da die Reaktion offensichtlich selbst bei niedrigen Temperaturen von 400°C stattfindet, also unterhalb der Aktivierungstemperatur [OOSS06]. Wesentlich niedrigere Aktivierungsenergien sind jedoch aufgrund des nanopartikulären Zinkoxids und seiner wesentlich größeren Oberfläche möglich. Weiterhin unbekannt ist der Einfluss der gesamten Prozessierungskette. Eine derartige Reaktion in den bereits beschriebenen Dünnfilmtransistoren kann nicht festgestellt werden. Unter Einwirkung von NaOH während der Entwicklung des Fotolacks tritt außerdem eine offensichtliche Reaktion zu braun-schwarzem Zn_2SiO_4 bzw. Na_2ZnSiO_4 auf. Diese Reaktion kann bereits bei Raumtemperatur ablaufen und ist von der NaOH-Konzentration abhängig [Ste04, SPW94]. Eine Vermeidung der Bildung

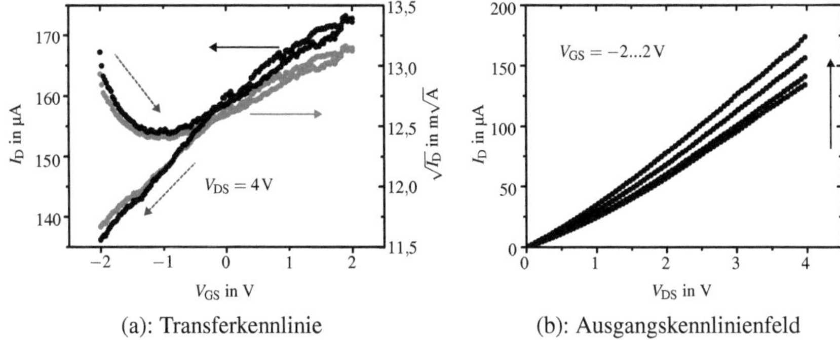

(a): Transferkennlinie

(b): Ausgangskennlinienfeld

Abbildung 6.27: Kennlinien eines Zinkoxid-NP-Einzelpartikeltransistors im *Inverted Staggered*-Aufbau. Der Transistor besitzt eine Kanallänge von ca. $L = 90\,\text{nm}$ und eine Weite von $W = 20\,\mu\text{m}$. Das Gate-Dielektrikum besteht aus $100\,\text{nm}$ SiO_2 und $20\,\text{nm}$ Si_3N_4. Als Substrat und Rückseiten-Gate-Elektrode dient p-Si ($N_A \approx 10^{15}\,\text{cm}^{-3}$).

von Zn_2SiO_4 erfordert eine Absenkung der *Annealing*-Temperatur unterhalb von ca. 300°C. Bei dieser Temperatur haften die Nanopartikel aber relativ instabil an der Oberfläche, so dass sie sich während der folgenden Prozessierung ablösen. Die Reaktion zu Zinksilikat ist demnach zunächst unter Einschränkung der Messspannungen zu tolerieren.

Die Kennlinien eines typischen Transistors sind in Abbildung 6.27 dargestellt. Die Steuerbarkeit ist mit einem $I_{\text{ON}}/I_{\text{OFF}}$-Verhältnis von ca. 1,3 sehr schwach ausgeprägt. Im Ausgangskennlinienfeld ist zu sehen, dass der Drain-Strom für alle V_{GS} in ähnlichem Maße ansteigt. Mit hoher Wahrscheinlichkeit ist die Schichtdicke des Halbleiterfilms zu groß, so dass sich zwischen der Source- und der Drain-Elektrode ein oberflächennaher Strompfad ausbildet, der nicht vom Gate gesteuert werden kann. Dieser Effekt wird auch in den Silizium-Nanopartikeltransistoren

Tabelle 6.8: Übersicht über die elektrischen Transistorparameter des ZnO-EPT im *Inverted Staggered*-Aufbau mit $L = 90\,\text{nm}$, $W = 20\,\mu\text{m}$ und Aluminium-Drain-/Source-Elektroden

Substrat/Gate	**Dielektrikum**	$I_{\text{ON}}/I_{\text{OFF}}$	V_{th} **in V**	μ_{FE} **in** $\text{cm}^2(\text{Vs})^{-1}$
p-Si	$100\,\text{nm}$ SiO_2 $+20\,\text{nm}$ Si_3N_4	1,3	–	0,79

beobachtet und in Abschnitt 5.2.2 detailliert diskutiert. Eine Abdünnung der ZnO-Schicht ist zunächst nicht möglich, da sich zeigt, dass selbst bei einer niedrigen Verdünnung auf $\xi(\text{ZnO}) = 22{,}7\,\text{Gew.-\%}$ nach der Temperung eine poröse Schicht entsteht, die für die Integration von Transistoren nicht geeignet ist. Die Verkürzung der Kanallänge und die Vermeidung der interpartikulären Grenzflächen ist erfolgreich und führt zu einer Steigerung der Ladungsträgerbeweglichkeit auf $\mu_{\text{FE}} = 0{,}79\,\text{cm}^2(\text{Vs})^{-1}$. In Einzelfällen können sogar Beweglichkeiten größer als $1\,\text{cm}^2(\text{Vs})^{-1}$ ermittelt werden. Die Transistorkennwerte sind in Tabelle 6.8 als Übersicht dargestellt. Eine Schwellenspannung kann aufgrund des sehr kleinen zulässigen Betriebsbereichs nicht bestimmt werden. Der Transistor ist jedoch offensichtlich selbstleitend. In Folge der unbekannten Schwellenspannung ist auch eine Ermittlung des Subschwellenstromanstiegs nicht möglich.

Mit der *Inverted Staggered*-Architektur ist es möglich, die Ladungsträgerbeweglichkeit um mehrere Größenordnungen zu steigern. Dennoch ist dieser Aufbau für die Integration von Transistoren ungeeignet, da das Sperrverhalten aufgrund des parasitären Transistorkanals an der Oberfläche nicht ausreichend ist.

6.5 Bewertung und Fazit von Zinkoxid-Nanopartikel-Transistoren mit Rückseiten-Gate-Elektrode

Mit ZnO-Nanopartikel als Halbleitermaterial lassen sich Dünnfilm- und Einzelpartikel-SB-*MOSFET* sowohl in der *Inverted Coplanar*-Technik als auch in der *Inverted Staggered*-Bauform realisieren. Die Transistorparameter sind in der vergleichenden Abbildung 6.28 dargestellt. Die elektrischen Eigenschaften sind offensichtlich stark von der gewählten Architektur bzw. den verwendeten Kontaktmaterialien abhängig. *Inverted Staggered*-Transistoren bieten generell eine höhere Ladungsträgerbeweglichkeit, obwohl bereits in Abschnitt 5.2.2 festgestellt wurde, dass diese Bauform eine ungünstige Lage des Transistorkanals beinhaltet. Mit großer Wahrscheinlichkeit führt der hohe Kontaktwiderstand zwischen Halbleiter und Elektroden in *Inverted Coplanar*-Transistoren zu einer erheblichen Reduzierung der Ladungsträgerbeweglichkeit. Infolgedessen lässt der schlüssige Kontakt der abschließenden Elektrodenherstellung des *Top-Drain/Source*-Aufbaus die Mobilität vergleichsweise hoch erscheinen. Die Strommodulation, die unter anderem von der Kontaktqualität abhängig ist, ist für Aluminium-Kontakte zumindest so hoch (größer als 10^3), dass diese für den Schaltungsaufbau geeignet ist, während Au-kontaktierte Transistoren nur bedingt und Ti-kontaktierte Bauelemente nicht

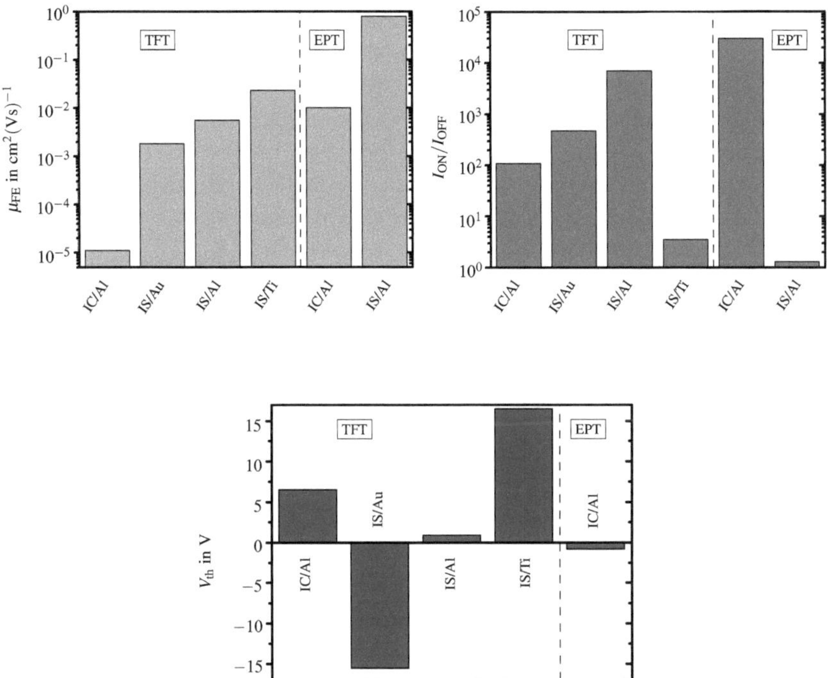

Abbildung 6.28: Vergleich von Ladungsträgerbeweglichkeit, I_{ON}/I_{OFF}-Verhältnis und Schwellenspannung zwischen den integrierten ZnO-NP-FET mit gemeinsamen Rückseiten-Gate-Elektroden

geeignet erscheinen. Die Wahl der Architektur ist für TFT und EPT gegenläufig. Soll ein großes I_{ON}/I_{OFF}-Verhältnis in Dünnfilmtransistoren erreicht werden, bietet sich die *Inverted Staggered*-Bauform an; bei Einzelpartikeltransistoren dagegen ist die *Inverted Coplanar*-Konfiguration sinnvoll. Dabei ist zu berücksichtigen, dass die Ausbeute in der Einzelpartikel-Technologie weiterhin ein gravierendes Problem, insbesondere für den Schaltungsaufbau, darstellt. Vergleichbar mit der Strommodulation ist die Schwellenspannung ebenfalls erheblich von den Metall-Halbleiter-Kontakteigenschaften abhängig. Beste Resultate lassen sich wiederum mit Al-kontaktierten Transistoren erreichen, da die Schwellenspannung betragsmäßig nahe 0 V liegt.

Im Allgemeinen stellt sich heraus, dass Zinkoxid-Nanopartikel für die Integration der SB-*MOSFET* besser geeignet sind als Silizium-Nanopartikel. Dieses ist einerseits mit der Handhabung der Partikel zu begründen. Bei Verwendung der

ZnO-Suspension ist die Ausbeute funktionsfähiger Einzelpartikel-Strukturen geringfügig höher. Vermutlich neigen die ZnO-Nanopartikel während des Auftragens zu einer schwächeren Reagglomeration als Silizium-Nanopartikel. Andererseits kann Zinkoxid in seiner nanopartikulären Form auch für Dünnfilmtransistoren genutzt werden, was im Falle von Silizium aufgrund der isolierenden Oxidhülle zur Zeit nicht möglich ist. Es zeigt sich, dass die Oxidhülle bei Einzelpartikeltransistoren nicht mehr ausschlaggebend ist. Mit beiden Materialien lassen sich ähnliche Stromstärkedichten erreichen.

Mittels der vorgestellten Integrationstechniken können somit Transistoren integriert werden, die eine bessere Leistungsfähigkeit als die in der Literatur berichteten Bauelemente zeigen [LCH$^+$07, LJJ$^+$08, SS05]. Durch die radikale Skalierung hin zu Einzelpartikeltransistoren ist es möglich, das thermische Budget zu reduzieren und gleichzeitig die Ladungsträgerbeweglichkeit beizubehalten bzw. zu verbessern, die Strommodulation zu erhöhen und den Subschwellenspannungsstromanstieg zu reduzieren. Weiterhin können die benötigten Betriebsspannungen – je nach Bauform – um mindestens eine Größenordnung, in Einzelfällen sogar um fast zwei Größenordnungen auf ca. 3 V gesenkt werden.

6.6 Transistoren mit frei beschaltbaren Gate-Elektroden

Bislang wurde in allen vorgestellten Transistoren mit ZnO-Nanopartikeln das Siliziumsubstrat als gemeinsame Rückseiten-Gate-Elektrode genutzt. Da für den Aufbau von logischen Schaltungen für jeden Transistor auch individuell frei beschaltbare Gate-Elektroden notwendig sind, müssen diese in separaten Prozessen abgeschieden und strukturiert werden. Als Elektrodenmaterial eignen sich insbesondere Metalle (z. B. Al oder Au), da sie sowohl einfach abzuscheiden als auch problemlos nasschemisch oder in Trockenätzverfahren bzw. mittels *Lift-off*-Technik strukturierbar sind.

Gemäß der Bewertung der Transistoren mit gemeinsamer Rückseiten-Gate-Elektrode werden die aussichtsreichsten Transistorkonzepte (IS-TFT und IC-EPT) ausgewählt und als individuell beschaltbare Bauelemente integriert. Zusätzlich werden *Noninverted Staggered*-Architekturen im TFT- und EPT-Aufbau untersucht. Die Integration von *Noninverted Staggered*-Transistoren war zuvor nicht möglich, da die notwendige *Top-Gate*-Struktur der Verwendung des Siliziumsubstrats als Rückseitenelektrode entgegensteht.

6.6.1 Gate-Dielektrikum

Der Aufbau erfordert ein Gate-Dielektrikum, welches nun nicht mehr aus thermisch gewachsenem SiO_2 bestehen kann. Dielektrika, die in *LPCVD*- bzw. *PECVD*-Verfahren oder durch Bedampfung oder Kathodenstrahlzerstäubung abgeschieden werden, sind im Allgemeinen nicht hinreichend elektrisch stabil oder die Prozesstemperatur zur Schichtabscheidung ist zu hoch. Eine bessere Stabilität bieten *high-k*-Dielektrika, abgeschieden im ALD^9-Verfahren bei vergleichsweise niedrigen Temperaturen. Sie bieten den Vorteil einer hohen relativen Permittivität. Geeignet sind nach [WWA01] u. a. die Materialien

$$\textbf{Al}_\textbf{2}\textbf{O}_\textbf{3} \quad \text{mit} \quad \varepsilon_\mathrm{r} = 9 \quad \text{und} \quad E_\mathrm{g} = 8{,}7\,\text{eV},$$

$$\textbf{Y}_\textbf{2}\textbf{O}_\textbf{3} \quad \text{mit} \quad \varepsilon_\mathrm{r} = 15 \quad \text{und} \quad E_\mathrm{g} = 5{,}6\,\text{eV},$$

$$\textbf{ZrO}_\textbf{2} \quad \text{mit} \quad \varepsilon_\mathrm{r} = 25 \quad \text{und} \quad E_\mathrm{g} = 5{,}8\,\text{eV oder}$$

$$\textbf{HfO}_\textbf{2} \quad \text{mit} \quad \varepsilon_\mathrm{r} = 25 \quad \text{und} \quad E_\mathrm{g} = 5{,}7\,\text{eV}.$$

Als Nachteile sind die Sprödigkeit der Materialien, die zu Schichtbrüchen bei der Anwendung auf flexiblen Substraten führt, und das aufwendige Abscheideverfahren zu nennen. Eine Verwendung der genannten Materialien wird daher verworfen. Für den Bereich der organischen Elektronik, deren Anwendungsgebiet ebenso auf die Integration von Elektronik auf flexiblen, isolierenden Kunststoffsubstraten abzielt, hat sich die Erzeugung von Gate-Dielektrika durch Schleuderbeschichtung durchgesetzt. Insbesondere Polymere können durch Schleuderbeschichtung reproduzierbar, kostengünstig und in guter elektrischer Qualität abgeschieden werden. Der Einsatz selbstausrichtender Monolagen-Gate-Dielektrika ist zwar ebenfalls möglich, jedoch ist die elektrische Durchschlagfestigkeit zu gering für die Verwendung in ZnO-TFT [Hal06].

Poly(4-vinylphenol)

Als geeignet wird das Polymer Poly(4-vinylphenol) (PVP) angesehen. PVP ist in organischen Lösungsmitteln (z. B. Aceton, n-Butanol, Propylen Glycol Monomethyl Ether Acetat (PGMEA), N-Methyl-2-Pyrrolidon (NMP), etc.) löslich. Es kann durch den Zusatz eines *Cross-linkers* quervernetzt werden. Hierzu wird z. B. Poly(melamin-co-formaldehyd)-methyliert (PMCF-m) als thermisch zu initiierendes Vernetzungsmittel eingesetzt [HKZ⁺02]. Die Vernetzung mehrerer Polymerketten findet ab Temperaturen von 150°C statt. Eine effiziente Reaktionstempera-

---

⁹*Atomic Layer Deposition*; Die Schichtabscheidung im *ALD*-Verfahren kann bei Temperaturen kleiner als 100°C, häufig auch bei Raumtemperatur durchgeführt werden, so dass eine Deposition auf temperaturempfindlichen Substraten (z. B. Kunststofffolie) erfolgen kann. [HKBG02, GFEG04].

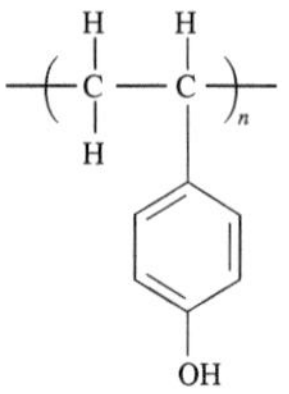

(a): PVP

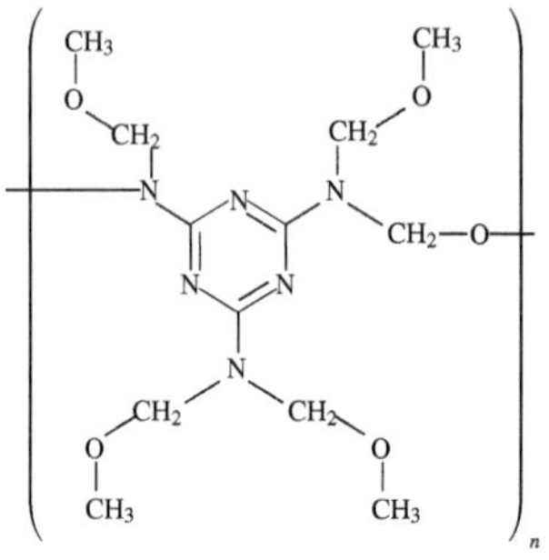

(b): PMCF-m

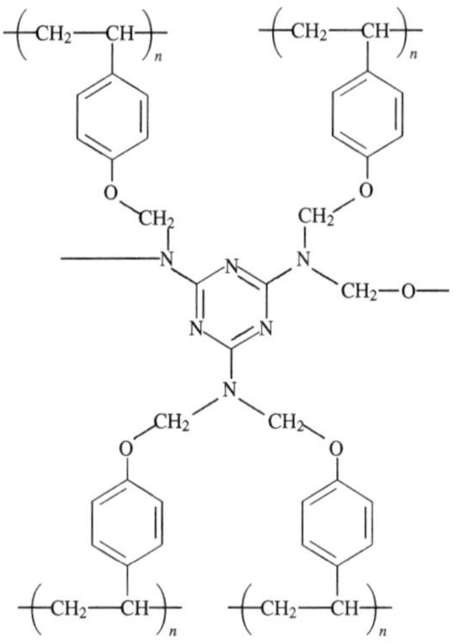

(c): PMCF-vernetztes PVP

Abbildung 6.29: Molekülstruktur von reinem Poly(4-vinylphenol), Poly(melamin-co-formaldehyd)-methyliert und quervernetztem Poly(4-vinylphenol) [LKK$^+$07]

tur wird mit 200°C angegeben [Hal06]. Die Molekülstrukturen von PVP, PMCF-m und quernetztem PVP sind in Abbildung 6.29 dargestellt. Durch die Vernetzung findet eine Reaktion der OH-Gruppen des Phenols mit den Methylenden des PMCF-m statt, wodurch kovalente Bindungen in Form von Sauerstoffbrücken zwischen dem PVP und dem PMCF erreicht werden. Ein PMCF-m-Monomer kann demnach maximal vier PVP-Ketten vernetzen. Alternativ zu thermisch initiierbaren Vernetzungszusätzen kann ein photoinitiierender *Cross-linker* verwendet werden, so dass die maximale Prozesstemperatur auf bis zu 120°C reduziert werden kann [YCHL08].

Die relative Permittivität von PVP mit einer molaren Masse von ca. $M = 20000\,\mathrm{g/mol}$ ist in der Literatur mit $\varepsilon_\mathrm{r} \approx 3{,}6...6{,}5$ angegeben [Hal06, PK08]. Eigene Untersuchungen an Kapazitätsstrukturen mit PVP einer molaren Masse $M = 25000\,\mathrm{g/mol}$ zeigen relative Dielektrizitätswerte $\varepsilon_\mathrm{r} = 4{,}5...7{,}4$ bei einer Messfrequenz von $1\,\mathrm{kHz}$. Die Ermittlung der relativen Dielektrizitätszahl wurde mit einem Impedanzanalysator AGILENT 4294A durchgeführt. Als Modell zur Bestimmung der Kapazität bzw. der relativen Permittivität wird eine reale Kapazitätsstruktur, also die Parallelschaltung einer Kapazität C und eines Widerstands mit dem Leitwert G angenommen. Aus dem gemessenen Kapazitäts-Frequenzgang kann dann über

$$C = \varepsilon_0 \varepsilon_\mathrm{r} \frac{A}{t_\mathrm{i}} \qquad (6.11)$$

auf ε_r zurückgeschlossen werden. Eine typische ε_r-f-Charakteristik ist in Abbildung 6.30 dargestellt. Für diese 226 nm dicke PVP-Schicht beträgt die relative Permittivität $\varepsilon_\mathrm{r} = 5{,}1 \,@\, 1\,\mathrm{kHz}$. Für $f < 20\,\mathrm{kHz}$ ist die relative Permittivität näherungsweise konstant; für höhere Frequenzen fällt sie ab[10]. Ursache für den Abfall der Permittivität ist im Allgemeinen die Blockade von Polarisationsmechanismen [Fas05] und im speziellen Fall von PVP der Ausfall von Reorientierungs- bzw. Relaxationsprozessen [Tho93]. Die Relaxationsprozesse für (amorphe) polymere Systeme werden nach [Tho93] in zwei Gruppen, die sogenannten α- und β-Prozesse, unterteilt. Während α-Prozesse der Molekularbewegung der Ketten entsprechen, sind β-Prozesse auf eine begrenzte Molekülbeweglichkeit gründende Reorientierungsprozesse innerhalb eines Moleküls. Infolge der großen und zudem vernetzten Molekülketten dominieren bei den untersuchten Schichten die β-Prozesse; bei PVP z. B. in Form einer Drehung an der Phenol-Vinyl-Bindung oder die lokale Rotationsbewegung des OH-Radikals der Phenol-Gruppe in unvernetztem PVP [PK08]. Befindet sich die PVP-Schicht in einem elektrischen Wechselfeld, so folgen die Ketten und polaren Molekülgruppen dem Wechselfeld; für niedrige Frequenzen sowohl in α- als auch in β-Prozessen, für steigende Frequenzen nur noch in β-Prozessen. Oberhalb einer Grenzfrequenz sind auch die vorhandenen β-Prozesse zu träge, um dem Wechselfeld zu folgen, so dass die Permittivität abnimmt. Das Nachlassen der α-Prozesse ist in dem abgebildeten Frequenzgang nicht ersichtlich. Sofern überhaupt im untersuchten Frequenzbereich

---

[10]Für $f > 1\,\mathrm{MHz}$ wird eine Dielektrizitätszahl $\varepsilon_\mathrm{r} < 1$ ermittelt. Diese resultiert aus der parasitären Serieninduktivität der Messstruktur, so dass die Messwerte für diesen Frequenzbereich ungültig sind.

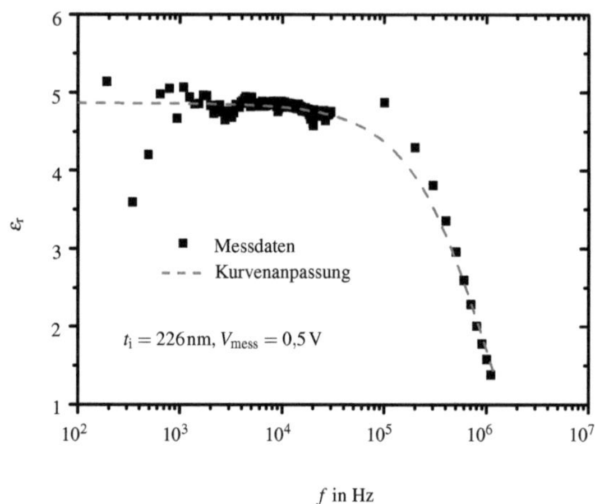

Abbildung 6.30: Frequenzabhängigkeit der relativen Permittivität ε_r einer Poly(4-vinylphenol)-Schicht, quervernetzt mit 1,67 Gew.-% Poly(melamin-co-formaldehyd)-methyliert

vorhanden, wird es durch viskoelastische Relaxationen im Bereich $f < 600\,\mathrm{Hz}$ maskiert [PK08]. Entgegen PARK und KIM, die in PVP eine Resonanzabsorption des OH^--Radikals an unvernetztem PVP bei 2 MHz beobachten [PK08], tritt eine Absorption bereits bei geringeren Frequenzen ($f \geq 10^5\,\mathrm{Hz}$) auf. Sie deutet auf eine unzureichende Quervernetzung des Polymers hin. Weitere typische Frequenzbereiche der Resonanzabsorption liegen für die Ionenpolarisation bei $f \approx 10^{13}\,\mathrm{Hz}$ bzw. für die Elektronenpolarisation bei $f \approx 10^{16}\,\mathrm{Hz}$ [Fas05] und damit außerhalb des Messbereichs. Dominierender Faktor für den frequenzabhängigen Abfall der Permittivität ist also der Ausfall der Orientierungspolarisation. Der Frequenzgang in Abbildung 6.30 wird mit einer exponentiellen Abnahmefunktion und der Abnahmekonstanten $\tau_{\mathrm{dec}} = 1,1 \cdot 10^{-6}\,\mathrm{s}$ approximiert. Poly(4-vinylphenol) neigt als Gate-Dielektrikum in OFET außerdem zur Bildung von Hystereseerscheinungen im elektrischen Verhalten aufgrund von Fallenzuständen [Hal06]. Die träge Umladung von Störstellen bewirkt zusätzlich eine Beeinflussung der Orientierungspolarisation und daher einen Abfall der Permittivität. Die Störstellen werden hauptsächlich durch eine hohe Anzahl offener Phenolgruppen, also durch eine unzureichende Quervernetzung hervorgerufen. Der Zusatz von *Cross-linker*-Additiven in ausreichender Menge führt zur Senkung der Hysterese [LKK$^+$07]. Auch die direkte Quervernetzung durch kurzwellige UV-Strahlung unter Bildung von Ozon ist möglich [CKL09]. Bei diesem Prozess findet die Umsetzung von Phenolgruppen

Tabelle 6.9: Prozessparameter für die *RIE*-Ätzung von quervernetztem Poly(4-vinylphenol)

Prozessparameter	Wert
Gasfluss O_2	10 sccm
Druck	80 mTorr
HF-Leistungsdichte	$0{,}32\,W/cm^2$
Elektrode	Graphit
Ätzrate	270 nm/min

in Ortho-Chinon-Gruppen statt; jedoch werden nicht sämtliche Phenole umgebaut, so dass restliche Hydroxylgruppen verbleiben.

Messungen der elektrischen Stabilität zeigen, dass die PVP-Schichten eine Durchbruchfeldstärke $\mathscr{E}_{BD} > 2{,}7\,MV/cm$ aufweisen. KLAUK ET AL. beobachten an molar leichterem PVP mit $M = 20000\,g/mol$ Durchbruchfeldstärken von $\mathscr{E}_{BD} = 2{,}5\,MV/cm$ [KHZ$^+$02]. Mit zunehmender Spannung ist ein quadratischer Anstieg der Stromdichte zu beobachten. Diese beträgt typischerweise $J = 150\,\mu A/cm^2$ knapp unterhalb des Durchbruchs, aber nur maximal $J = 1{,}6\,\mu A/cm^2$ im Betriebsbereich der integrierten Transistoren und ist somit tolerierbar.

Aufgrund der Untersuchungsergebnisse ist quervernetztes Poly(4-vinylphenol) als Gate-Dielektrikum für niederfrequente Anwendungen mit Betriebsfrequenzen unterhalb von 300 kHz geeignet; es bietet gleichzeitig eine höhere Permittivität als SiO_2.

Nach der Quervernetzung der Polymerketten verliert PVP seine Löslichkeit in organischen Lösungsmitteln. Zur Strukturierung wird das reaktive Ionenätzverfahren eingesetzt, da sich PVP in Sauerstoffplasma mit hoher Ätzrate abtragen lässt. Die Prozessparameter sind in Tabelle 6.9 aufgeführt. Die Selektivität zum Fotolack *AZ 5214E* ist ausreichend, um PVP mit Schichtdicken von 340 nm zu strukturieren. Für die Lackentfernung scheidet die Plasmaätzung im Sauerstoffplasma aus. Da PVP durch die Quervernetzung seine Löslichkeit in Aceton und NMP verliert, kann der Lack alternativ mit diesen Lösungsmitteln abgelöst werden.

$PECVD$-SiO_2

Trotz der bekannten Sprödigkeit kann auch SiO_2, abgeschieden im *PECVD*-Verfahren bei 100°C, für die Integration von FET auf temperaturempfindlichen Substraten, insbesondere auf Glas verwendet werden. Als Abscheideprozess wird das bekannte Niedertemperatur-*PECVD*-Verfahren mit SiH_4 und N_2O als Quellgase verwendet, das bereits von der Kantenabscheidetechnik in Abschnitt 4.3.1 bekannt ist. Der Einsatz des *PECVD*-Oxids ist notwendig, da speziell bei der Integration der Einzelpartikeltransistoren im *Inverted Coplanar*-Aufbau die Resistenz eines polymeren Dielektrikums gegenüber nachfolgender Prozessschritte nicht gegeben ist.

Folgende Nachteile sind von niedrigtemperatur-abgeschiedenen Siliziumdioxid-Schichten auf ZnO-Untergrund bekannt [NCS$^+$03] und werden daher auch für die *PECVD*-abgeschiedenen Schichten erwartet:

- eine erhöhte Dichte an grenzflächenbedingten Haftstellen;

- eine erhöhte Dichte an Oxidladungen;

- Gate-Leckströme, die sich mit fortschreitender elektrischer Beanspruchung des Bauelements erheblich verschlechtern;

- sowie eine geringe elektrische Durchbruchfestigkeit.

6.6.2 Dünnfilmtransistoren mit PVP-Dielektrikum

Dünnfilmtransistoren in *Inverted Staggered*-Architektur auf Silizium-Substrat

Bauelementintegration
Die Integration der Transistoren wird auf thermisch oxidierten Silizium-Substraten durchgeführt. Das thermische SiO_2 stellt die elektrische Isolierung zwischen den Bauelementen sicher und bietet eine äußerst glatte Oberfläche. Zunächst werden die Gate-Elektroden für die *Inverted Staggered*-Transistoren bzw. die Drain- und Source-Elektroden für die *Noninverted Staggered*-Transistoren aus Aluminium mit einer Schichtdicke von 100 nm hergestellt. Im Falle der *Noninverted Staggered*-Transistoren wird daraufhin die Nanopartikelschicht durch Schleuderbeschichtung erzeugt. Die verwendete Dispersion enthält ZnO-Nanopartikel mit $\xi(ZnO) = 17{,}5$ Gew.-%. Das Dispersionsmedium Wasser wird für 5 min bei 110°C auf der *Hot-plate* verdampft. Um das thermische Budget der Prozesskette möglichst gering zu halten, wird auf ein *Annealing* verzichtet. Über den Nanopartikelfilm wird daraufhin die PVP-Schicht durch Schleuderbeschichtung abgeschieden. Die PVP-Lösung wird im Gewichtsverhältnis $5:1:54$ von PVP : PMCF-m : PGMEA angesetzt. Bei einer Drehzahl von 3500 min^{-1} stellt sich eine Schichtdicke $t_i = 340$ nm ein. Zur Quervernetzung wird die Probe für

30 Minuten bei 200°C unter Vakuum getempert. Die Vernetzung unter reduziertem Druck führt zu qualitativ besseren dielektrischen Schichten [LKL$^+$05, LCH$^+$07]. Zur Integration von *Inverted Staggered*-Bauelementen werden die Abscheidung der Nanopartikel und der PVP-Schicht in der Abfolge vertauscht, wobei der Massenanteil der Dispersion ξ(ZnO) = 22,7 Gew.-% beträgt und die PVP-Schicht bei einer Drehzahl von 4000 min^{-1} zur Reduktion der Schichtdicke auf $t_i = 180$ nm abgeschieden wird. In beiden Bauformen werden unmittelbar an die PVP-Schichtabscheidung anschließend die Kontaktöffnungen im Poly(4-vinylphenol) durch reaktives Ionenätzen geöffnet, um die Drain-/Source-Elektroden elektrisch kontaktieren zu können. Die ZnO-Schicht bedarf keiner Kontaktöffnungen, da sie von den Messspitzen durchstochen werden kann. Die PVP-Schicht in *Noninverted Staggered*-Transistoren trägt zur Fixierung der Nanopartikelschicht bei, so dass trotz des Verzichts auf einen Annealing-Prozess die vorhandenen Schichten ausreichend stabil sind, um im abschließenden Schritt Gate-Elektroden aus 50 nm Gold mittels *Lift-off*-Technik herzustellen.

Elektrische Transistorparameter von *Inverted Staggered*-TFT
Die untersuchten Transistoren zeigen wiederum n-Kanal-Verhalten. In Abbildung 6.31 ist die Kennliniencharakteristik eines typischen Transistors mit einer Schwellenspannung von $V_{th} = 1{,}4$ V in Vorwärtsrichtung und $V_{th} = 0{,}2$ V in Rückwärtsrichtung dargestellt. Der vorgestellte Transistor ist in beide Messrichtungen selbstsperrend; es ist zu erwähnen, dass durchaus auch Bauelementexemplare existieren, die nur in Vorwärtsmessrichtung selbstsperrend oder in beide Richtungen selbstleitend sind. Im Vergleich zu organischen Feldeffekttransistoren mit PVP als Gate-Isolator fällt die Hysterese gering aus [Hal06]. Berichte über ZnO-Nanopartikel-TFT mit Poly(4-vinylphenol) in der *Inverted Staggered*-Architektur zeigen ähnlich geringe Hystereseeffekte [FBJ$^+$09]. FABER ET AL. erreichen in dieser Bauform eine Ladungsträgerbeweglichkeit[11] von $\mu = 8 \cdot 10^{-3}$ cm^2(Vs)$^{-1}$. Die Feldeffektladungsträgerbeweglichkeit des hier vorgestellten Transistors beträgt $\mu_{FE} = 3{,}2 \cdot 10^{-3}$ cm^2(Vs)$^{-1}$ und ist demnach nur unwesentlich geringer. In Anbetracht der niedrigen Prozesstemperatur von maximal 200°C ist dieser Wert als gut einzustufen, zumal diese Beweglichkeiten in [LJJ$^+$08] selbst bei Anwendung eines *Annealing*-Prozesses bei $T_a = 600$°C nicht erreicht werden. Wesentlich größer als der in der Literatur angegebene Wert ist die Strommodulation mit ca.

---

[11]Die Ladungsträgermobilität ist unter Zuhilfenahme der Standard-Transistorgleichung ermittelt worden und entspricht nicht der in dieser Arbeit präsentierten Feldeffektladungsträgerbeweglichkeit. Tendenziell liegt der Wert der Feldeffektladungsträgerbeweglichkeit unter dem direkt aus den Transistorgleichungen ermittelten Wert. Zudem wird die Größe der Mobilität durch Fehler in der V_{th}-Bestimmung verfälscht.

$I_{\mathrm{ON}}/I_{\mathrm{OFF}} = 10^5$. Der in [FBJ$^+$09] berichtete Wert beträgt lediglich $I_{\mathrm{ON}}/I_{\mathrm{OFF}} \approx 10^3$. Für $V_{\mathrm{GS}} < V_{\mathrm{th}}$ steigt der Drain-Strom aufgrund einer vermehrten Löcherinjektion an, so dass das Bauelement einen ambipolaren Charakter aufweist. Das Sperrverhalten ist aufgrund des hohen $I_{\mathrm{ON}}/I_{\mathrm{OFF}}$-Verhältnisses und des geringen Subschwellenstromanstiegs von $S = 0,7\,\mathrm{V/dek}$ als gut zu bewerten.

Das Ausgangskennlinienfeld zeigt einen deutlichen Sättigungsbereich mit einem leichten Anstieg des Drain-Stroms mit zunehmendem V_{DS}. Der Anstieg kann mit dem für ZnO-TFT nachgewiesenen *DITL*-Effekt, aber auch mit dem ambipolaren Charakter begründet werden. Es ist sehr wahrscheinlich, dass eine Überlagerung beider Effekte auftritt. Im Anlaufbereich ist erneut die SB-*MOSFET*-typische Linkskrümmung der Kennlinien zu beobachten, welche ebenfalls ein Indikator für den drain-induzierten Schwellenspannungsabfall ist.

Hysterese und ihre Auswirkungen in *Inverted Staggered*-TFT

Der *DITL*-Effekt ist im Zusammenhang mit der auftretenden Hysterese problematisch, da gefangene Ladungen ihrerseits wiederum die Feldverteilung und damit auch die Schwellenspannung beeinflussen. Am Beispiel eines Transistors mit $L = 2\,\mu\mathrm{m}$ und $W = 1000\,\mu\mathrm{m}$ sind in Abbildung 6.32a Ausschnitte aus den Transferkennlinien mit variierter Drain-Source-Spannung dargestellt, wobei V_{DS} sukzessive gesteigert und der Drain-Strom sowohl in Vorwärts- als auch in Rückwärtsmessrichtung aufgenommen wird. Es ist zu beobachten, dass in beiden Mess-

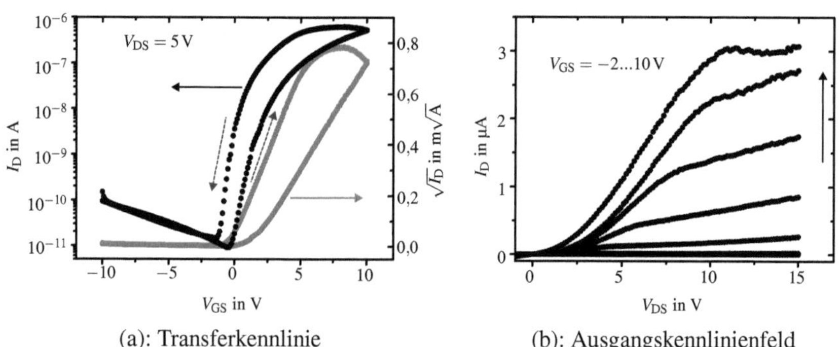

(a): Transferkennlinie   (b): Ausgangskennlinienfeld

Abbildung 6.31: Kennlinien eines ZnO-NP-Dünnfilmtransistors im *Inverted Staggered*-Aufbau. Der Transistor besitzt eine Kanallänge von $L = 1,5\,\mu\mathrm{m}$ und eine Weite von $W = 500\,\mu\mathrm{m}$. Das Gate-Dielektrikum besteht aus 180 nm PVP. Als Substrat dient ein thermisch oxidierter Siliziumwafer. Die Gate-Elektrode besteht ebenso aus Aluminium wie die Drain- und Source-Kontakte.

richtungen eine Schwellenspannungsverschiebung mit veränderter Drain-Source-Spannung auftritt. Die Größe der Verschiebung ist offensichtlich abhängig von der Messrichtung: für Messungen mit steigendem V_{GS} ist sie stärker ausgeprägt als in umgekehrter Richtung, jedoch mit dem selben Vorzeichen. Die Schwellenspannungen sind in Abhängigkeit von der elektrischen Feldstärke in Abbildung 6.32b (grau) aufgetragen. Es ist demnach anzunehmen, dass die Besetzungsdichte der für die Hysterese verantwortlichen Haftstellen den *DITL*-Effekt beeinflusst. Wird die Drain-Source-Spannung in absteigender Richtung verändert, so ergibt sich der Zusammenhang zwischen V_{th} und $\mathscr{E}_{DS}$, wie er in Abbildung 6.32b als schwarze Markierungen dargestellt ist. Wie erwartet nimmt die Schwellenspannung in der Vorwärtsmessrichtung (steigendes V_{GS}) ab, doch nimmt sie in Rückwärtsmessrichtung zu. Folglich nimmt die Drain-Source-Spannung bzw. auch ihr bisheriger Verlauf Einfluss auf die Schwellenspannungsverschiebung. Dieser Effekt ist damit zu erklären, dass unterhalb der Drain- und Source-Elektroden Haftstellen besetzt werden und abhängig von deren Ladungszuständen die Barriereeigenschaften der Metall-Halbleiter-Übergänge verändert werden. Die Lokalisierung der Haftstellen ist ungeklärt. Möglich sind sowohl *traps* an der Grenzfläche zum PVP, in der Halbleiterschicht oder aber unmittelbar am Metall-Halbleiter-Übergang zwischen der Halbleiterschicht und den Drain- und Source-Elektroden, wobei das Auftreten der letzten beiden Möglichkeiten eine weitestgehend von der PVP-Schicht unabhängige Haftstellendichte bedeutet. Aufgrund der messungsbedingten Verfälschung

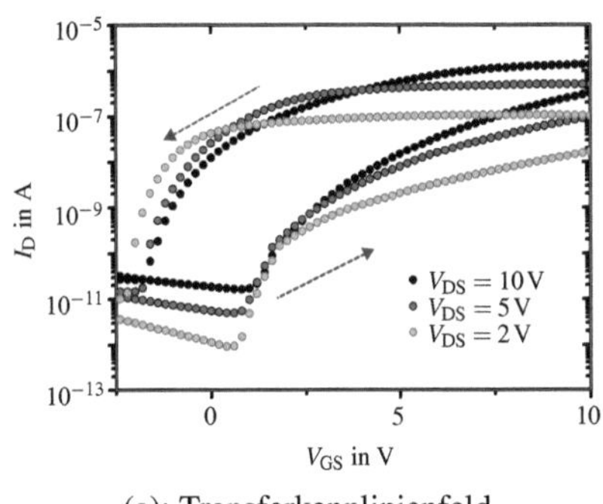

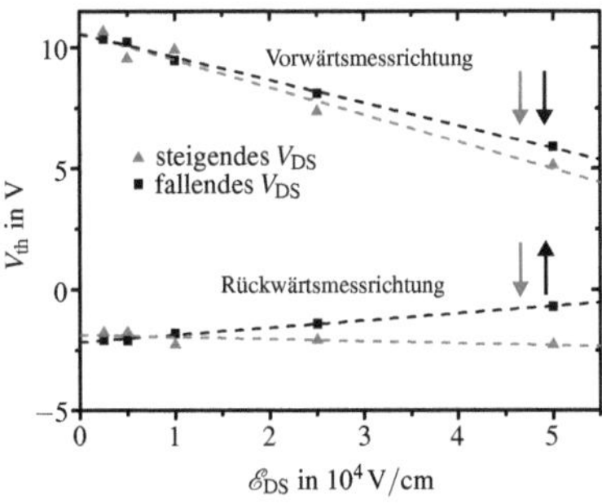

(a): Transferkennlinienfeld

(b): Abhängigkeit der Schwellenspannung von der elektrischen Feldstärke

Abbildung 6.32: Transferkennlinienfeld eines ZnO-NP-Dünnfilmtransistors ($L = 2\,\mu$m, $W = 1000\,\mu$m) mit PVP-Dielektrikum und Abhängigkeit der Schwellenspannung von der lateralen elektrischen Feldstärke für Vorwärts- bzw. Rückwärtsmessrichtung in der Transferkennlinie und fallendem bzw. steigendem V_{DS} im Transferkennlinienfeld wurde der *DITL*-Effekt in Abschnitt 6.3.2 nicht direkt aus den Transferkennlinienfeldern ermittelt, sondern aus den Häufigkeitsverteilungen abgeleitet. Durch die Betrachtung der Mittelwerte der Verteilungen lässt sich der hysteresebezogene Einfluss der Drain-Source-Spannung näherungsweise vernachlässigen.

Um der Hysterese entgegen zu wirken, kann der Vorgang der Ladungsträgerbefreiung aus den Fallenzuständen durch einen Energieeintrag unterstützt werden. Möglich ist sowohl eine optische als auch thermische Anregung der Störstellenionisierung. Abbildung 6.33a zeigt die Transferkennlinie eines Transistor unter Lichtbestrahlung mit dem Spektrum aus Abbildung 6.33b. Als Vergleich ist die Dunkeleingangscharakteristik als Strichkurve dargestellt. Da das erste spektrale Maximum des Lichts bei einer Wellenlänge $\lambda = 557\,\mathrm{nm}$ zu finden ist, können näherungsweise nur Ladungsträger aus *traps* befreit werden, für deren energetische Lage E_t

$$E_\mathrm{C} - E_\mathrm{t} \leq h\nu \tag{6.12}$$

gilt, d. h. Haftstellen, die energetisch nicht weiter als $2{,}2\,\mathrm{eV}$ vom Leitungsband entfernt liegen. Aufgrund der geringen Energie der Photonen können diese die ZnO-Schicht ungehindert transmittieren und zum PVP-Dielektrikum gelangen [Deg06]. Die Transferkennlinie zeigt, dass die Lichtimission tatsächlich zu einer Verminderung der Hysterese, aber zu einem offensichtlichen Anstieg des Sperrstroms führt. Wird zusätzlich der Gate-Leckstrom betrachtet, so fällt auf, dass dieser gegenüber Dunkelmessungen um ca. drei Größenordnungen ansteigt und für kleine

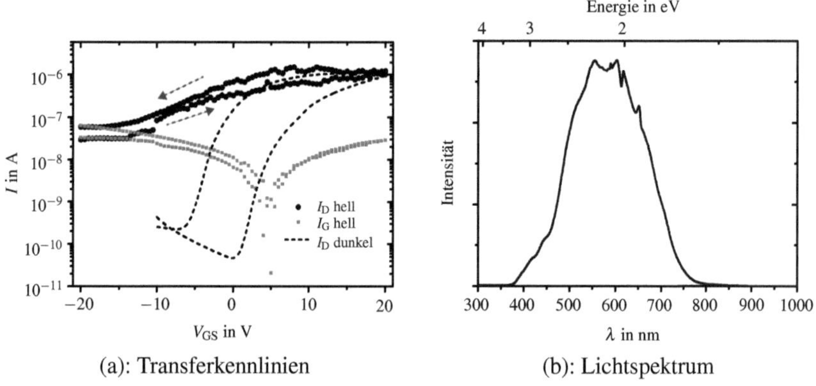

(a): Transferkennlinien   (b): Lichtspektrum

Abbildung 6.33: Hysterese eines ZnO-NP-Dünnfilmtransistors im *Inverted Staggered*-Aufbau unter Lichteinfall und Wellenlängenspektrum des Lichts. Transistorkanallänge $L = 3\,\mu\mathrm{m}$, Transistorkanalweite $W = 3\,\mu\mathrm{m}$

Gate-Spannungen die Stärke des Drain-Stroms erreicht. Es ist demnach zu vermuten, dass die Photonen in Wechselwirkung mit dem PVP stehen und der hohe Sperrstrom durch einen photoinduzierten Gate-Leckstrom hervorgerufen wird. Der hohe Gate-Leckstrom erklärt aber nicht den höheren Drain-Strom für $V_{GS} > -10\,\text{V}$. Dessen Ursache ist die Energieübertragung von Photonen auf Elektronen im Metall, deren Energie folglich ausreicht, um die Barriere an der Source-Elektrode passieren zu können. Damit einhergehend ist die verringerte Schwellenspannung, die für die Vorwärtsmessrichtung um $\Delta V_{th} = -16{,}6\,\text{V}$ und in Rückwärtsmessrichtung um $\Delta V_{th} = -11{,}42\,\text{V}$ reduziert ist. Im bestrahlten Zustand ist durch das Gate-Potenzial eine wesentlich stärkere Bandverbiegung zu leisten, um den Übergang der energiereicheren Elektronen vom Metall in den Halbleiter zu verhindern.

Die thermische Anregung wird über eine moderate Erhitzung des Substrats während der Messung erreicht. Die Abbildung 6.34 zeigt die Verläufe der Transferkennlinien für die Temperaturen $T = \{21°\text{C}, 50°\text{C}, 60°\text{C}, 76°\text{C}\}$. Die thermischen Energien reichen nur aus, um Ladungsträger aus sehr flachen Störstellen zu befreien, dennoch ist eine stetige Abnahme der Hysterese zu beobachten, da die Ionisierungswahrscheinlichkeit steigt und gemäß dem FRENKEL-POOLE-Effekt in Abschnitt 2.1.3 die Anregung der Ladungsträger mit zunehmender thermischer Energie vereinfacht wird. Für $T = 50°\text{C}$ tritt lediglich eine Verengung der Hysteresekurve auf, während für $T = 60°\text{C}$ bereits eine Überdeckung der Transferkennlinie für Vorwärts- und Rückwärtsmessrichtung im Bereich hoher Gate-Source-Spannungen auftritt. Die Kennlinie erinnert stark an die Charakteristik des *Inverted Staggered*-Transistors in Abbildung 6.10a, der wegen seines thermisch gewachsenen SiO_2-Dielektrikums eine wesentlich geringere Haftstellendichte besitzt. Daraus kann gefolgert werden, dass durch die Erwärmung der Effekt der Haftstellen in einem gewissen Maße reduziert wird. Es ist weiterhin zu beobachten, dass der Verlauf in Vorwärtsmessrichtung nahezu unverändert bleibt, während die Reduktion der Hysterese mit abnehmenden Gate-Source-Spannungen stattfindet. Vermutlich bleibt der Aufladeeffekt der Störstellen mit steigender Gate-Source-Spannung von der erhöhten thermischen Energie unbeeinflusst bzw. es kann ein Verschiebungsstrom auftreten, der unabhängig von der Wärmeenergie ist. Letztendlich tritt für eine weitere Erhöhung der Temperatur auf $T = 76°\text{C}$ eine Umkehrung der Hysterese auf, so dass für die Vorwärtsmessrichtung teilweise ein höherer Strom als in Rückwärtsmessrichtung gemessen wird. Eine generelle Verschiebung der Schwellenspannung mit steigender Temperatur in negative Richtung ist nicht festzustellen. Zwar ist eine Senkung der Schwellenspannung in Vorwärtsrichtung zu bemerken, in Rückwärtsrichtung ist jedoch eine Anhebung der Schwellenspannung in den positiven Spannungsbereich zu erkennen, so dass der Transistor auf jeden Fall selbstsperrend ist. Für Temperaturen $T \leq 50°\text{C}$ ändert sich der Verlauf

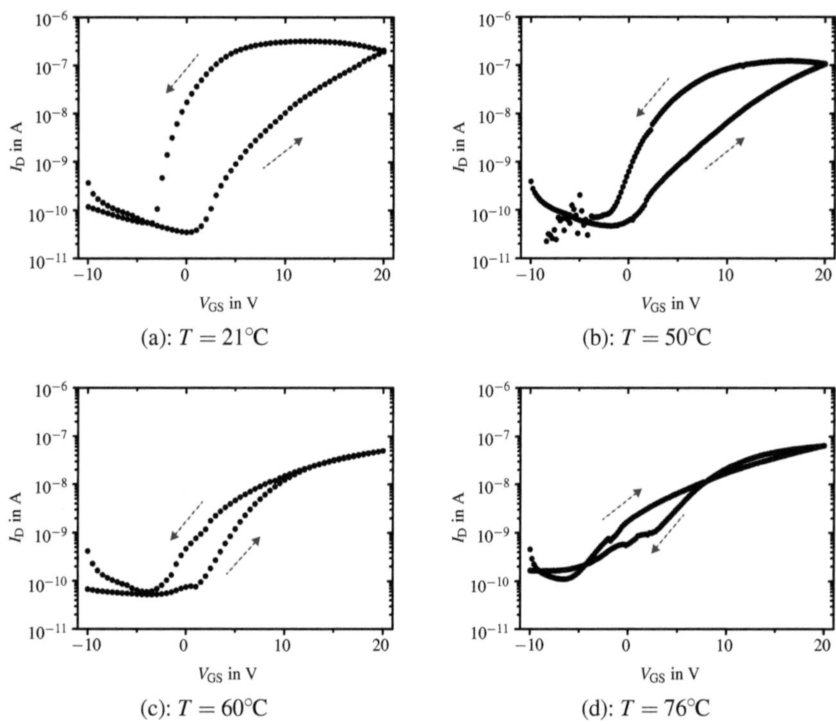

Abbildung 6.34: Hysterese eines ZnO-NP-Dünnfilmtransistors im *Inverted Staggered*-Aufbau in Abhängigkeit von der Temperatur während der Messung. Transistorkanallänge $L = 3\,\mu\text{m}$, Transistorkanalweite $W = 3\,\mu\text{m}$, $V_{\text{DS}} = 10\,\text{V}$

der Transferkennlinie weder qualitativ noch quantitativ. Die zugeführte Wärmeenergie scheint demnach nicht ausreichend zu sein, die thermische Emission über die Metall-Halbleiter-Barriere nennenswert zu steigern. Erst für $T = 76°\text{C}$ tritt eine leichte Erhöhung des Drain-Stroms im Sperrbereich und damit eine Reduktion der Strommodulation ein. Ein Anstieg des Gate-Leckstroms ist im Gegensatz zum optischen Energieeintrag nicht zu beobachten und der Gate-Leckstrom ist um mindestens drei Größenordnungen kleiner als der Drain-Strom.

Die Abnahme der Hysterese in den Transferkennlinien aufgrund des Temperatureinflusses ist reversibel, so dass nach der Abkühlung wieder die ursprünglichen Kennlinien gemessen werden können. Es ist somit nahezu ausgeschlossen, dass die Unterschiede in den Kennlinien durch eine chemische Reaktion der in den

Transistoren verwendeten Materialien – im Sinne einer nicht umkehrbaren Materialveränderung – hervorgerufen werden.

Dünnfilmtransistoren in *Inverted Staggered*-Architektur auf Glassubstrat

Für den Übergang auf isolierende Substrate werden die *Inverted Staggered*-Dünnfilmtransistoren aus dem vorangegangenen Abschnitt auf Glassubstrat integriert. Als Substrat wird ein Borosilikatglas als 4-Zoll-Wafer der Firma PLAN OPTIK AG verwendet. Der thermische Ausdehnungskoeffizient beträgt $3{,}25 \cdot 10^{-6}\,\mathrm{K}^{-1}$. Ein maximale zulässige Einsatztemperatur ist nicht angegeben. Diese ist vermutlich identisch mit dem *Borofloat 33*-Glas der Firma SCHOTT TECHNICAL GLAS SOLUTIONS GMBH [Sch09c]. Die Oberflächenrauheit ist laut Produktspezifikation kleiner als $1{,}5\,\mathrm{nm}$ [Pla09].

Der Integrationsprozess wird von den *Inverted Staggered*-Bauelementen auf thermisch oxidiertem Siliziumsubstrat übernommen. Die Kennlinien eines typischen Transistors sind in Abbildung 6.35 dargestellt. Qualitativ ähnelt die Charakteristik den Bauelementen auf Siliziumsubstrat. Da lediglich das Substrat ausgetauscht wurde, bleibt die Hysterese bestehen, so dass die Schwellenspannung in Vorwärtsmessrichtung $V_{\mathrm{th}} = 11{,}5\,\mathrm{V}$ und in Rückwärtsmessrichtung $V_{\mathrm{th}} = 4{,}0\,\mathrm{V}$ beträgt. Der Transistor ist zwar wie die Mehrzahl der Transistoren selbstsperrend, doch muss erwähnt werden, dass ebenso selbstleitende bzw. eine Kombination aus beiden Typen auf dem selben Substrat existieren, wobei die Schwel-

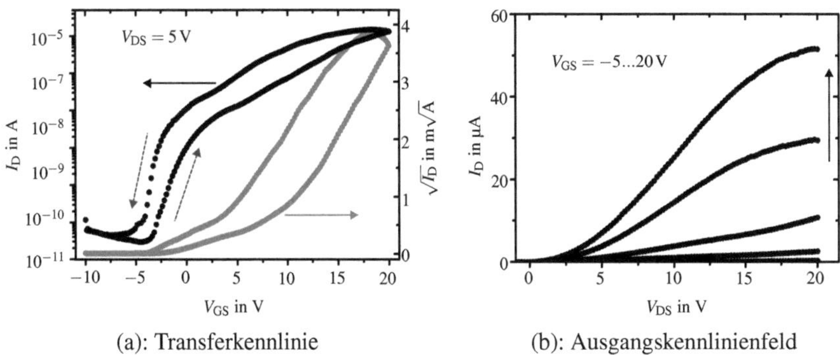

(a): Transferkennlinie   (b): Ausgangskennlinienfeld

Abbildung 6.35: Kennlinien eines ZnO-NP-Dünnfilmtransistors im *Inverted Staggered*-Aufbau auf Borosilikatglas-Substrat mit Al-Gate-Elektroden. Der Transistor besitzt eine Kanallänge von $L = 1{,}5\,\mu\mathrm{m}$ und eine Weite von $W = 500\,\mu\mathrm{m}$. Das Gate-Dielektrikum besteht aus $180\,\mathrm{nm}$ PVP. Die Drain- und Source-Kontakte bestehen aus Aluminium.

lenspannungen dem *DITL*-Effekt unterworfen sind; d. h. mit größerem V_{DS} nehmen die Schwellenspannungen teilweise extrem ab. Diese Tatsache wird für den Aufbau von Inverter-Schaltungen in Abschnitt 7 entscheidend sein. Die Strommodulation ist größer als 10^5, und die Feldeffektladungsträgerbeweglichkeit beträgt $\mu_{FE} = 7{,}4 \cdot 10^{-2}\,\mathrm{cm^2(Vs)^{-1}}$. Beide Werte übertreffen somit die Parameter für die Transistoren auf oxidiertem Siliziumsubstrat. Der Subschwellenstromanstieg ist hingegen mit einem Wert von $S = 6{,}1\,\mathrm{V/dek}$ wesentlich schlechter.

Aufgrund der Hysterese, deren Ursache im Dielektrikum liegt, sind die oben vorgestellten Transistoren je nach Messrichtung selbstleitend oder -sperrend. Um auch für höhere Drain-Source-Spannungen (z. B. für den Aufbau von Schaltungen) die Transistoren selbstsperrend verfügbar zu haben, lässt sich in *MOSFET* die Schwellenspannung über die Differenz der Austrittsarbeiten zwischen Gate-Elektroden- und Halbleitermaterial der MIS[12]-Struktur einstellen [Sze81]. Mit größerer Austrittsarbeit des Gate-Metalls steigt die Schwellenspannung an. Daher wird für die Integration auf Glas Gold als Gate-Metall eingesetzt, welches mit $q\phi_M(\mathrm{Au}) \approx -5{,}1\,\mathrm{eV}$ gegenüber Aluminium mit $q\phi_M(\mathrm{Al}) = -4{,}28\,\mathrm{eV}$ eine größere Austrittsarbeit aufweist. In Folge der schlechten Haftung von Gold auf Siliziumdioxid, also auch auf Glas, werden zunächst 4 nm Titan als Haftvermittler durch Elektronenstrahlverdampfung und anschließend 40 nm Gold durch Kathodenstrahlzerstäubung abgeschieden. Der weitere Integrationsprozess bleibt unverändert. Die Charakteristiken eines typischen Transistors sind in Abbildung 6.36 dargestellt. Die Schwellenspannung von $V_{th} = 2{,}1\,\mathrm{V}$ in Vorwärtsmessrichtung und $V_{th} = -4\,\mathrm{V}$ in Rückwärtsmessrichtung sind keineswegs gegenüber den Schwellenspannungen in den zuvor vorgestellten TFT mit Al-Gate erhöht, sondern stark verringert. In der gesamten Stichprobenmenge existiert kein Transistor, der unabhängig von der Hysterese selbstsperrend ist, so dass vermutet werden kann, dass die Verwendung von Au-Gate-Elektroden keine Verbesserung erbringt. Mögliche Ursachen hierfür sind

- ein starker Einfluss der Eigenschaften des Gate-Dielektrikums und seiner Aufladung;

- veränderte physikalische Eigenschaften der Goldelektrode (z. B. in Wechselwirkung mit dem PVP-Dielektrikum);

- ein zu geringer Einfluss der Ladungsträgerakkumulation auf die Transistorfunktion.

Offensichtlich wird die Transistorfunktion in erster Linie durch die Steuerung der Kontakteigenschaften an den Drain- und Source-Kontakten bewirkt. Die Kontakte

---

[12] **M**etal **I**nsulator **S**emiconductor

liegen an der Oberseite der Halbleiterschicht und demnach ca. $200 - 300\,\mathrm{nm}$ von der Akkumulationszone entfernt. Etwaige Feldeinflüsse, die durch die höhere Austrittsarbeit der Goldelektrode hervorgerufen werden, können im Halbleiter über die Raumladungszone auf einer Distanz von näherungsweise $10\,\mathrm{nm}$ abgebaut werden, so die Kontakte unbeeinflusst bleiben. Als weitere Transistorparameter ergeben sich die Feldeffektladungsträgerbeweglichkeit mit $\mu_{\mathrm{FE}} = 2{,}6 \cdot 10^{-3}\,\mathrm{cm^2(Vs)^{-1}}$, das $I_{\mathrm{ON}}/I_{\mathrm{OFF}}$-Verhältnis mit ca. 10^3 und der Subschwellenspannungsstromanstieg $S = 1{,}65\,\mathrm{V/dek}$. Während also die Mobilität vergleichbar mit der der Transistoren auf thermisch oxidiertem Siliziumsubstrat ist, verschlechtert sich das Sperrverhalten.

Die integrierten Transistoren auf Glassubstrat sind abgesehen von den metallischen Elektroden im optischen Wellenlängenbereich transparent. Abbildung 6.37 zeigt die optischen Transmittanzen des Wafers vor und nach der Prozessierung sowie die der Zinkoxid-Nanopartikeldispersion, entnommen aus dem Datenblatt [Deg06], für Wellenlängen im Bereich von $\lambda = 350 - 800\,\mathrm{nm}$. Bereits das unbearbeitete Borosilikatglas zeigt eine Absorption von 5% über den gesamten Bereich. Durch die metallischen Elektroden sinkt die transmittierte Lichtintensität auf ca. 50%. Auffällig ist das lokale Transmittanzminimum bei einer Wellenlänge $\lambda = 374\,\mathrm{nm}$ mit 36,5%, welches durch die Absorption der ZnO-Nanopartikel im UV-Bereich verursacht wird. Laut Datenblatt existiert ein lokales Absoprtionsmaximum bei $\lambda = 363\,\mathrm{nm}$. Offensichtlich kommt es zu einer Rotverschiebung um $11\,\mathrm{nm}$, die durch die Prozessierung (z. B. leichte Versinterung), aber auch durch

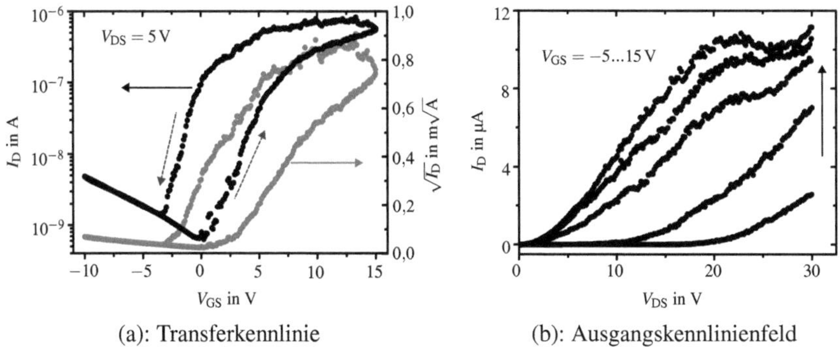

(a): Transferkennlinie   (b): Ausgangskennlinienfeld

Abbildung 6.36: Kennlinien eines ZnO-NP-Dünnfilmtransistors im *Inverted Staggered*-Aufbau auf Glassubstrat. Der Transistor besitzt eine Kanallänge von $L = 3\,\mathrm{\mu m}$ und eine Weite von $W = 1000\,\mathrm{\mu m}$. Das Gate-Dielektrikum besteht aus $180\,\mathrm{nm}$ PVP. Die Gate-Elektrode besteht aus $4\,\mathrm{nm}$ Ti/$40\,\mathrm{nm}$ Au und die Drain- und Source-Kontakte sind aus Aluminium.

den Kontakt mit den umgebenden Materialien hervorgerufen werden kann. Die geringe transmittierte Lichtintensität kann gesteigert werden, indem die intransparenten metallischen Elektroden durch optisch durchlässige Leiter ersetzt werden. Mögliche Materialien sind zum Beispiel Indium-Zinn-Oxid (ITO), stark Al-dotiertes Zinkoxid (AZO) oder leitfähige Polymere [Won09].

Elektrische Transistorparameter von *Noninverted Staggered*-TFT auf Silizium-Substrat

Die Kennlinien eines Transistors sind in Abbildung 6.38 exemplarisch dargestellt. Aufgrund des schlechten elektrischen Kontakts zwischen den Metallelektroden und der Halbleiterschicht ist der maximale Drain-Strom klein. Insgesamt ist das Ausmaß der Hysterese wesentlich größer als in *Inverted Staggered*-Transistoren. Die Schwellenspannung in Rückwärtsrichtung beträgt ca. $V_{th} = -52,5\,$V. Das Gate-Dielektrikum besitzt eine geringe Durchbruchfeldstärke, so dass $V_{GS} = V_{th}$ nicht erreicht werden kann, ohne das Bauelemente zu zerstören. Um die Kennlinie zerstörungsfrei aufzunehmen, wird nur $V_{GS} \geq -40\,$V gewählt. Bereits für diesen Betriebsbereich ist im Ausgangskennlinienfeld ein merklicher Gate-Leckstrom zu beobachten. Für $V_{GS} \geq -10\,$V geht der Drain-Strom in der Transferkennlinie in Sättigung, so dass eine asymmetrische Kennlinie entsteht. Aus der nicht erreichbaren Schwellenspannung resultiert ein sehr geringes I_{ON}/I_{OFF}-Verhältnis mit $I_{ON}/I_{OFF} = 5$. Mit $\mu_{FE} = 1,0 \cdot 10^{-3}\,$cm^2(Vs)$^{-1}$ liegt die Feld-

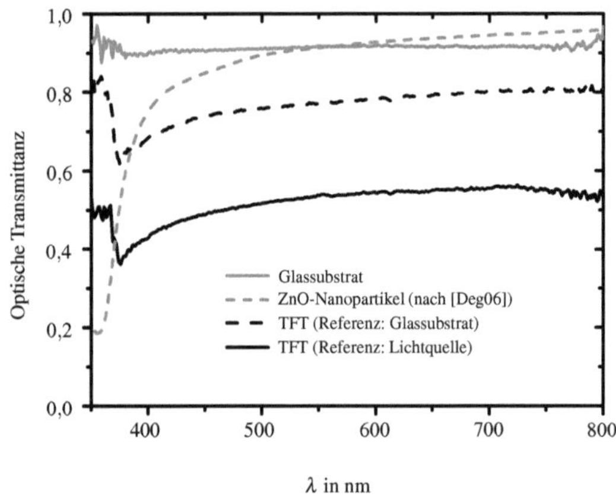

Abbildung 6.37: Optische Transmittanz der ZnO-Nanopartikeltransistoren auf Borosilikatglas-Substrat im sichtbaren Wellenlängenspektrum

effektladungsträgerbeweglichkeit mindestens eine Größenordnung unter den Werten der *Inverted Staggered*-Transistoren mit gemeinsamer Silizium-Rückseiten-Gate-Elektrode, aber nur geringfügig unter den Werten der *Inverted Staggered*-Bauelemente mit PVP-Dielektrikum. Die reduzierte Mobilität wird durch die höheren Kontaktwiderstände zwischen dem nanopartikulären Halbleiter und den Drain-Source-Elektroden verursacht.

Gegensätzlich zu den in dieser Arbeit beobachteten Ergebnissen berichteten FABER ET AL. über Transistoren derselben Bauform mit denselben Elektrodenmaterialien, hergestellt und charakterisiert unter ähnlichen Bedingungen. Sie beobachten Beweglichkeiten[13] von immerhin $\mu = 2,5\,\mathrm{cm}^2(\mathrm{Vs})^{-1}$. Der entscheidende Unterschied besteht offensichtlich in der Wahl des Halbleitermaterials, da wesentlich kleinere Nanopartikel mit organischen Liganden an der Partikeloberfläche genutzt werden. Das Transistorverhalten zeigt ebenfalls eine Hysterese und ein Ausbleiben eines Sättigungsbereichs im Ausgangskennlinienfeld. Der Sättigungsbereich des in dieser Arbeit vorgestellten Transistors hingegen ist deutlich ausgeprägt. Eine Hysterese tritt zwar auf und ist stärker vorhanden als in den *Inverted Staggered*-TFT, jedoch im Vergleich zur Literatur klein. Mögliche Ursachen für die geringere Hysterese können sowohl die PVP-Quervernetzung unter Vakuum als auch die Verwendung von größeren Nanopartikeln bzw. von Nanopartikeln ohne organische

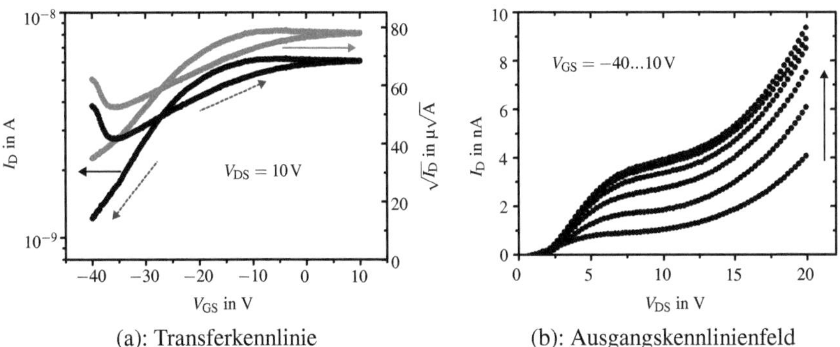

(a): Transferkennlinie   (b): Ausgangskennlinienfeld

Abbildung 6.38: Kennlinien eines ZnO-NP-TFT im *Noninverted Staggered*-Aufbau. Der Transistor besitzt eine Kanallänge von $L = 100\,\mu\mathrm{m}$ und eine Weite von $W = 700\,\mu\mathrm{m}$. Das Gate-Dielektrikum besteht aus 340 nm PVP. Drain- und Source-Elektroden bestehen aus 100 nm Aluminium, die Gate-Elektrode aus 50 nm Gold. Als Substrat dient thermisch oxidiertes Silizium.

---

[13]Die Ladungsträgermobilität ist unter Zuhilfenahme der Standard-Transistorgleichung ermittelt worden und entspricht nicht der in dieser Arbeit angegebenen Feldeffektladungsträgerbeweglichkeit.

Tabelle 6.10: Übersicht über die elektrischen Transistorparameter von frei beschaltbaren Dünnfilmtransistoren. Das Gate-Dielektrikum besteht aus Poly(4-vinylphenol) mit $\varepsilon_r \approx 6$; die Schichtdicke des Dielektrums beträgt ca. 180 nm für die *Inverted Staggered*-Transistoren bzw. ca. 340 nm für den *Noninverted Staggered*-Transistor.

Aufbau	Substrat	Gate	I_{ON}/I_{OFF}	V_{th} in V	μ_{FE} in cm^2(Vs)$^{-1}$	S in V/dek
IS	SiO$_2$@Si	Al	10^5	1,4	$3{,}2 \cdot 10^{-3}$	0,7
IS	BSG	Al	$> 10^5$	11,5	$7{,}2 \cdot 10^{-2}$	6,1
IS	BSG	Au	10^3	2,1	$2{,}6 \cdot 10^{-3}$	1,7
NIS	SiO$_2$@Si	Al	5	$-52{,}5$	$1{,}0 \cdot 10^{-3}$	-

Liganden sein. Zur Vollständigkeit sind die Transistorparameter in Tabelle 6.10 als Übersicht aufgeführt.

Fazit

Mit Poly(4-vinylphenol) als Gate-Dielektrikum lassen sich frei beschaltbare Transistoren unter Nutzung von ZnO-Nanopartikeln als Halbleitermaterial integrieren. Insbesondere die *Inverted Staggered*-Architektur ist geeignet, um Transistoren herzustellen, deren Transistorparameter für den Schaltungsaufbau ausreichend sind. Darüberhinaus können sie auf transparenten Glassubstraten mit hinreichenden Transistoreigenschaften integriert werden. Gegenüber den *Noninverted Staggered*-Bauelementen, die eine stärkere Hysterese und eine geringere Strommodulation aufweisen, zeigen *Inverted Staggered*-Transistoren neben der geringen Hysterese und der hervorragenden Strommodulation ein gutes Sperrverhalten. Die Schwellenspannungen sind teilweise in einem ausreichenden Wertebereich, lassen sich aber nicht ohne Weiteres durch eine Variation der Austrittsarbeit der Gate-Elektrode einstellen.

6.6.3 Einzelpartikeltransistoren auf Glassubstrat

Inverted Coplanar-Architektur mit *PECVD*-SiO$_2$-Dielektrikum

Bauelementintegration

Für die Integration von frei beschaltbaren Einzelpartikeltransistoren wird

Glas als isolierendes Trägermaterial eingesetzt. Als Substrat wird Borosilikat-glas mit dem Markennamen *Borofloat 33* der Firma SCHOTT TECHNICAL GLASS SOLUTIONS GMBH als 4-Zoll-Wafer mit einer Dicke von $0,7 \pm 0,07\,\text{mm}$ verwendet. Der thermische Ausdehnungskoeffizient beträgt $3,25 \cdot 10^{-6}\,\text{K}^{-1}$. Die maximal zulässige Einsatztemperatur wird für Kurzzeitbelastung (kürzer als 10h) mit 500°C und für Langzeitbelastungen über 10h mit 450°C angegeben [Sch09c].

Zunächst wird auf dem Substrat Aluminium abgeschieden und zu Gate-Elektroden strukturiert. Als Gate-Dielektrikum dient im *PECVD*-Verfahren abge-schiedenes Siliziumdioxid mit einer Dicke $t_i = 234\,\text{nm}$. Die elektrische Durch-bruchfestigkeit von *PECVD*-SiO_2 ist zwar gering, jedoch lässt es sich bei 100°C...120°C auch auf temperaturempfindlichen Substraten abscheiden. Ab-schließend werden die nanoskaligen Zwischenräume hergestellt und Nanopartikel in diesen abgeschieden. Die Transistorstruktur ist als REM-Aufnahme in Abbil-dung 6.39a dargestellt.

Elektrische Transistorparameter
Da das Gate-Dielektrikum wie erwartet elektrisch sehr schwach ist und zudem die Ausbeute an funktionsfähigen Exemplaren sehr gering ist, können bislang nur Ausgangskennlinienfelder als Transistorcharakteristik vorgewiesen werden. Ein ty-pisches Kennlinienfeld ist im Diagramm der Abbildung 6.39b abgebildet. Eine Transistorcharakteristik einschließlich eines Sättigungsbereichs ist eindeutig zu er-

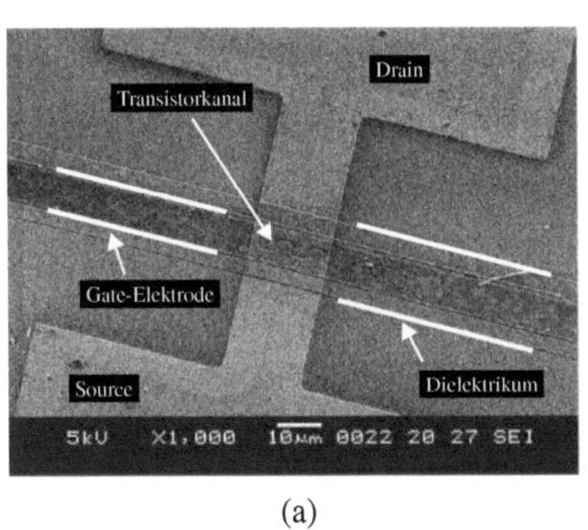

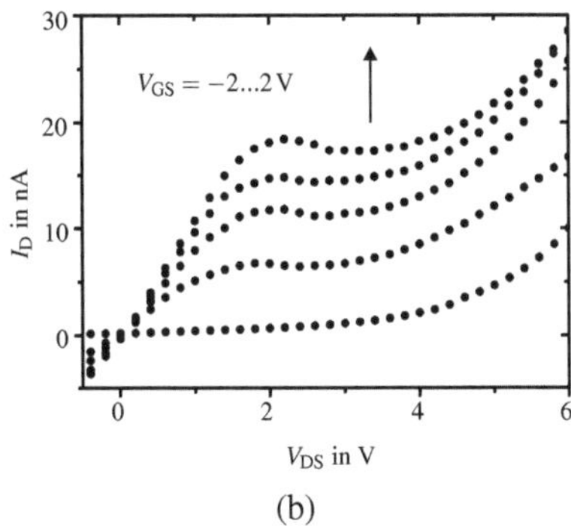

(a)   (b)

Abbildung 6.39: REM-Aufnahmen einer Transistorstruktur im *Inverted Coplanar*-Aufbau mit frei beschaltbarer Gate-Elektrode auf Glassubstrat und Ausgangskennlinienfeld eines Transistors mit einer Kanallänge $L = 70\,\text{nm}$ und einer geometrischen Kanalweite $W = 50\,\mu\text{m}$. Das Gate-Dielektrikum besteht aus 234nm *PECVD*-SiO_2, abgeschieden bei 100°C. (a) REM-Aufnahme (ohne Nanopartikel), (b) Ausgangskennlinienfeld

Tabelle 6.11: Übersicht über die elektrischen Transistorparameter eines typischen ZnO-EPT im *Inverted Coplanar*-Aufbau mit $L = 70\,\text{nm}$, $W = 50\,\mu\text{m}$ und Al-Gate-, Drain- und Source-Elektroden auf Glassubstrat

Substrat	Dielektrikum	$I_{\text{ON}}/I_{\text{OFF}}$	V_{th} in V	μ in $\text{cm}^2(\text{Vs})^{-1}$
BSG	234 nm *LTO-PECVD*-SiO$_2$	25	–	$2{,}4 \cdot 10^{-4}$

kennen. Auffällig sind wiederum die Stromspitzen beim Übergang vom Trioden-bereich in den Sättigungsbereich, die ebenso sowohl im Falle von Dünnfilm- als auch von Einzelpartikeltransistoren im Zusammenhang mit ZnO-Nanopartikeln als Halbleitermaterial und der *Inverted Coplanar*-Architektur beobachtet werden [vergleiche Abschnitte 6.3.1 und 6.4.1].

Die Schwellenspannung kann nicht exakt bestimmt werden. Aufgrund eines deutlichen Drain-Stroms für $V_{\text{GS}} = -1\,\text{V}$ handelt es sich um selbstleitende Transistoren. Eine Extraktion des Unterschwellenstromanstiegs ist nicht möglich. Die Strommodulation kann aus dem Ausgangskennlinienfeld mit $I_{\text{ON}}/I_{\text{OFF}} = 25$ abgeschätzt werden. Sie beträgt demnach nur einen Bruchteil der Werte, die an *Inverted Coplanar*-Einzelpartikeltransistoren mit gemeinsamer Rückseiten-Gate-Elektrode gemessen werden. Die Ladungsträgerbeweglichkeit wird unter Zuhilfenahme der SHOCKLEY-Gleichung für den Sättigungsbereich aus dem Kennlinienfeld berechnet und beträgt ca. $\mu = 2{,}4 \cdot 10^{-4}\,\text{cm}^2(\text{Vs})^{-1}$ unter der Annahme, dass die Schwellenspannung mit $V_{\text{th}} \approx -2\,\text{V}$ abgeschätzt werden kann. Es ist zu beachten, dass es sich hierbei nicht um die Feldeffektladungsträgerbeweglichkeit handelt. Die Transistorkennwerte sind in Tabelle 6.11 als Übersicht aufgeführt.

Fazit

Die *Inverted Coplanar*-Bauform eignet sich mit der angewendeten Prozessführung nicht für die Integration von frei beschaltbaren Transistoren. Zum Einen ist die Ausbeute äußerst gering; zum Anderen ist das verwendete *PECVD*-SiO$_2$ als Gate-Dielektrikum elektrisch zu instabil. Ein Austausch des Siliziumdioxids durch alternative Dielektrika (z. B. Poly(4-vinylphenol)) ist nicht möglich, weil sie nicht resistent gegenüber den folgenden Prozessschritten sind. Da die erreichten Transistorparameter für den Einsatz in integrierten Schaltungen relativ schlecht sind, ist eine Verwendung für einen weiterführenden Schaltungsaufbau nicht zielführend.

Noninverted Staggered-Architektur mit _PECVD_-SiO_2-Dielektrikum

Auch wenn die Integration von Transistoren in der _Inverted Coplanar_-Bauform eine zu geringe Ausbeute liefert, lassen sich dennoch Bauelemente unter Nutzung von nanoskaligen Zwischenräumen in der _Noninverted Staggered_-Architektur herstellen. Dieser Aufbau bietet drei wesentliche Vorteile:

1. da das Gate-Dielektrikum erst nach der Abscheidung der Nanopartikel erzeugt wird, besteht nicht die Gefahr einer prozessbedingten Schädigung;

2. die Partikelabscheidung in die Nanogräben ist unproblematisch, da selbst bei fehlenden Partikeln im Nanozwischenraum ein Transistorkanal durch Partikel besteht, die den Nanograben lediglich überbrücken. Die Transistorkanallänge wird weiterhin durch den Abstand der Drain- und Source-Elektrode definiert;

3. die _Annealing_-Temperatur zur Nanopartikelfixierung kann entscheidend verringert oder ein _Annealing_-Schritt vermieden werden, da einerseits die Belastung durch nachfolgende Prozesse (d. h. keine Nanograbenherstellung auf dem Partikelfilm) geringer ist und eine Fixierung der Nanopartikel im gewissen Maße durch die darauf abgeschiedene Dielektrikumsschicht erreicht wird.

Bauelementintegration

Die Herstellung der Transistoren wird ähnlich zu den _Inverted Coplanar_-Transistoren in Abschnitt 6.6.3 durchgeführt. Als Substrat wird wiederum das Borosilikatglas der Firma PLAN OPTIK AG verwendet.

Zunächst werden Drain- und Source-Elektroden mittels der Kantenabscheidetechnik im nanoskaligen Abstand strukturiert. Auf die Source- und Drainelektroden wird ein Nanopartikelfilm aus einer Dispersion mit $\xi(\text{ZnO}) \approx 1{,}62\,\text{Gew.-\%}$ durch _Spin-coating_ abgeschieden. Es stellt sich heraus, dass sich bei dieser Verdünnung der ZnO-Dispersion eine besonders gleichmäßige Schicht auf Borosilikatglas erzeugen lässt, wenn die Suspension bei $150\,\text{min}^{-1}$ aufgetragen und anschließend für nur 2 s bei $350\,\text{min}^{-1}$ verteilt wird. Abschließend wird die Schicht durch langsame Verdunstung des Wasser im Trockenofen für 30 Minuten bei 60°C getrocknet. Auf die Partikelschicht wird Siliziumdioxid im _PECVD_-Verfahren bei einer Prozesstemperatur von 100°C abgeschieden. Bevor die Kontaktlöcher zu den Drain- und Source-Elektroden geöffnet werden, wird zunächst Aluminium als Gate-Metall abgeschieden und per _Lift-off_ strukturiert. Das SiO_2 fixiert dabei die ZnO-Nanopartikel in ausreichender Weise. Erst abschließend findet die Öffnung der Drain-/Source-Kontakte statt.

Es ist zu bemerken, dass die maximale Prozesstemperatur durch das Ausheizen der Wafer vor der Fototechnik mit 150°C gegeben ist. Der komplette Prozess ist somit im vollen Umfang für den Übergang auf temperaturempfindliche Kunststoffsubstrate geeignet.

Elektrische Transistorparameter

Auffällig ist, dass die Ausbeute an funktionsfähigen Transistoren wesentlich höher ist als bei der *Inverted Coplanar*-Bauform. Ein typisches Kennlinienpaar ist in Abbildung 6.40 dargestellt. Die Transferkennlinie ist durch eine starke Hysterese zwischen den Messrichtungen gekennzeichnet. Offensichtlich besitzt das Gate-Dielektrikum bzw. die Grenzfläche zwischen Dielektrikum und Halbleiter eine hohe Störstellen- und Haftstellendichte. Dieses ist nicht unwahrscheinlich, da der Isolator bei lediglich 100°C abgeschieden wird und dadurch vermehrt ortsfeste, aber auch mobile Oxidladungen entstehen. Für die Messung mit steigendem V_{GS} lässt sich somit eine Schwellenspannung $V_{th} = -0,3\,\text{V}$ ermitteln, für die entgegengesetzte Messrichtung zu $V_{th} = -4,9\,\text{V}$. Der selbstleitende Transistor besitzt ein I_{ON}/I_{OFF}-Verhältnis von 140, wodurch er im Vergleich zu den *Inverted Coplanar*-Transistoren auf Glassubstrat eine bessere Pegeldetektion gewährleistet. Der Subschwellenstromanstieg ist mit $S = 1,77\,\text{V/dek}$ leicht schlechter als in *Inverted Coplanar*-Einzelpartikeltransistoren auf oxidiertem Siliziumsubstrat. Dennoch ist der Subschwellenspannungsstromanstieg vergleichbar mit guten

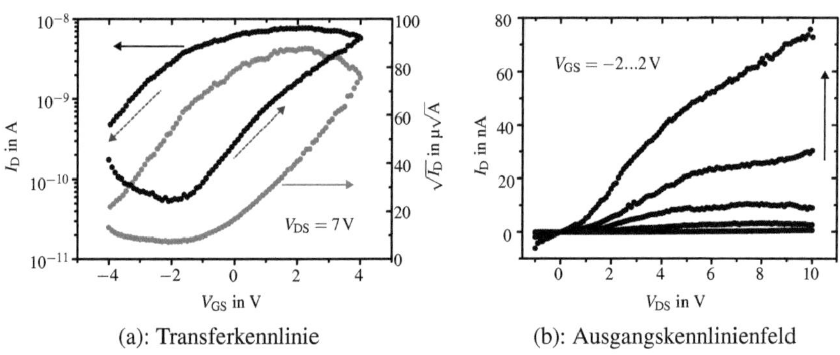

(a): Transferkennlinie   (b): Ausgangskennlinienfeld

Abbildung 6.40: Kennlinien eines ZnO-NP-Einzelpartikeltransistors auf Borosilikatglas-Substrat im *Noninverted Staggered*-Aufbau. Der Transistor besitzt eine Kanallänge von ca. $L = 300\,\text{nm}$ und eine Weite von $W = 20\,\mu\text{m}$. Das Gate-Dielektrikum besteht aus 120 nm *PECVD*-SiO_2, abgeschieden bei 100°C. Gate-, Drain- und Source-Elektroden bestehen aus Aluminium.

Tabelle 6.12: Übersicht über die elektrischen Transistorparameter eines typischen Zinkoxid-EPT im *Noninverted Staggered*-Aufbau mit $L = 300\,\text{nm}$, $W = 20\,\mu\text{m}$ und Al-Gate-, Drain- und Source-Elektroden auf Glassubstrat. Das Gate-Dielektrikum besteht aus *LTO-PECVD-SiO$_2$*.

Substrat	t_i [nm]	$I_{\text{ON}}/I_{\text{OFF}}$	V_{th} **in V**	μ_{FE} **in** $\text{cm}^2(\text{Vs})^{-1}$	S **in V/dek**
BSG	120	140	$-0{,}3$	$2{,}1 \cdot 10^{-4}$	1,77

organischen Feldeffekttransistoren auf isolierenden Foliensubstraten, deren Werte mit $S = 1{,}33...20\,\text{V/dek}$ angegeben werden [Die08].

Die Ladungsträgerbeweglichkeit ist mit $\mu_{\text{FE}} = 2{,}1 \cdot 10^{-4}\,\text{cm}^2(\text{Vs})^{-1}$ in beiden Hystereseästen gering. In Anbetracht der sehr geringen Prozessierungstemperatur von $T \leq 150\,°\text{C}$ und nicht wesentlich höheren Mobilitätswerte für die *Inverted Coplanar*-Bauelemente auf Glassubstrat, befindet sich die Mobilität in einer erwarteten Größenordnung. Es ist möglich, dass die geringe Feldeffektladungsträgerbeweglichkeit durch Nanopartikel bedingt ist, die den Elektrodenabstand oberseitig überbrücken und sich nur wenige Halbleiterpartikel in den nanoskaligen Zwischenräumen befinden. Nanopartikel in den Nanogräben liegen außerdem nicht als Einzelagglomerate vor, sondern müssen die Kanallänge von $L = 300\,\text{nm}$ durch die Bildung eines Mehragglomeratepfades überbrücken. Die Kennwerte sind wiederum als Tabelle 6.12 in der Übersicht dargestellt.

Fazit

Im Gegensatz zu den anderen Transistorarchitekturen besitzt der *Noninverted Staggered*-Aufbau das Potenzial für den Einsatz in logischen Schaltungen auf isolierendem Glassubstrat, da die Ausbeute höher ist. Dem entgegen steht bislang die recht geringe Ladungsträgerbeweglichkeit, die einer Verbesserung bedarf. Mit Blick auf die Transistoren gleicher Architektur mit gemeinsamen Rückseiten-Gate-Elektroden, erscheint es jedoch möglich, eine wesentliche Steigerung der Mobilität durch geeignete Anpassungen der Prozessführung und Materialien zu erreichen.

6.6.4 Zusammenfassung und Bewertung von ZnO-NP-TFT mit frei beschaltbaren Gate-Elektroden

Die Integration individuell beschaltbarer Transistoren mit ZnO-Nanopartikeln ist sowohl in Dünnfilm- als auch in Einzelpartikelbauart möglich. Als Über-

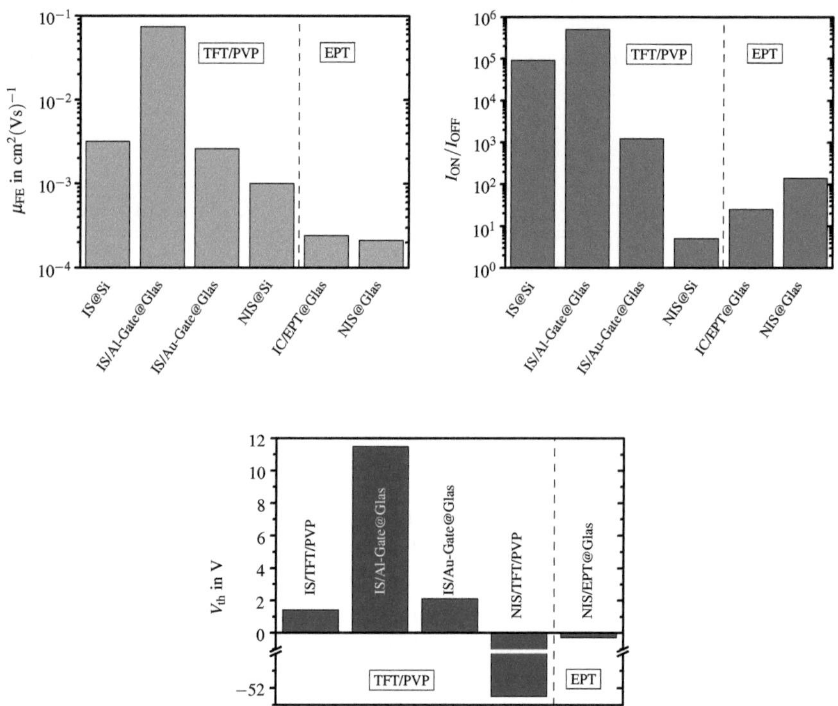

Abbildung 6.41: Vergleich von Ladungsträgerbeweglichkeit, I_{ON}/I_{OFF}-Verhältnis und Schwellenspannung zwischen den integrierten ZnO-NP-FET mit frei beschaltbaren Gate-Elektroden. Alle Bauelemente sind Al-kontaktiert.

sicht zu den elektrischen Transistorparameter sind diese in Abbildung 6.41 als Vergleichsgraphik dargestellt. Im Bereich der Dünnfilmtransistoren ist der Austausch des Gate-Dielektrikums durch Poly(4-vinylphenol) mit einer Steigerung des I_{ON}/I_{OFF}-Verhältnisses unter Beibehaltung der Ladungsträgerbeweglichkeit und einer leichten Erhöhung der Schwellenspannung verbunden. Eine gezielte Einstellung der Schwellenspannung über die Wahl der Austrittsarbeit des Gate-Elektroden-Metalls ist nicht möglich. Um transparente Bauelemente zu integrieren, lassen sich *Inverted Staggered*-Transistoren ebenfalls auf Glassubstraten herstellen. Der Wechsel des Substrats ist jedoch mit geringen Einbußen bei der Sperrqualität verbunden, wohingegen sich für das I_{ON}/I_{OFF}-Verhältnis und für die Ladungsträgerbeweglichkeit, insbesondere mit Aluminium-Gate-Elektroden, sehr gute Werte ergeben. Der Wechsel der Architektur zur *Noninverted Staggered*-Schichtabfolge erbringt keinen Vorteil.

Bei den Einzelpartikeltransistoren hingegen bietet der Übergang zur alternativen Architektur zwei wesentliche Vorteile. Zum Einen lässt sich grundsätzlich die Ausbeute und die Lebensdauer steigern; zum Anderen befindet sich die Strommodulation in einer günstigeren Größenordnung. Die niedrigen Ladungsträgerbeweglichkeiten gleichen einander und sind aufgrund des niedrigen thermischen Budgets und der generell schwierigen Kontaktierung in Einzelpartikeltransistoren zunächst tolerierbar.

Im Vergleich zum Bericht über frei beschaltbare Dünnfilmtransistoren in [FBJ$^+$09] mit $\mu = 8 \cdot 10^{-3}\,\mathrm{cm}^2(\mathrm{Vs})^{-1}$, $I_{\mathrm{ON}}/I_{\mathrm{OFF}} \approx 10^3$ und $V_{\mathrm{th}} = 27\,\mathrm{V}$, zeigen die hier vorgestellten Transistoren ähnliche Ladungsträgerbeweglichkeiten, wobei bemerkt werden muss, dass in [FBJ$^+$09] nicht die Feldeffektladungsträgerbeweglichkeit ermittelt wurde. FABER ET AL. nutzten die Standardtransistorgleichung im Sättigungsbereich zur Beweglichkeitsbestimmung. Dieses Verfahren führt generell zu höheren Werten der Mobilität. Es zeigt sich weiterhin, dass die Strommodulation der in dieser Arbeit integrierten Zinkoxid-Dünnfilmtransistoren um zwei Größenordnungen höher ist und die Betriebsspannungen erheblich geringer gewählt werden können, um den Transistor anzusteuern. Auch bei einer Gegenüberstellung mit den Dünnfilmtransistoren in [BNMH09, OMNH08, LJJ$^+$08, LJK$^+$07] mit gemeinsamer Rückseiten-Gate-Elektrode zeigt sich, dass im Rahmen dieser Arbeit bessere Resultate erzielt worden sind. Trotz des Verzichts auf ein Hochtemperatur-*Annealing* und auf chemische Dispergieradditive können ähnliche oder günstigere Parameter erreicht werden.

7 Schaltungen

Nachdem in Abschnitt 6.6.2 ein Dünnfilmtransistor mit ZnO-Nanopartikeln als Halbleitermaterial vorgestellt wurde, der individuell verschaltbar und ohne übermäßigen Aufwand realisierbar ist, wird dieser im Folgenden für den Aufbau von Invertern verwendet. Entscheidend für logische Funktionselemente ist neben den bisher verwendeten (statischen) Transistorparametern das transiente Verhalten, da das zeitliche Verhalten des Schaltvorgangs der Einzelelemente die transiente Charakteristik des logischen Bauelements bestimmt. Eine erste Abschätzung der Transitfrequenz f_T in konventionellen *MOSFET* ist durch

$$f_T = \frac{\mu V_{DS}}{2\pi} \frac{1}{L^2} \qquad (7.1)$$

gegeben [Sze81]. Diese Abschätzung beinhaltet jedoch keinerlei parasitäre Kapazitäten, deren Umladevorgänge die Schaltzeiten erheblich verlängern. Hierzu wäre die Integration von Ringoszillatoren notwendig.

7.1 Inverter

Das Prinzip des Inverters basiert darauf, den Ausgang entweder auf ein hohes Potenzial (*high*-Pegel) oder ein niedriges Potenzial (*low*-Pegel) zu setzen, wobei sich die jeweiligen Pegel auf dem Niveau der Versorgungsspannung V_{DD} bzw. auf dem Massepotenzial (GND) oder sich zumindest in der Nähe dieser Potenziale befinden. Für den Aufbau eines Inverters wird mindestens ein Transistor mit einer resistiven Last benötigt. Der Platzbedarf kann gesenkt werden, wenn anstelle der resistiven Last eine Transistorlast vorgesehen wird, die so verschaltet wird, dass sie stets leitend ist. Im Bereich der Einkanaltechnologien (hier NMOS) ist es vorteilhaft einen Verarmungstyp-Transistor als Last zu verwenden, der durch seine selbstleitende Charakteristik einen permanenten Widerstand darstellt. Als Schalttransistor eignen sich vorzugsweise selbstsperrende Transistoren. Diese Tatsache macht demnach zwei Transistorarten notwendig, die bislang mit der einfachen ZnO-Nanopartikeltechnologie nebeneinander nicht integrierbar sind. Hierzu sind unterschiedliche Kontaktmetalle für die Verarmungs- und Anreicherungs-Transistoren nötig. Alternativ lässt sich die Last auch durch einen selbstsperren-

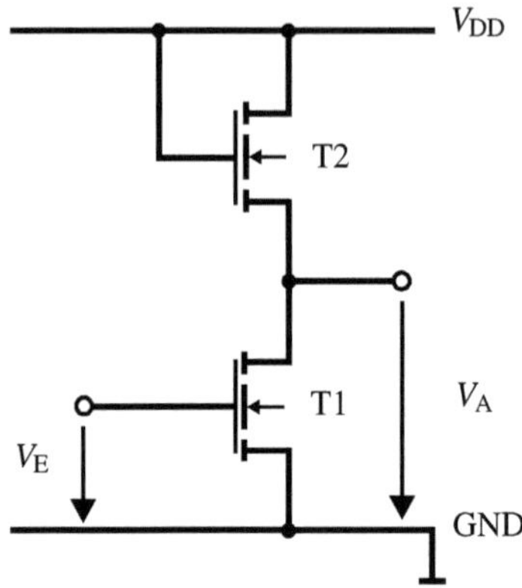

Abbildung 7.1: Erstzschaltbild eines Inverters mit einem Anreicherungstyp-Transistor im Sättigungsbetrieb als Lastelement

den Transistor realisieren, dessen Gate-Elektrode mit seiner Drainelektrode kurzgeschlossen wird. Der Transistor befindet sich dann ständig im Sättigungsbetrieb. Zusammen mit dem Schalttransistor wird der Inverter durch das Ersatzschaltbild in Abbildung 7.1 repräsentiert, wobei T1 der Schalttransistor und T2 das Lastelement sind. Als Nachteil des Inverters mit Anreicherungs-Transistor-Last ist der eingeschränkte Ausgangspegelhub zu nennen. Der Inverterausgang kann nicht auf das Massepotenzial gezogen werden, da bei Anlegen eines *high*-Pegels am Eingang der Transistor T1 öffnet. Dieser besitzt einen endlichen Leitwert, so dass sich das Ausgangspotenzial gemäß der Spannungsteilerregel einstellt. Ebenso kann das Ausgangspotenzial nicht das Versorgungsspannungsniveau erreichen, da der Transistor T2 bei hohem Ausgangspegel sperrt und somit ein um $V_{th}(T2)$ verringertes Versorgungspotenzial am Ausgang nicht übertroffen werden kann.

7.1.1 Inverter auf thermisch oxidiertem Siliziumsubstrat

Der Integrationsprozess der *Inverted Staggered*-Transistoren mit Poly(4-vinylphenol) ist gegenüber dem in Abschnitt 6.6.2 beschriebenen Verlauf unverändert. Die von den Einzelpartikeltransistoren bekannte Problematik des erschwerten Partikeleintrags in kleine Zwischenräume ist in diesem Fall von großem Vorteil. Da zur elektrischen Verbindung zwischen Gate- und Drainelektrode des Lasttransistors ein Kontakt-*Via* durch die PVP-Schicht hergestellt werden muss, besteht die Gefahr, dass die Öffnung während der Nanopartikelabscheidung mit den selbigen aufgefüllt wird. Aufgrund der Kontaktlochgröße sammeln sich

Nanopartikel nur im eingeschränkten Maße in der Öffnung an, so dass sich durch die abschließende Metallbedampfung qualitativ ausreichende Kontaktierungen ergeben. Eine schematische 3-D-Darstellung der integrierten Inverterschaltung ist in Abbildung 7.2a dargestellt, die Aufsicht im Lichtmikroskop in Abbildung 7.2b.

Zur elektrischen Charakterisierung der Inverterschaltung wird die Versorgungsspannung mit $V_{DD} = 15\,V$ so gewählt, dass der Schalttransistor auch seinen Sättigungsbereich erreichen kann. Die Spannungs-Transfer-Charakteristik ist in Abbildung 7.3 dargestellt. Der Eingang wird über den angestrebten *low*-Pegel hinaus bis $V_E = -2\,V$ angesteuert. Die Übertragungskennlinie ist mit einem Schaltpunkt bei kleinen V_E asymmetrisch, da die Schwellenspannung des Schalttransistors gering ist und der Transistor demnach früh öffnet. Anzustreben ist idealerweise ein Schaltpunkt bei $V_E = V_{DD}/2$. Hierzu ist entweder die Vorspannung des Halbleiterfilms oder eine Erhöhung der Schwellenspannung, also die Verwendung eines angepassten Kontaktmaterials der Drain/Source-Elektroden notwendig. Letzteres ist mit einer Materialoptimierung verbunden, da sich die Schwellenspannung nicht ohne Weiteres durch den Austausch des Gate-Elektroden-Metalls einstellen

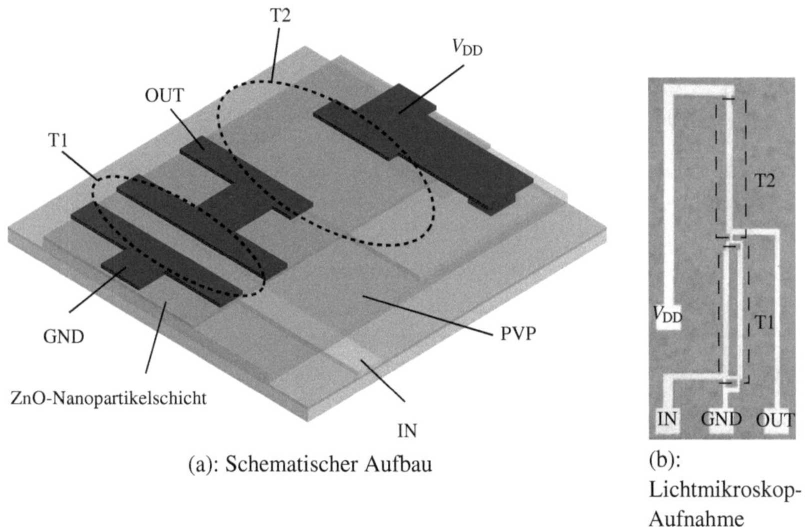

(a): Schematischer Aufbau   (b):
                                             Lichtmikroskop-
                                             Aufnahme

Abbildung 7.2: Schematischer Aufbau (a) und lichtmikroskopische Aufnahme eines integrierten Inverters mit Transistorlast (b): Der Schalttransistor besitzt eine Kanallänge $L = 1{,}5\,\mu m$ und eine Weite $W = 1000\,\mu m$. Die Kanallänge des Lasttransistors beträgt $L = 3\,\mu m$ und die Weite $W = 500\,\mu m$.

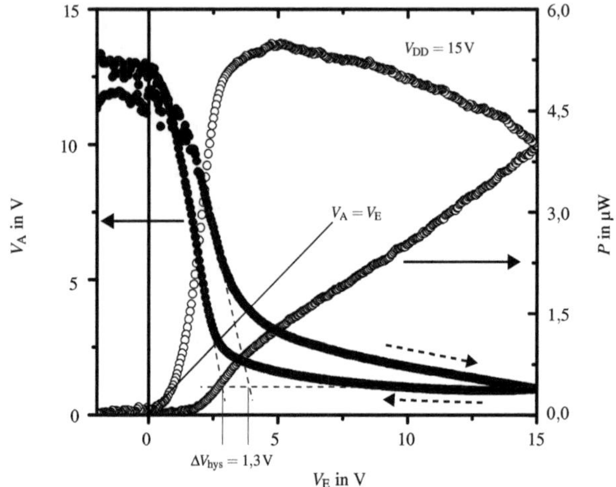

Abbildung 7.3: Spannungs-Transfer-Charakteristik (gefüllte Kreise) eines ZnO-Nanopartikelinverters und seine Verlustleistung (offene Kreise) mit $V_{DD} = 15\,$V. Die Kanalweite des Schalttransistor beträgt $W = 1000\,\mu$m, seine Kanallänge $L = 1{,}5\,\mu$m. Mit der Kanalweite $W = 500\,\mu$m und Kanallänge $L = 3\,\mu$m des Lasttransistors ergibt sich ein Geometrieverhältnis von 4.

lässt [vergleiche Abschnitt 6.6.2]. Darüberhinaus ist bekannt, dass SB-*MOSFET*-Transistoren einer starken V_{DS}-Abhängigkeit unterliegen, so dass eine Schaltpunktverschiebung auch durch die Variation der Drain-Source-Spannung erreicht werden kann.

In der Transfercharakteristik tritt die erwartete Hysterese zwischen den Schaltrichtungen auf, so dass sich auch die Verstärkungen für die Schaltrichtungen unterscheiden. Die Verstärkung als maximale Steigung $v = dV_A/dV_E$ der Transfercharakteristik beträgt in Schaltungrichtung vom *low*- auf den *high*-Pegel am Eingang $v = 4\,$V/V und in umgekehrter Richtung $v = 6\,$V/V. Die Kennlinienverschiebung kann durch lineare Extrapolation der Tangenten im Punkt maximaler Verstärkung auf das Ausgangs-*low*-Level und anschließender Differenzbildung ermittelt werden. Es ergibt sich demnach eine Differenz der Schaltspannungen von $\Delta V_{hys} = 1{,}3\,$V. Dieser Wert entspricht ungefähr der hysteresebedingten Schwellenspannungsverschiebung der verwendeten Transistoren [vergleiche Abschnitt 6.6.2].

Am Ausgang des Inverters liegt ein *high*-Pegel an, wenn die Eingangsspannung V_E 0 V bis ca. 1,2 V beträgt. Die Ausgangsspannung V_A ist in diesem Fall größer als

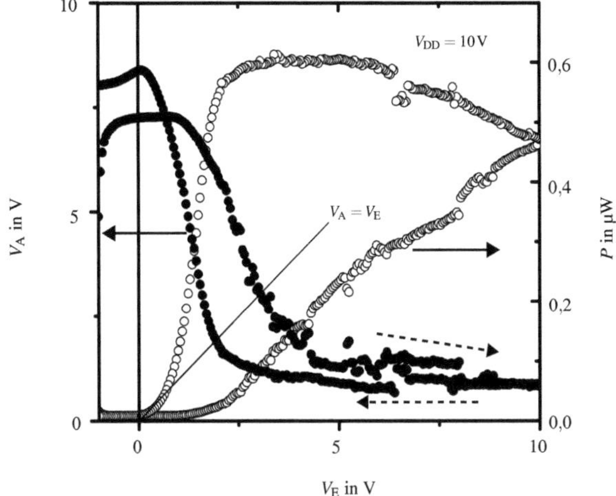

Abbildung 7.4: Spannungs-Transfer-Charakteristik (gefüllte Kreise) eines ZnO-Nanopartikelinverters und seine Verlustleistung (offene Kreise) mit $V_{DD} = 10\,$V. Die Kanalweite des Schalttransistor beträgt $W = 1000\,$µm, seine Kanallänge $L = 1{,}5\,$µm. Mit der Kanalweite $W = 500\,$µm und Kanallänge $L = 3\,$µm des Lasttransistors ergibt sich ein Geometrieverhältnis von 4.

11,1 V. Soll am Ausgang ein *low*-Pegel erreicht werden, so ist eine Eingangsspannung V_E mit $4{,}2\,\text{V} \leq V_E \leq 15\,\text{V}$ anzulegen. Dieses kann jedoch zu einer zu hohen Ausgangsspannung mit $3{,}6\,\text{V} \geq V_A \geq 0{,}95\,\text{V}$ führen, wodurch bei $V_E < 12{,}8\,\text{V}$ kein sicherer *high*-Pegel am Ausgang anliegt.

Um die Schaltpunkte relativ, wenn auch eingeschränkt, zum Versorgungsspannungsniveau zu verschieben, wird V_{DD} gesenkt. Die Spannungs-Transfer-Kennlinie ist in Abbildung 7.4 für $V_{DD} = 10\,$V dargestellt. Qualitativ ergeben sich zu der Transfercharakteristik bei $V_{DD} = 15\,$V nahezu keine Unterschiede. Der Inverterausgang befindet sich nun für $0\,\text{V} \leq V_E \leq 1{,}3\,\text{V}$ mit $V_A > 7\,$V im *high*-Zustand und für $4\,\text{V} \leq V_E \leq 10\,\text{V}$ mit $0{,}88\,\text{V} \leq V_A \leq 1{,}8\,\text{V}$ im *low*-Zustand. Diese Werte ermöglichen einerseits immer noch keine sichere Pegeldetektion, doch findet eine relative Verschiebung der Übergangsregion statt, da das Verhalten des Schalttransistors nur schwach beeinflusst wird und seine Schwellenspannung näher an $V_{DD}/2$ liegt. Eine signifikante Absenkung Ausgangs-*low*-Pegels durch eine Reduktion des *DITL*-Effekts aufgrund der gesenkten effektiven Drain-Source-Spannung am Lasttransistor ist nicht zu beobachten; sie beträgt lediglich

$\Delta V_\mathrm{A}(V_\mathrm{E} = V_\mathrm{DD}) = 0{,}07\,\mathrm{V}$. Die Ausgangsspannung des *high*-Pegels misst weiterhin ca. 70% der Versorgungsspannung.

Entscheidender Vorteil der Senkung der Betriebsspannung ist der wesentlich geringere Leistungsbedarf des Inverters. Für $V_\mathrm{DD} = 15\,\mathrm{V}$ beträgt die maximale statische Leistung ca. $P_\mathrm{max} = 5{,}5\,\mu\mathrm{W}$. Durch die Senkung von V_DD auf $10\,\mathrm{V}$ beträgt die Leistungsaufnahme nur $P_\mathrm{max} = 0{,}6\,\mu\mathrm{W}$ und ist damit eine Größenordnung geringer als zuvor.

7.1.2 Inverter auf Glassubstrat

Werden Inverter auf Glassubstrat integriert, so zeigt sich die Übertragungscharakteristik in Abbildung 7.5. Die Versorgungsspannung wird mit $V_\mathrm{DD} = 30\,\mathrm{V}$ relativ hoch gewählt, um den Schalttransistor in Sättigung betreiben zu können [vergleiche Abschnitt 6.6.2]. Das hohe Versorgungspotenzial unterstützt dabei, Ladungsträger aus Haftstellen herauszulösen, so dass der Hysteresegrad abnimmt; gleichzeitig senkt es aber die Schwellenspannung durch den *DITL*-Effekt, wodurch der Schaltpunkt mit $V_\mathrm{A} = V_\mathrm{DD}/2$ bereits bei $V_\mathrm{E} = 2{,}9\,\mathrm{V}$ liegt. Der maximal *high*-

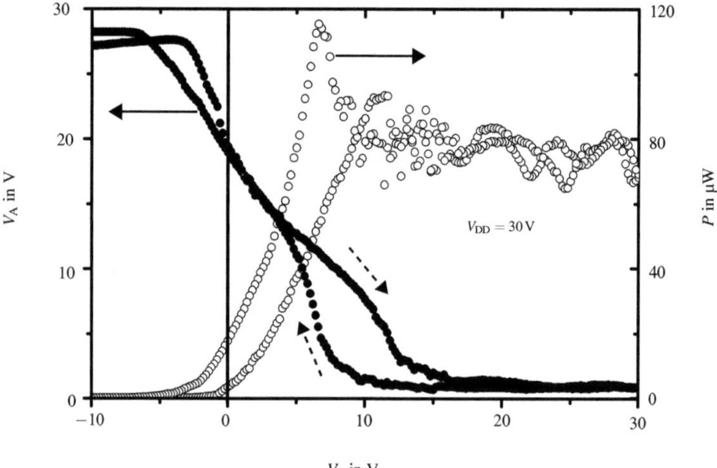

Abbildung 7.5: Spannungs-Transfer-Charakteristik (gefüllte Kreise) eines ZnO-Nanopartikelinverters auf Borosilikatglas-Substrat und seine Verlustleistung (offene Kreise) mit $V_\mathrm{DD} = 30\,\mathrm{V}$. Die Kanalweite des Schalttransistor beträgt $W = 500\,\mu\mathrm{m}$, seine Kanallänge $L = 3\,\mu\mathrm{m}$. Mit der Kanalweite $W = 20\,\mu\mathrm{m}$ und Kanallänge $L = 3\,\mu\mathrm{m}$ des Lasttransistors ergibt sich ein Geometrieverhältnis von 25.

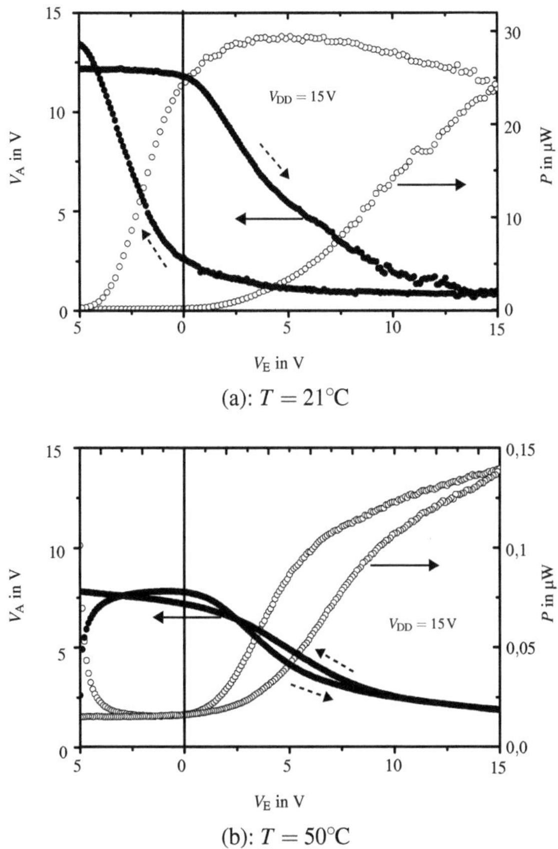

(a): $T = 21°C$

(b): $T = 50°C$

Abbildung 7.6: Spannungs-Transfer-Charakteristik (gefüllte Kreise) eines ZnO-Nanopartikelinverters auf Borosilikatglas-Substrat und seine Verlustleistung (offene Kreise) mit $V_{DD} = 15$ V bei Raumtemperatur und $T = 50°C$. Die Kanalweite des Schalttransistor beträgt $W = 1000\,\mu$m, seine Kanallänge $L = 3\,\mu$m. Mit der Kanalweite $W = 50\,\mu$m und Kanallänge $L = 3\,\mu$m des Lasttransistors ergibt sich ein Geometrieverhältnis von 20.

Pegel am Ausgang beträgt $V_A = 28{,}2$ V $(= 0{,}94 \cdot V_{DD})$ bei $V_E = -7{,}8$ V, wobei der sichere *high*-Pegel mit $|v| < 1$ bereits für $V_E < -3{,}1$ V und $V_A > 27{,}2$ V in Vorwärtsrichtung bzw. $V_E < -6{,}2$ V und $V_A > 28{,}0$ V in Rückwärtsrichtung erreicht wird. Minimale Ausgangs-*low*-Pegel stellen sich im Bereich $V_E > 18{,}6$ V mit $V_A < 1{,}4$ V $(= 0{,}047 \cdot V_{DD})$ ein. Der sichere *low*-Pegel ist in Vorwärtsrichtung mit $V_E > 12{,}8$ V und $V_A < 2{,}8$ V bzw. in Rückwärtsrichtung mit $V_E > 8{,}0$ V und

$V_A < 2{,}5\,\text{V}$ gegeben. Infolge der notwendigen negativen Eingangsspannungen ist für den Aufbau von erweiterten Schaltungen eine Pegelanpassung notwendig. Die maximalen Verstärkungen der Inverterschaltung ist gegenüber den auf Silizium-Substrat integrierten Invertern geringer. Sie betragen für die Vorwärtsmessrichtung $v = 3\,\text{V/V}$ und für die Rückwärtsmessrichtung $v = 3{,}5\,\text{V/V}$. Durch die hohe Versorgungsspannung steigt die maximale Verlustleistung auf $P_{\max} = 120\,\mu\text{W}$; bei anliegendem *high*-Pegel am Eingang werden nur $P = 80\,\mu\text{W}$ umgesetzt.

Wie auch bei den individuellen Transistoren lässt sich die Anregung der Ladungsträger aus Haftstellen durch den Eintrag von Wärmeenergie unterstützen, um die Hysterese auszugleichen. Durch den Einsatz von integrierten Heizern ließe sich dann für beide Schaltrichtungen ein näherungsweise gleiches Verhalten erreichen. Abbildung 7.6a zeigt die Transferkennlinie eines Inverters bei $V_{\text{DD}} = 15\,\text{V}$. Mit dieser Versorgungsspannung ist die Hysterese bei Raumtemperatur besonders deutlich ausgeprägt. Wird die Temperatur des Inverters auf $T = 50°\text{C}$ erhöht, so wird die Charakteristik in Abbildung 7.6b gemessen. Deutlich zu erkennen ist die wesentlich geringere Hysterese, doch auch die Abnahme des *high*-Pegels auf ca. 50% sowie die Zunahme des *low*-Pegels auf ca. 13% der Betriebsspannung. Hierdurch sinkt die Verstärkung auf $v \leq 0{,}99\,\text{V/V}$ und die Schaltung verliert ihre Inverterfunktion. Die Erwärmung ist demnach für die Reduktion des Hystereeffekts in Invertern ungeeignet.

7.2 Fazit

Die Integration von Inverterschaltungen mit den vorgestellten Zinkoxid-Dünnfilmtransistoren ist sowohl auf oxidierten Silizium-Substraten als auch auf Glassubstraten möglich. Die Inverter zeigen unabhängig vom Substrat ein ähnliches Schaltverhalten mit einem linksverschobenen Schaltpunkt, der durch die geringe Schwellenspannung bzw. durch die Absenkung der Schwellenspannung in Folge des *DITL*-Effekts bestimmt wird. Sie weisen Verstärkungen bis zu $6\,\text{V/V}$ aufweist. Die erreichten logischen Pegel sind zwar typisch für Inverter mit Anreicherungs-Transistor-Last, erlauben jedoch keine Pegeldetektionssicherheit. Hierzu ist eine Anpassung der Schwellenspannung bzw. die Unterdrückung der Schwellenspannungsabsenkung erforderlich.

Anhang

A Prozesstechnik

A.1 Konventionelle Lithografie- und Strukturierungsverfahren

A.1.1 Optische Lithografie

Seit Beginn der integrierten Schaltungstechnologie werden feinste Strukturen durch optische Lithografie definiert. Das technologisch fortgeschrittenste Lithografieverfahren stellt die Projektionslithografie dar. Dennoch ist die Auflösung R letztendlich durch das RAYLEIGH-Kriterium begrenzt [ND00], nach dem zwei Lichtpunkte als aufgelöst gelten, wenn der Abstand der beiden Hauptmaxima größer ist als der Abstand des ersten Beugungsminimums zum jeweiligen Hauptmaximum. Für die Auflösung gilt demnach

$$R = c_1 \frac{\lambda}{NA_0} \tag{A.1}$$

mit der Konstanten c_1, der Lichtwellenlänge λ und der nummerischen Apertur NA_0 im optischen Medium Luft ($n_\lambda \approx 1$). Für moderne Lithografiesysteme liegt c_1 im Bereich von 0,4...0,6. Eng im Zusammenhang steht die Tiefenschärfe DoF (*depth of focus*), die durch

$$DoF = c_2 \frac{\lambda}{NA_0{}^2} \tag{A.2}$$

definiert ist, wobei c_2 wiederum eine spezifische Konstante ist und gewöhnlich im Bereich des Wertes 1,0 liegt. Industrielle Belichtungssysteme beinhalten Lichtquellen mit einer Wellenlänge von 193 nm; im Forschungsstadium befindet sich die Lichtquellentechnologie mit einer Wellenlänge von 157 nm [Hil04]. Das Dilemma einer Auflösungsverbesserung durch Wellenlängenreduktion und gleichzeitiger Verschlechterung der Tiefenschärfe lässt sich nur durch eine Veränderung der weiteren Parameter beheben. Die Parameter c_1 und c_2 unterliegen keiner genauen Definition und können als Qualitätswert des gesamten Belichtungssystems angesehen werden. Auflösungs- oder tiefenschärfesteigernde Maßnahmen sind [ND00]:

- phasenschiebende Masken;

- maskenseitige Korrektur der Beugungseffekte;

- antireflektive Beschichtungen;

- Blendenfilter;

- nicht-axiale Lichtquellen;

- Fotolacktechnologie.

Eine Verbesserung der Projektionslithografie wird durch den Einsatz der Immersionslithografie erreicht, bei der der Zwischenraum zwischen Linsensystem und Lackoberfläche mit einem optisch dichteren Medium als Luft gefüllt wird. Aufgrund seiner hervorragenden Eignung wird als Medium hochreines Wasser eingesetzt, welches sämtliche Anforderungen (chemische Kompatibilität, Umweltfreundlichkeit, hoher Brechungsindex: $n_{\lambda,H_2O} = 1{,}41$ @ 205 nm) erfüllt [WWL$^+$96]. Unter Berücksichtigung des Brechungsindex können die Gleichungen (A.1) und (A.2) jeweils durch

$$R_{n_\lambda} = c_1 \frac{n_\lambda \lambda}{n_\lambda NA_0} = c_1 \frac{\lambda}{NA_0} \tag{A.3a}$$

$$DoF_{n_\lambda} = c_2 \frac{n_\lambda{}^2 \lambda}{n_\lambda NA_0{}^2} = c_2 \frac{n_\lambda \lambda}{NA_0^2} \tag{A.3b}$$

ausgedrückt werden, da sowohl die Wellenlänge als auch die nummerische Apertur um den Faktor $1/n_\lambda$ reduziert werden [DN08]. Wie anhand der Gleichungen (A.3a) und (A.3b) zu erkennen ist, wird die Tiefenschärfe vergrößert, während die erreichbare Auflösung konstant bleibt. Anders ausgedrückt, lässt sich die Wellenlänge und damit die minimale Strukturgröße bei gleichbleibender Tiefenschärfe verkleinern. Die Projektionslithografie stellt zwar eine Möglichkeit zur Nanostrukturierung bis zu ca. 32 nm Linienweite dar. Sie lässt sich aber aufgrund des enormen finanziellen Aufwands nur für Großserien und Hochleistungsanwendungen (z. B. Produktion von CPU) einsetzen, die diesen Aufwand rechtfertigen [ALL$^+$08, Int09, ND00]. Insbesondere für die Forschung stehen die fortschrittlichen Projektionslithografieverfahren äußerst eingeschränkt zur Verfügung.

A.1.2 EUV-Lithografie

Eine Reduktion der Wellenlänge führt zur *EUV*-Lithografie[1]. Die interessierenden Wellenlängen im *EUV*-Bereich liegen zwischen 13 und 14 nm [WA05]. Bereits in bestehenden optischen Lithopgraphiesystemen mit Wellenlängen von 193 nm (DUV^2) neigen die refraktiven Optiken zu Absorption [RC97]. Für die *DUV*-Lithografie sind die Absorptionsgrade tolerabel, da hinreichend emissionsstarke Lichtquellen verfügbar sind. Im *EUV*-Spektrum jedoch sind die Dämpfungen zu stark ausgeprägt. Daher sind reflektive optische Systeme notwendig, um die gewünschten Strukturen in die Lackschichten zu übertragen. Vielversprechend sind in dieser Hinsicht Vielschicht-Spiegel (*Multilayer*-Spiegel), bestehend aus Silizium-Molybdän-Filmen, um den Strahlengang des Lichts zu lenken und zu formen. Die Reflektivität von 70% eines einzelnen Spiegels erscheint ausreichend. Dies bedeutet, dass bei einem System aus sieben Spiegeln, eine Restintensität von 8% das optische System

---

[1] *Extreme Ultraviolet*
[2] *Deep Ultraviolet*

verlassen. Ebenso wie die Strahlformung und -lenkung müssen reflektive Masken zur Strukturdefinition zur Verfügung stehen. Diese lassen sich mittels BRAGG-Reflektoren und entsprechende Absorberstrukturen auf der Oberfläche realisieren [Fah03]. Den größten entwicklungstechnischen Aufwand erfordert jedoch die Bereitstellung geeigneter Lichtquellen. Unter der Annahme einer Benutzung von Fotolacken mit einer Sensitivität von $5\,\mathrm{mJ/cm^2}$, werden Lichtquellen mit mindestens $115\,\mathrm{W}$ im Zwischenfokus bei 2% Bandbreite benötigt. Bei einem Fotolack mit einer Sensitivität von $10\,\mathrm{mJ/cm^2}$ sind es bereits Leistungen größer als $180\,\mathrm{W}$. Als vielversprechende Strahlungsquellen gelten derzeit Gasentladungsstrahlungsquellen und lasergenerierte Plasmaquellen, wobei die erzeugten maximalen Ausgangsleistungen im Jahre 2007 mit lediglich $62\,\mathrm{W}$ bzw. $50\,\mathrm{W}$ angegeben wurden [WK07]. Technisch ausgereifte Lösungen für die Erzeugung von Strukturen kleiner als $30\,\mathrm{nm}$ stehen derzeit nicht zur Verfügung [ITR09].

A.1.3 Röntgenstrahllithografie

Die Röntgenstrahllithografie wurde erstmals Anfang der siebziger Jahre des letzten Jahrhunderts zur Lackbelichtung vorgeschlagen [Fed70]. Aufgrund einer sehr geringen Wellenlänge der verwendeten Strahlung ($\lambda \approx 1\,\mathrm{nm}$) werden wellenlängenabhängige Beugungseffekte vermieden [SS72]. Da die Absorption von Röntgenstrahlung in Materie generell höher ist als von ultraviolettem Licht und von der Ordnungszahl Z des jeweiligen Materials abhängt ($\sim Z^3$), sind dünne Masken mit einer Dicke von ca. $1...2\,\mu\mathrm{m}$ erforderlich. Zu Beginn der Forschung auf dem Gebiet der Röntgenstrahllithografie wurden Masken aus Materialien mit niedrigen Ordnungszahlen (z. B. Beryllium, Magnesium, Silizium, Aluminium oder auch organische Polymere) eingesetzt. Die Absorberstrukturen bestanden hingegen aus hochabsorbierenden Materialien, wie Gold, Iridium, Platin oder Kupfer [SS72]. Hierdurch konnten Kontrastverhältnisse von ca. 10:1 erreicht werden [Fah03]. Später wurde Siliziumkarbid (SiC) eingesetzt, welches einen größeren Elastizitätsmodul und höhere Strahlungsfestigkeit aufweist [Aco91, IHKM91, SCR$^+$93]. Als Absorber stellen derzeit Ta$_4$B, TaSi, Ta-Ge, TaReGe, pures Tantal oder auch Wolfram-Titan-Legierungen als einzige Nicht-Tantal-Verbindungen die Materialien der Wahl dar [ND00]. Eines der beiden größten Probleme besteht in der Stabilität der Masken, die sich durch die Strahlungsabsorbtion erhitzen und somit zu einer verzerrten Abbildung führen. Zusätzlich kann trotz Abstandsbelichtung eine Kontamination auftreten [CPC$^+$96]. Das zweite Problem der Röntgenstrahllithografie ist die Strahlungsquelle. Anfänglich wurde die Strahlung in Punktquellen durch hochenergetischen Elektronenbeschuss einer Elektrode erzeugt. Diese Quellen weisen jedoch die Nachteile auf, dass sich die Quellen während des Betriebs extrem stark aufheizen und kein paralleler Strahlengang vorhanden ist, wodurch eine technisch aufwändige Kühlung bzw. ein Kollimator erforderlich wird. Alternativ werden lasergepumpte Plasmaquellen oder in Speicherringen erzeugte Synchrotronstrahlung eingesetzt. Derzeit weist jedoch keine der erprobten Plasmaquellen eine ausreichende Ausgangsleistung oder Zuverlässigkeit auf. Die Synchrotronstrahlung ist beim Verlassen des Speicherrings mit einem Öffnungswinkel von ca. $1\,\mathrm{mrad}$ zwar nahezu parallel ausgerichtet, ist aber in der Erzeugung durch den notwendigen Betrieb eines kostenintensiven Synchrotronspeicherringsystems aufwendig [ND00]. Die kleinsten Strukturen, die mit Hilfe der Röntgenstrahllithografie hergestellt werden können, liegen im Bereich von 33...70 nm [ND00, Fah03]. Trotz aller Bemühungen, die Röntgenstrahllithografie für die industrielle Anwendung zu qualifizieren, wurde diese im Jahre 2007 durch die Einführung der 45 nm-Technologie und spätestens 2009 durch die 32 nm-Technologie bei INTEL für die Industrie uninteressant [Int09, ALL$^+$08, BCGM07].

A.1.4 Elektronenstrahllithografie

Die Elektronenstrahllithografie, bei der die strahlungsempfindlichen Lacke nicht durch Photonen, sondern durch Elektronen chemisch verändert werden, ermöglicht die reproduzierbare Definition feinster Strukturen mit Abmessungen unter 15 nm [ND00]. Die Auflösung wird nicht wie bei der optischen Lithografie durch die Beugung der Elektronen, sondern durch den Strahldurchmesser, der größer als 1,28 nm ist, und Elektronenstreuung im Lack begrenzt [ND00, WA05]. Die Funktionsweise ähnelt der eines Rasterelektronenmikroskops, wobei eine Hell-Dunkel-Tastung den Elektronenstrahl an- und abschaltet. Unabhängig davon, ob die Elektronenstrahlschreiber die Lackoberfläche punktweise abrastern oder die Lacke im Vektorverfahren belichten, handelt es sich um ein serielles und damit zeitaufwendiges Verfahren. Die Produktionskosten für integrierte Schaltungen liegen demnach immens hoch, so dass diese Lithografietechnologie noch nicht für den Massenmarkt geeignet ist. Für Anwendungen, bei denen Kosten als eher zweitrangig einzustufen sind (z. B. Spezialanwendungen, Forschung etc.), stellt die Elektronenstrahllithografie jedoch eine gute Möglichkeit dar, kleinste Strukturen zu erzeugen. Weiterhin werden Elektronstrahlschreiber standardmäßig in der Maskenherstellung für die optische Lithografie eingesetzt.

A.1.5 Nanoimprint-Lithografie

Unter Nanoimprint-Lithografie (NIL) wird die Abformung von Strukturen in eine monomere, polymere oder goldene Maskenschicht mittels eines Stempels verstanden. Die Nanoimprint-Techniken können prinzipiell in drei Hauptklassen unterteilt werden [Nal02].

Bei der Heißpräge-Lithografie (engl. *Hot-embossing lithography*) wird eine polymere Maskenschicht, die zum Beispiel aus PMMA[3] besteht, aufgeheizt. Ist mindestens die Glasübergangstemperatur des Polymers erreicht, wird der Stempel, der die Strukturen in negativer Form enthält, mit einem Druck von 40...130 bar in das Polymer hineingedrückt und das Polymer wird wieder herabgekühlt, so dass eine Verfestigung einsetzt. Nach dem Abheben des Stempels verbleiben die Strukturen in positiver Form im Polymer. Die dünne Polymerschicht unter den erhabenen Strukturen des Stempels, die durch die Abformung nicht vollständig verdrängt wird, muss in einem anschließenden anisotropen *RIE*-Ätzprozess entfernt werden. Die erforderlichen Stempel können mittels herkömmlicher Silizium-Technologie hergestellt werden.

---

[3] Polymethylmethacrylat

In der UV-basierten Nanoimprint-Lithografie werden anstatt der polymeren Maskenmaterialien monomere Acrylat- oder Epoxid-Materialsysteme eingesetzt. Da diese bereits bei Raumtemperatur verformbar sind, kann der Stempel ohne ein Aufheizen der Maske angepresst werden. Eine permanente Abformung wird durch eine Bestrahlung mit UV-Licht erreicht, so dass diese Technik transparente Stempel (z. B. Quarzglas) erforderlich macht. Vorteile sind kurze Prozesszeiten, die durch die Vermeidung der Aufheiz- und Abkühlvorgänge erreicht werden, und die stark reduzierten Anspressdrücke im Bereich von 40 mbar...1 bar [WA05, BOH$^+$00].

Die dritte Technik, das sogenannte Microcontact-Printing, basiert auf der selbsttätigen, einlagigen Anordnung von Alkanthiol-Molekülen auf Gold, welches als Maskenmaterial dient. Die Alkanthiole können über einen flexiblen, strukturierten PDMS[4]-Stempel auf die Goldschicht übertragen werden, aus der anschließend die freiliegenden Bereiche in einem Nassätzprozess herausgelöst werden. Durch die Verwendung des flexiblen Stempelmaterials können auch unebene Oberflächen strukturiert werden [Nal02].

Die Nanoimprint-Lithografie ist von ihrer Natur aus ein paralleles Verfahren zu Erzeugung von nanoskaligen Strukturen. Da hohe Anforderungen an den Abformvorgang gestellt werden, sind die Stempel auf Größen von $50 \times 50\,mm^2$ begrenzt, jedoch ohne Defektprobleme, wie sie von der herkömmlichen Lithografie bekannt sind [CK96]. Für flexible Substrate lassen sich Strukturen mittels NIL sogar im Rolle-zu-Rolle-Verfahren herstellen [SSW$^+$09]. Als minimale Dimensionen wurden bereits 15 nm breite Gräben mit Abständen von 60 nm [CK97] und 6 nm Löcher mit Abständen von 65 nm [CKZ$^+$97] demonstriert. Wird vorausgesetzt, dass Stempel mit entsprechender Haltbarkeit eingesetzt werden, stellen die Nanoimprint-Verfahren ein angemessenes Verfahren zur Definition feinster Strukturen dar.

A.2 Nanostrukturierung: Alternative Materialien der Opferschicht

A.2.1 Siliziumdioxid / Siliziumnitrid

Sowohl Siliziumdioxid als auch Siliziumnitrid lassen sich in der Kantenabscheidetechnik als Opferschichten einsetzen. Dabei ist es vorteilhaft, das jeweils andere Material als Strukturschicht zu benutzen. Die Abscheidung von SiO_2 und Si_3N_4 im *LPCVD*-Verfahren zeichnet sich durch eine gute Homogenität und Konformität aus, so dass eine gleichmäßige Herstellung der Nanostrukturen möglich ist [Hil04, Hor99, ND00]. Die Abscheideparameter für SiO_2 und Si_3N_4 sind in Tabelle A.1 aufgeführt. Eine anisotrope Ätzung von Siliziumdioxid und Siliziumnitrid kann im *RIE*-Verfahren mit den Parametern aus Tabelle 4.1 erreicht werden. Zu beachten ist allerdings die geringe Selektivität der Prozesse. Daher muss die Rückätzung der Strukturschicht möglichst genau erfolgen. Es zeigte sich, dass die Stabilität

---

[4]**P**oly**dim**ethyl**s**iloxan

Tabelle A.1: Prozessparameter für die *LPCVD*-Abscheidung von SiO_2 und Si_3N_4

Prozessparameter	Siliziumdioxid (SiO_2)	Siliziumnitrid (Si_3N_4)
Quelle	Tetraethylorthosilikat (TEOS)	Ammoniak, Triethylsilan (TES)
Gasflüsse	Vakuumentnahme aus der Dampf-phase	15,3 sccm NH_3, 98% TES (bei 50 sccm N_2-Nennfluss des Massflow-Controllers)
Druck	0,3 mbar	0,4 mbar
Temperatur	725°C	750°C
Abscheiderate	ca. 5,9 nm/min	ca. 0,7 nm/min

der Spacer so hoch ist, dass eine Opferschichtentfernung mittels nasschemischer Ätzverfahren durchgeführt werden kann, ohne eine Zerstörung der Spacer herbeizuführen. Optimale Ergebnisse lieferte die Opferschichtentfernung von Siliziumdioxid mittels gepufferter Flusssäure und einer Siliziumnitrid-Strukturschicht [Hor99]. Die erreichbaren Strukturgrößen der Linienstrukturen liegen mit 25 nm deutlich unterhalb der derzeitigen Auflösung der optischen Projektionslithografie. Dennoch ist die Prozessierung mit der genannten Materialkombination für die Integration auf Kunststoffsubstraten ungeeignet, da die Prozessbedingungen mit Temperaturen oberhalb von 700°C weit außerhalb der zulässigen Werte für Kunststoffe liegen. Es ist demnach nur eine Prozessierung auf Siliziumsubstraten möglich. Glassubstrate sind ebenfalls nicht geeignet, da selbst spezielle Glassubstrate für die Halbleiterindustrie eine Glasübergangstemperatur im Bereich von $525 - 715$°C besitzen bzw. in diesem Temperaturbereich erweichen und sich somit während des Abscheidungsprozesses verformen würden [Sch09c, Sch09a, Sch09b, Cor10].

Aufgrund der thermischen Eigenschaften wird auf den Einsatz dieser Materialkombination zur Nanostrukturierung durch Kantenabscheidung verzichtet.

A.2.2 Aluminium

Da sich Aluminium im *RIE*-Verfahren mit steilen Flanken ätzen lässt, kann dieses prinzipiell auch als Opferschicht eingesetzt werden. Vorteilhaft ist zudem, dass sich Aluminium hervorragend durch Elektronenstrahl-Verdampfung im Hochvakuum abscheiden lässt. Es ist somit für alle temperaturempfindlichen Substrate geeignet, da die Wärmestrahlung des Quelltargets während der Bedampfung relativ gering ist.

Um Aluminium im Trockenätzverfahren zu strukturieren, werden chlor-, brom- und iodhaltige Ätzmedien benötigt, mit denen Aluminium eine flüchtige Verbindung eingeht. Besonders bevorzugt werden chlorhaltige Verbindungen [Köh99], da das Reaktionsprodukt $AlCl_3$ einen Dampfdruck von 1 hPa bei 20°C besitzt [Mer08] und somit unterhalb eines Drucks von ca. 75 mTorr gasförmig ist. Für höhere Prozesstemperaturen ist der Dampfdruck entsprechend der allgemeinen Gasgleichung höher. Nachteilig ist jedoch die Eigenschaft

Tabelle A.2: Prozessparameter für die *RIE*-Ätzung von Aluminium

Prozessparameter	Wert
Gasfluss $SiCl_4$	28 sccm
Gasfluss Cl_2	3 sccm
Druck	60 mTorr
HF-Leistungsdichte	$0,41\,W/cm^2$
Elektrodentemperatur	20°C
Elektrode	Graphit
Kammerwandtemperatur	40°C
Ätzrate	80 nm/min

von Aluminiumtrichlorid, als Katalysator bei Polymerisationsreaktionen zu wirken [Mic06]. Hierdurch entstehen insbesondere aus dem Fotolack hartnäckige Polymerreste, die nachträglich nur sehr schwer zu entfernen sind. Diese treten hauptsächlich an Lackkanten in Linienform [siehe Abbildung A.1], aber auch auf anderen Flächen - unabhängig von einer vorherigen Lackbedeckung - auf. Quelle für die Polymerablagerungen ist der Kohlenstoff des Fotolacks und der Graphitelektrode. Die Aluminiumschicht wird mit den Prozessparametern in Tabelle A.2 im $SiCl_4/Cl_2$-Plasma geätzt.

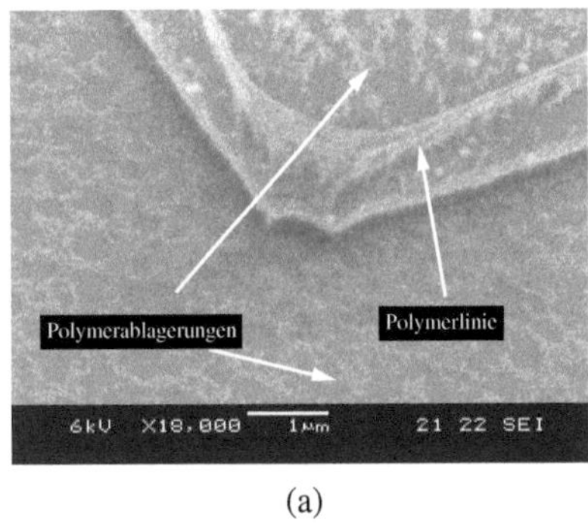

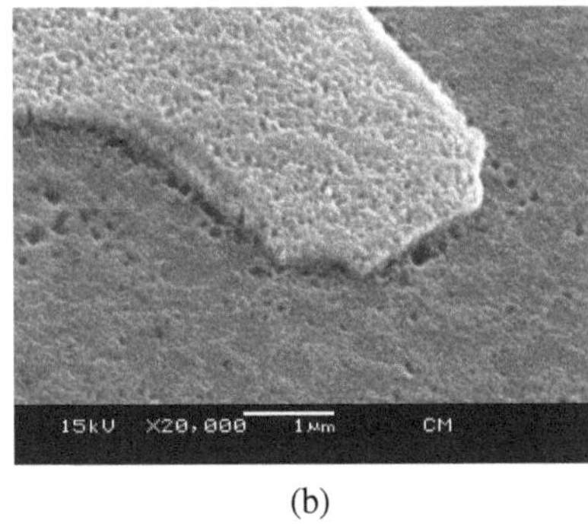

(a)   (b)

Abbildung A.1: REM-Aufnahme von beeinträchtigten Al-Strukturen. (a) nach Ätzung im $SiCl_4/Cl_2$-RIE-Plasma, (b) nach der Behandlung in *EKC 265*

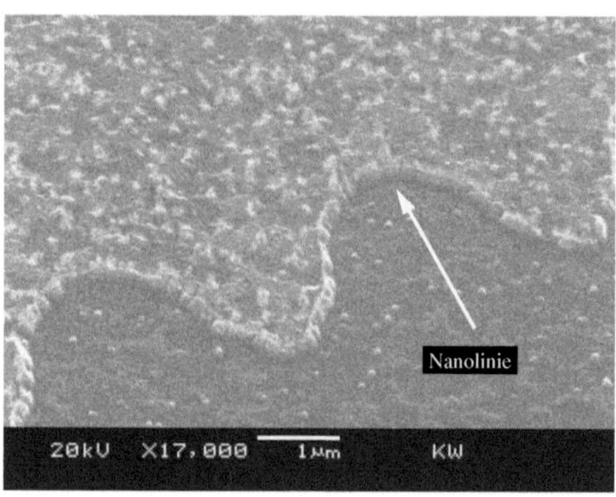

Abbildung A.2: REM-Aufnahme einer Nanolinien-Struktur, abgeschieden an einer Aluminium-Opferschicht. Der Verlauf der Linie ist stark wellig und weist Unterbrechungen auf.

Die Polymerreste lassen sich zwar mit dem Polymerrestentferner *EKC 265* der Fa. DUPONT EKC TECHNOLOGY entfernen [DuP03], doch werden durch die enthaltenen Prozesschemikalien auch die Aluminiumschichten angegriffen und diese damit für eine Verwendung als Opferschicht unbrauchbar. Wie in Abbildung A.1b zu erkennen ist, ist die Al-Schicht nach der Behandlung sehr porös; die Strukturkante ist nicht mehr scharf definiert. Ebenso wird der Untergrund (Silizium) angegriffen. Wird der Prozess fortgeführt, ergeben sich stark wellige Nanolinien mit teilweisen Unterbrechungen [siehe Abbildung A.2]. Daneben befinden sich Rückstände des *Spacer*-Schicht-Siliziumdioxids. Eine Verwendung von Aluminium als Opferschicht kommt wegen der vorgenannten Gründe und schlechten Reproduzierbarkeit nicht in Betracht.

B Finite-Elemente-Simulation

Viele der in Abschnitt 3.3 getroffenen Annahmen zur Herleitung der Transistorgrundgleichungen gelten nur eingeschränkt. Insbesondere lassen sie sich nicht einhalten, wenn der Aufbau eines Einzelpartikeltransistors gewählt wird[1]. Da eine analytische Formulierung der Transistorgleichungen unter diesem Umstand nur sehr schwierig möglich ist, wurden vereinfachte Einzelpartikeltransistoren mittels der Finite-Elemente-Methode (FEM) simuliert. Die FE-Methode bietet sich an, da das Verhalten komplexer Systeme durch eine örtliche Diskretisierung in effizienter Weise nummerisch approximiert werden kann. Ausgereifte Simulationsumgebungen sind kommerziell erhältlich, so dass eine vertiefte Einarbeitung in die Finite-Elemente-Methode nicht notwendig ist und die FE-Simulation als Werkzeug zur Bauelementanalyse dient.

Simulationsumgebung

Im Rahmen dieser Arbeit wurde das kommerzielle Technologiesimulator-Paket ISE TCAD RELEASE 10.0 der Firma ISE INTEGRATED SYSTEMS ENGINEERING AG (heute SYNOPSYS, Inc.) eingesetzt. Aufgrund der speziellen Auslegung des Pakets auf die Simulation von Prozessen der Halbleitertechnologie und vom physikalischen Verhalten elektronischer Bauelemente und Systeme [Int04], wird es im Rahmen dieser Arbeit zur Nachbildung von Integrationsprozessen und der Simulation der elektrischen Charakteristik von Dünnfilmtransistoren mit dem Halbleiter Silizium verwendet. Folgende Programmkomponenten wurden verwendet:

- FLOOPS zur Prozesssimulation;
- DEVISE zur Erzeugung von Bauelementgeometrien;
- MESH zur automatisierten Erzeugung eines FEM-Gitters;
- DESSIS zur Simulation der physikalischen Eigenschaften.

Eine vertiefende Betrachtung der physikalischen und mathematischen Methoden wird im Rahmen dieser Arbeit nicht vorgenommen. Hierzu wird für allgemeine Aspekte der

---

[1]Die Geometrieverhältnisse im EPT bewirken, dass das longitudinale elektrische Feld zwischen der Drain- und Source-Elektrode gegenüber dem vom Gate ausgehenden transversalen Feld nicht vernachlässigbar ist. Im unmittelbaren Zusammenhang hiermit steht auch der Transport von Ladungsträgern an den Metall-Halbleiter-Kontakten. Zum Einen kann ein Ladungsträgertransport in Rückwärtsrichtung nicht vermieden werden, zum Anderen ist den Kontakteigenschaften und ihrer Abhängigkeit von V_{GS} und V_{DS} auch in Vorwärtsrichtung eine große Bedeutung beizumessen. Weiterhin kann nicht angenommen werden, dass der Halbleiter unendlich ausgedehnt ist, sondern aus vielen einzelnen Nanopartikeln zusammengesetzt ist.

FEM-Methode beispielsweise auf [HBT95, ZTZ05, MG02] und für die Verwendung in ISE TCAD 10.0 auf [Int04, BRF83] verwiesen.

Literaturverzeichnis

[Aco91]   ACOSTA, E. R.: *X-ray mask distortion due to radiation damage.* Microelectronic Engineering, 13(1-4):259–262, 1991.

[AJS08]   ANTESBERGER, T., C. JAEGER und M. STUTZMANN: *Ultra-thin polycrystalline Si layers on glass prepared by aluminum-induced layer exchange: Amorphous and Nanocrystalline Semiconductors.* Journal of Non-Crystalline Solids, 354(19-25):2324–2328, 2008.

[AJSS07]   ANTESBERGER, T., C. JAEGER, M. SCHOLZ und M. STUTZMANN: *Structural and electronic properties of ultrathin polycrystalline Si layers on glass prepared by aluminum-induced layer exchange.* Applied Physics Letters, 91(20):201909–3, 2007.

[ALL+08]   ARNAUD, F., J. LIU, M. Y. LEE, Y. K. LIM, S. KOHLER, J. CHEN, K. B. MOON, W. C. LAI, M. LIPINSKI, L. SANG, F. GUARIN, C. HOBBS, P. FERREIRA, K. OHUCHI, J. LI, H. ZHUANG, P. MORA, Q. ZHANG, R. D. NAIR, H. D. LEE, K. K. CHAN, S. SATADRU, S. YANG, J. KOSHY, W. HAYTER, M. ZALESKI, V. D. COOLBAUGH, W. H. KIM, C. Y. EE, J. SUDIJONO, A. THEAN, M. SHERONY, S. SAMAVEDAM, M. KHARE, C. GOLDBERG und A. STEEGEN: *32 nm general purpose bulk CMOS technology for high performance applications at low voltage.* IEEE International Electron Devices Meeting (IEDM), Seiten 1–4, 2008.

[Aro07]   ARORA, N.: *MOSFET modeling for VLSI simulation: Theory and practice.* World Scientific, New Jersey, 2007.

[BB85]   BÖTTGER, H. und V. V. BRYKSIN: *Hopping conduction in solids.* VCH, Weinheim, 1985.

[BB09]   BERA, A. und D. BASAK: *Role of defects in the anomalous photoconductivity in ZnO nanowires.* Applied Physics Letters, 94(16):163119–3, 2009.

[BCGM07]   BOHR, M. T., R. S. CHAU, T. GHANI und K. MISTRY: *The High-k Solution.* IEEE Spectrum, 44(10):29–35, 2007.

[BCMK95]   BEN-CHORIN, M., F. MOLLER und F. KOCH: *Band alignment and carrier injection at the porous-silicon–crystalline-silicon interface.* Journal of Applied Physics, 77(9):4482–4488, 1995.

[BGD+07]   BAPAT, A., M. GATTI, Y. DING, S. A. CAMPBELL und U. KORTSHAGEN: *A plasma process for the synthesis of cubic-shaped silicon nanocrystals for nanoelectronic devices.* Journal of Physics D: Applied Physics, 40(8):2247–2257, 2007.

[BH06]   BRITTON, D. T. und M. HAERTING: *Printed nanoparticulate composites for silicon thick-film electronics.* Pure and Applied Chemistry, 78(9):1723–1739, 2006.

[BNMH09]   BUBEL, S., D. NIKOLOVA, N. MECHAU und H. HAHN: *Influence of stabilizers in ZnO nanodispersions on field-effect transistor device performance.* Journal of Applied Physics, 105(6):064514, 2009.

[BOH⁺00]   BENDER, M., M. OTTO, B. HADAM, B. VRATZOV, B. SPANGENBERG und H. KURZ: *Fabrication of nanostructures using a UV-based imprint technique.* Microelectronic Engineering, 53(1-4):233–236, 2000.

[BPK⁺08]   BOCK, C., V. D. PHAM, U. KUNZE, D. KÄFER, G. WITTE und CH. WÖLL: *Influence of contact metals on the performance and morphology of pentacene bottom-contact field-effect transistors.* Physica E: Low-dimensional Systems and Nanostructures, 40(6):2107–2109, 2008.

[BRF83]   BANK, E. R., J. D. ROSE und W. FICHTNER: *Numerical methods for semiconductor device simulation.* IEEE Transactions on Electron Devices, 30(9):1031–1041, 1983.

[BSWK97]   BURR, A., A. SERAPHIN, E. WERWA und K. D. T KOLENBRANDER: *Carrier transport in thin films of silicon nanoparticles.* Physical Review B, 56(8):4818–4824, 1997.

[Bub09]   BUBEL, S.: *Feldeffekttransistoren aus nanopartikulärem Zinkoxid.* Doktorarbeit, Universität Darmstadt, Deutschland, 2009.

[BW01]   BARSAN, N. und U. WEIMAR: *Conduction Model of Metal Oxide Gas Sensors.* Journal of Electroceramics, 7(3):143–167, 2001.

[BW03]   BARSAN, N. und U. WEIMAR: *Understanding the fundamental principles of metal oxide based gas sensors; the example of CO sensing with SnO_2 sensors in the presence of humidity.* Journal of Physics: Condensed Matter, 15(20):R813, 2003.

[Car95]   CARLOWITZ, B.: *Kunststoff-Tabellen.* Hanser Verlag, München, Deutschland, 4. Auflage, 1995.

[CCDN⁺09]   CAROTTA, C. M., A. CERVI, V. DI NATALE, S. GHERARDI, A. GIBERTI, V. GUIDI, D. PUZZOVIO, B. VENDEMIATI, G. MARTINELLI, M. SACERDOTI, D. CALESTANI, A. ZAPPETTINI, M. ZHA und L. ZANOTTI: *ZnO gas sensors: A comparison between nanoparticles and nanotetrapods-based thick films.* Sensors and Actuators B: Chemical, 137(1):164–169, 2009.

[CDD⁺95]   COURTEILLE, C., J. L. DORIER, J. DUTTA, C. HOLLENSTEIN, A. A. HOWLING und T. STOTO: *Visible photoluminescence from hydrogenated silicon particles suspended in a silane plasma.* Journal of Applied Physics, 78(1):61–66, 1995.

[CFH⁺04]   COPPA, J. B., C. C. FULTON, J. P. HARTLIEB, F. R. DAVIS, J. B. RODRI-
GUEZ, J. B. SHIELDS und J. R. NEMANICH: *In situ cleaning and characterization of oxygen- and zinc-terminated, n-type, ZnO{0001} surfaces*. Journal
of Applied Physics, 95(10):5856–5864, 2004.

[CGL01]   CARLOS, E. W., R. E. GLASER und C. D. LOOK: *Magnetic resonance stu-
dies of ZnO*. Physica B: Condensed Matter, 308-310:976–979, 2001.

[CK96]   CHOU, S. Y. und P. R. KRAUSS: *Imprint lithography with 25-nanometer
resolution*. Science, 272(5258):85, 1996.

[CK97]   CHOU, S. Y. und P. R. KRAUSS: *Imprint lithography with sub-10 nm feature
size and high throughput: Micro- and Nano- Engineering 96*. Microelectronic
Engineering, 35(1-4):237–240, 1997.

[CKL09]   CHOI, S., J. KIM und H. H. LEE: *Deep-UV Curing of Poly(4-Vinyl Phenol)
Gate Dielectric for Hysteresis-Free Organic Thin-Film Transistors*. IEEE
Electron Device Letters, 30(5):454–456, 2009.

[CKZ⁺97]   CHOU, S. Y., P. R. KRAUSS, W. ZHANG, L. GUO und L. ZHUANG: *Sub-
10 nm imprint lithography and applications*. Journal of Vacuum Science &
Technology B, 15(6):2897–2904, 1997.

[Cla00]   CLARIANT GMBH: *Product Data Sheet AZ 5214 E, Image Reversal Photoresist*. Wiesbaden, Deutschland, 2000.

[Cla05]   CLARIANT GMBH: *Product Data Sheet AZ MiR 701, Photoresist*. Wiesbaden, Deutschland, 2005.

[CLN⁺09]   CHUNG, J. S., P. J. LEONARD, I. NETTLESHIP, K. J. LEE, Y. SOONG, V. D.
MARTELLO und K. M. CHYU: *Characterization of ZnO nanoparticle suspension in water: Effectiveness of ultrasonic dispersion*. Powder Technology,
194(1-2):75–80, 2009.

[CLR⁺00]   CALVET, E. L., H. LUEBBEN, A. M. REED, C. WANG, P. J. SNYDER und
R. J. TUCKER: *Subthreshold and scaling of PtSi Schottky barrier MOSFETs*.
Superlattices and Microstructures, 28(5-6):501–506, 2000.

[CLR⁺02]   CALVET, E. L., H. LUEBBEN, A. M. REED, C. WANG, P. J. SNYDER und
R. J. TUCKER: *Suppression of leakage current in Schottky barrier metal–
oxide–semiconductor field-effect transistors*. Journal of Applied Physics,
91(2):757–759, 2002.

[CMRN03]   CARCIA, F. P., S. R. MCLEAN, H. M. REILLY und G. NUNES: *Transparent ZnO thin-film transistor fabricated by rf magnetron sputtering*. Applied
Physics Letters, 82(7):1117–1119, 2003.

[CNHL99]   CHAKRABORTY, S., K. NEMOTO, K. HARA und P. T. LAI: *Moisture sen-
sitive field effect transistors using $SiO_2/Si_3N_4/Al_2O_3$ gate structure*. Smart
Materials and Structures, 8(2):274, 1999.

[Cor10]　CORNING, INC.: *Datenblatt Corning® 1737*. Corning, USA, 2010.

[CPC+96]　CAPASSO, C., A. POMERENE, W. CHU, J. LEAVEY, A. LAMBERTI, S. HECTOR, J. OBERSCHMIDT und V. POL: *X-ray induced mask contamination and particulate monitoring in x-ray steppers*. Journal of Vacuum Science & Technology B: Microelectronics and Nanometer Structures, 14(6), 1996.

[CS73]　CHENG, C. Y. und A. E. SULLIVAN: *On the role of scattering by surface roughness in silicon inversion layers*. Surface Science, 34(3):717–731, 1973.

[CS06]　CROSS, B. M. R. und M. M. SOUZA: *Investigating the stability of zinc oxide thin film transistors*. Applied Physics Letters, 89(26):263513–3, 2006.

[CS08]　CROSS, B. M. R. und M. M. SOUZA: *The Effect of Gate-Bias Stress and Temperature on the Performance of ZnO Thin-Film Transistors*. IEEE Transactions on Device and Materials Reliability, 8(2):277–282, 2008.

[Dam93]　DAMMEL, R.: *Diazonaphthoquinone based resists*. SPIE Optical Engineering Press, Bellingham, USA, 1993.

[DBH95]　DUTTA, J., W. BACSA und C. HOLLENSTEIN: *Microstructural properties of silicon powder produced in a low pressure silane discharge*. Journal of Applied Physics, 77(8):3729–3733, 1995.

[DDB+06]　DING, Y., Y. DONG, A. BAPAT, J. D. NOWAK, C. B. CARTER, U. KORTSHAGEN und S. A. CAMPBELL: *Single Nanoparticle Semiconductor Devices*. IEEE Transactions on Electron Devices, 53:2525–2531, 2006.

[Deg06]　DEGUSSA AG (ADVANCED NANOMATERIALS): *Datenblatt AdNano Zinc Oxide*. Hanau, Deutschland, 2006.

[Die08]　DIEKMANN, T.: *Polymere Dielektrika für organische Feldeffekt-Transistoren mit Pentacen auf Foliensubstraten*. Doktorarbeit, Universität Paderborn, Deutschland, 2008.

[DMD+04]　DIESINGER, H., T. MELIN, D. DERESMES, D. STIEVENARD und T. BARON: *Hysteretic behavior of the charge injection in single silicon nanoparticles*. Applied Physics Letters, 85(16):3546–3548, 2004.

[DN08]　DOERING, R. und Y. NISHI: *Handbook of semiconductor manufacturing technology*. CRC Press, Boca Raton, USA, 2. Auflage, 2008.

[DuP03]　DUPONT EKC TECHNOLOGY: *Produktinformation EKC265™*. Danville, USA, 2003.

[EKR08]　ELLMER, K., A. KLEIN und B. RECH: *Transparent conductive zinc oxide: Basics and applications in thin film solar cells*. Springer Verlag, Berlin, Heidelberg, New York, 2008.

[EKS+09]　ERIKSSON, J., V. KHRANOVSKYY, F. SÖDERLIND, P. KÄLL, R. YAKIMOVA und L. A. SPETZ: *ZnO nanoparticles or ZnO films: A comparison of the gas sensing capabilities*. Sensors and Actuators B: Chemical, 137(1):94–102, 2009.

[Ela08]   ELANTAS BECK GMBH: *Product Data Sheet Bectron PL 4122-E BLF*. Hamburg, Deutschland, 2008.

[Eve92]   EVERETT, H. D.: *Grundzüge der Kolloidwissenschaft*. Steinkopff Verlag, Darmstadt, Deutschland, 1992.

[Evo07a]   EVONIK TEGO CHEMIE GMBH: *Sicherheitsdatenblatt Tego Dispers 750W*. Essen, Deutschland, 2007.

[Evo07b]   EVONIK TEGO CHEMIE GMBH: *Sicherheitsdatenblatt Tego Wet 280*. Essen, Deutschland, 2007.

[Evo09a]   EVONIK TEGO CHEMIE GMBH: *Technisches Merkblatt Tego Dispers 750W*. Essen, Deutschland, 2009.

[Evo09b]   EVONIK TEGO CHEMIE GMBH: *Technisches Merkblatt Tego Wet 280*. Essen, Deutschland, 2009.

[Fah03]   FAHRNER, W.: *Nanotechnologie und Nanoprozesse: Einführung, Bewertung*. Springer, Berlin, 2003.

[Fas05]   FASCHING, G.: *Werkstoffe der Elektrotechnik: Mikrophysik, Struktur, Eigenschaften*. Springer Verlag, Wien, Österreich, 4. Auflage, 2005.

[FBJ+09]   FABER, H., M. BURKHARDT, A. JEDAA, D. KÄLBLEIN, H. KLAUK und M. HALIK: *Low-Temperature Solution-Processed Memory Transistors Based on Zinc Oxide Nanoparticles*. Advanced Materials, 21(30):3099–3104, 2009.

[FE83]   FLANDERS, D. C. und N. N. EFREMOW: *Generation of < 50 nm period gratings using edge defined techniques*. Journal of Vacuum Science and Technology B, 1(4):1105–1108, 1983.

[Fed70]   FEDER, R.: *X-ray projection printing of electrical circuit patterns*. Technischer Bericht 22.1065, IBM, 1970.

[Fen98]   FENDLER, H. J. (Herausgeber): *Nanoparticles and Nanostructured Films*. Wiley-VCH, Weinheim, Deutschland, 1998.

[FKS06]   FRANKE, M. E., T. J. KOPLIN und U. SIMON: *Metal and Metal Oxide Nanoparticles in Chemiresistors: Does the Nanoscale Matter?* Small, 2(1):36–50, 2006.

[Fre38]   FRENKEL, J.: *On Pre-Breakdown Phenomena in Insulators and Electronic Semi-Conductors*. Physical Review, 54(8):647, 1938.

[Fu82]   FU, Y. K.: *Mobility degradation due to the gate field in the inversion layer of MOSFET's*. IEEE Electron Device Letters, 3(10):292–293, 1982.

[FWC+04]   FAN, Z., D. WANG, P. CHANG, W. TSENG und G. J. LU: *ZnO nanowire field-effect transistor and oxygen sensing property*. Applied Physics Letters, 85(24):5923–5925, 2004.

[GC83]   GOULD, R. D. und B. A. CARTER: *Electrical conduction and trapping distributions in ZnO and ZnO-Sn composite varistors*. Journal of Physics D: Applied Physics, 16(10):L201, 1983.

[GFEG04]   GRONER, D. M., H. F. FABREGUETTE, W. J. ELAM und M. S. GEORGE: *Low-Temperature Al2O3 Atomic Layer Deposition*. Chemistry of Materials, 16(4):639–645, 2004.

[GGB+04]   GROSSNER, U., S. GABRIELSEN, M.T. BORSETH, J GRILLENBERGER, Y. A. KUZNETSOV und G. B. SVENSSON: *Palladium Schottky barrier contacts to hydrothermally grown n-ZnO and shallow electron states*. Applied Physics Letters, 85(12):2259–2261, 2004.

[GHW10]   GUPTA, A., S. HARTNER und H. WIGGERS: *Optical and electrical properties of silicon nanoparticles*. 3rd International Nanoelectronics Conference (INEC), Seiten 616–617, 2010.

[GKWW10]   GUPTA, A., S. G. A. KHALIL, M. WINTERER und H. WIGGERS: *Stable colloidal dispersions of silicon nanoparticles for the fabrication of films using inkjet printing technology*. 3rd International Nanoelectronics Conference (INEC), Seiten 1018–1019, 2010.

[GWKR05]   GIESEN, B., H. WIGGERS, A. KOWALIK und P. ROTH: *Formation of Si-nanoparticles in a microwave reactor: Comparison between experiments and modelling*. Journal of Nanoparticle Research, 7(1):29–41, 2005.

[Hal06]   HALIK, M.: *Gate Dielectrics*. In: KLAUK, H. (Herausgeber): *Organic electronics: Materials, manufacturing and applications*, Seiten 132–162. Wiley-VCH, 2006.

[HBT95]   HUEBNER, H. K., G. T. BYROM und A. E. THORNTON: *The finite element method for engineers*. Wiley, New York, USA, 3. Auflage, 1995.

[HEK05]   HARTUNG, J., B. ELPELT und K. H. KLÖSENER: *Statistik: Lehr- und Handbuch der angewandten Statistik*. Oldenbourg, München, 14. Auflage, 2005.

[HG92]   HILLERINGMANN, U. und K. GOSER: *Stacked CMOS circuits integrated in laser-recrystallized silicon films*. Microelectronics Reliability, 32(7):941–944, 1992.

[HHG98]   HORSTMANN, J. T., U. HILLERINGMANN und K. F. GOSER: *Matching Analysis of Deposition Defined 50 nm MOSFET's*. IEEE Transactions on Electron Devices, 45(1):299–306, 1998.

[HHH04]   HELLERICH, W., G. HARSCH und S. HAENLE: *Werkstoff-Führer Kunststoffe: Eigenschaften, Prüfungen, Kennwerte*. Hanser Verlag, München, Deutschland, 9. Auflage, 2004.

[HHK99]   HOFMEISTER, H., F. HUISKEN und B. KOHN: *Lattice contraction in nanosized silicon particles produced by laser pyrolysis of silane*. The European Physical Journal D - Atomic, Molecular, Optical and Plasma Physics, 9(1):137–140, 1999.

[HHK⁺00] HUISKEN, F., H. HOFMEISTER, B. KOHN, A. M. LAGUNA und V. PAIL-LARD: *Laser production and deposition of light-emitting silicon nanoparticles*. Applied Surface Science, 154-155:305–313, 2000.

[Hil88] HILLERINGMANN, U.: *Laserrekristallisation von Silizium: Integration von CMOS-Schaltungen auf isolierendem Substrat*. Fortschrittberichte VDI : Reihe 9, Elektronik, Mikro- und Nanotechnik. VDI-Verlag, Düsseldorf, Deutschland, 1988.

[Hil04] HILLERINGMANN, U.: *Silizium-Halbleitertechnologie*. B.G. Teubner, Stuttgart, Deutschland, 4. Auflage, 2004.

[HKBG02] HAUSMANN, M. D., E. KIM, J. BECKER und G. R. GORDON: *Atomic Layer Deposition of Hafnium and Zirconium Oxides Using Metal Amide Precursors*. Chemistry of Materials, 14(10):4350–4358, 2002.

[HKD98] HOFMEISTER, H., P. KÖDDERITZSCH und J. DUTTA: *Structure of nanometersized silicon particles prepared by various gas phase processes*. Journal of Non-Crystalline Solids, 232-234:182–187, 1998.

[HKZ⁺02] HALIK, M., H. KLAUK, U. ZSCHIESCHANG, U. SCHMID, W. RADLIK und W. WEBER: *Polymer Gate Dielectrics and Conducting-Polymer Contacts for High-Performance Organic Thin-Film Transistors*. Advanced Materials, 14(23):1717–1722, 2002.

[HNT⁺03] HOSSAIN, M. F., J. NISHII, S. TAKAGI, A. OHTOMO, T. FUKUMURA, H. FUJIOKA, H. OHNO, H. KOINUMA und M. KAWASAKI: *Modeling and simulation of polycrystalline ZnO thin-film transistors*. Journal of Applied Physics, 94(12):7768–7777, 2003.

[Hof06] HOFFMANN, K.: *Systemintegration: Vom Transistor zur großintegrierten Schaltung*. Oldenbourg, München, Deutschland, 2. Auflage, 2006.

[Hor99] HORSTMANN, J. T.: *MOS-Technologie im Sub-100 nm-Bereich*. Fortschrittberichte VDI : Reihe 9, Elektronik. VDI Verlag, Düsseldorf, Deutschland, 1999.

[HOS06] HIRASAWA, M., T. ORII und T. SETO: *Size-dependent crystallization of Si nanoparticles*. Applied Physics Letters, 88(9):093119–3, 2006.

[HQJ10] HU, Y., Q. QI und C. JIANG: *Influence of different dielectrics on the first layer grain sizes and its effect on the mobility of pentacene-based thin-film transistors*. Applied Physics Letters, 96(13):133311–133313, 2010.

[HVH00] HILLERINGMANN, U., T. VIEREGGE und J. T. HORSTMANN: *A Structure Definition Technique for 25 nm Lines of Silicon and Related Materials*. Microelectronic Engineering, 53:569–573, 2000.

[HXY06] HUANG, G., Z. XI und D. YANG: *Crystallization of amorphous silicon thin films: The effect of rapid thermal processing pretreatment*. Vacuum, 80(5):415–420, 2006.

[HZGB09]   HARTING, M., J. ZHANG, R. D. GAMOTA und D. T. BRITTON: *Fully printed silicon field effect transistors.* Applied Physics Letters, 94(19):193509–3, 2009.

[IEE08]   IEEE (INSTITUTE OF ELECTRICAL AND ELECTRONICS ENGINEERS): *IEEE Standard for Test Methods for the Characterization of Organic Transistors and Materials.* IEEE Std 1620-2008, Seiten 1–14, 2008.

[IHKM91]   ITOH, M., M. HORI, H. KOMANO und I. MORI: *A study of radiation damage in SiN and SiC mask membranes.* Journal of Vacuum Science & Technology B: Microelectronics and Nanometer Structures, 9(6):3262–3265, 1991.

[Int04]   INTEGRATED SYSTEMS ENGINEERING AG: *Benutzerhandbuch ISE TCAD Release 10.0.* Zürich, Schweiz, 2004.

[Int09]   INTEL CORPORATION: *White Paper "Introduction to Intel's 32nm Process Technology",* 2009.

[IPG⁺05]   ISCHENKO, V., S. POLARZ, D. GROTE, V. STAVARACHE, K. FINK und M. DRIESS: *Zinc Oxide Nanoparticles with Defects.* Advanced Functional Materials, 15(12):1945–1954, 2005.

[ITR09]   ITRS: *International Technology Roadmap for Semiconductors: Lithography,* 2009.

[ITY⁺06]   IP, K., T. G. THALER, H. YANG, S.Y. HAN, Y. LI, P. D. NORTON, J. S. PEARTON, S. JANG und F. REN: *Contacts to ZnO.* Journal of Crystal Growth, 287(1):149–156, 2006.

[Jag06]   JAGADISH, C.: *Zinc oxide bulk, thin films and nanostructures: Processing, properties and applications.* Elsevier, Amsterdam, Niederlande, 2006.

[JPCK09]   JUN, H., B. PARK, K. CHO und S. KIM: *Flexible TFTs based on solution-processed ZnO nanoparticles.* Nanotechnology, 20(50):505201, 2009.

[JZG84]   JACOBI, K., G. ZWICKER und A. GUTMANN: *Work function, electron affinity and band bending of zinc oxide surfaces.* Surface Science, 141(1):109–125, 1984.

[Kag03]   KAGAN, R. C.: *Thin-film transistors.* Dekker, New York, USA, 2003.

[Kas06]   KASAP, O. S.: *Springer handbook of electronic and photonic materials.* Springer, New York, NY, 2006.

[KBK⁺04]   KIM, H., W. J. BAE, K. K. KIM, S. J. PARK, T. SEONG und I. ADESIDA: *Inductively-coupled-plasma reactive ion etching of ZnO using BCl3-based plasmas and effect of the plasma treatment on Ti/Au ohmic contacts to ZnO.* Thin Solid Films, 447-448:90–94, 2004.

[KG66]   KLEIN, N. und H. GAFNI: *The maximum dielectric strength of thin silicon oxide films: Electron Devices, IEEE Transactions on.* IEEE Transactions on Electron Devices, 13(2):281–289, 1966.

[KHZ+02] KLAUK, H., M. HALIK, U. ZSCHIESCHANG, G. SCHMID, W. RADLIK und W. WEBER: *High-mobility polymer gate dielectric pentacene thin film transistors*. Journal of Applied Physics, 92(9):5259–5263, 2002.

[Kit05] KITTEL, C.: *Introduction to solid state physics*. Wiley, Hoboken, USA, 8. Auflage, 2005.

[KJK+02a] KIM, S. Y., H. W. JANG, J. K. KIM, C. M. JEON, W. I. PARK, G. YI und J. LEE: *Low-resistance Ti/Al ohmic contact on undoped ZnO*. Journal of Electronic Materials, 31(8):868–871, 2002.

[KJK+02b] KLEINWECHTER, H., C. JANZEN, J. KNIPPING, H. WIGGERS und P. ROTH: *Formation and properties of ZnO nano-particles from gas phase synthesis processes*. Journal of materials science, 37(20):4349–4360, 2002.

[KK09] KIM, Y. und S. KANG: *Aluminum-doped ZnO nanorod array by thermal diffusion process*. Materials Letters, 63(12):1065–1067, 2009.

[KMR06] KÜPFMÜLLER, K., W. MATHIS und A. REIBIGER: *Theoretische Elektrotechnik: Eine Einführung*. Springer Verlag, Berlin, Heidelberg, Deutschland, 17. Auflage, 2006.

[KMR07] KLAMPAFTIS, E., R. K. MCINTOSH und S. B. RICHARDS: *Degradation of an Undiffused Si-SiO$_2$ Interface due to Humidity*. 22nd European Photovoltaic Solar Energy Conference, Seiten 889–892, 2007.

[Köh99] KÖHLER, M.: *Etching in Microsystem Technology*. Wiley-VCH Verlag, Weinheim, Deutschland, 1999.

[KPL+95] KRETZ, T., P. PRIBAT, F. LEGAGNEUX, O. PLAIS, R. HUET und D. BISARO: *Kinetics of Crystallization of Amorphous and Mixed-Phase Silicon Films Deposited by Pyrolysis of Disilane Gas at Very Low Pressure*. Japanese Journal of Applied Physics, 34:L660–L663, 1995.

[Kra26] KRAMERS, A. H.: *Wellenmechanik und halbzahlige Quantisierung*. Zeitschrift für Physik: A Hadrons and Nuclei, 39(10):828–840, 1926.

[KSA89] KANG, S. J., K. D. SCHRODER und R. A. ALVAREZ: *Effective and field-effect mobilities in Si MOSFETs*. Solid-State Electronics, 32(8):679–681, 1989.

[KWR+04] KNIPPING, J., H. WIGGERS, B. RELLINGHAUS, P. ROTHA, D. KONJHODZIC und C. MEIER: *Synthesis of high purity silicon nanoparticles in a low pressure microwave reactor*. Journal of Nanoscience and Nanotechnology, 4(8):1039–1044, 2004.

[KYS+07] KANETO, K., M. YANO, M. SHIBAO, T. MORITA und W. TAKASHIMA: *Ambipolar Field-Effect Transistors Based on Poly(3-hexylthiophene)/Fullerene Derivative Bilayer Films*. Japanese Journal of Applied Physics, 46(4A):1736, 2007.

[LBP+94]   LIU, I. H., K. D. BIEGELSEN, A. F. PONCE, M. N. JOHNSON und F. W. R. PEASE: *Self-limiting oxidation for fabricating sub-5 nm silicon nanowires.* Applied Physics Letters, 64(11):1383–1385, 1994.

[LCH+07]   LEE, H. S., J. D. CHOO, H. S. HAN, H. J. KIM, R. Y. SON und J. JANG: *High performance organic thin-film transistors with photopatterned gate dielectric.* Applied Physics Letters, 90(3):033502–033503, 2007.

[LFJ01]   LIN, B., Z. FU und Y. JIA: *Green luminescent center in undoped zinc oxide films deposited on silicon substrates.* Applied Physics Letters, 79(7):943–945, 2001.

[LGH01]   LEDOUX, G., J. GONG und F. HUISKEN: *Effect of passivation and aging on the photoluminescence of silicon nanocrystals.* Applied Physics Letters, 79(24):4028–4030, 2001.

[LGP+00]   LEDOUX, G., O. GUILLOIS, D. PORTERAT, C. REYNAUD, F. HUISKEN, B. KOHN und V. PAILLARD: *Photoluminescence properties of silicon nanocrystals as a function of their size.* Physical Review B, 62(23):15942, 2000.

[Lid09]   LIDE, R. D.: *CRC Handbook of Chemistry and Physics: A Ready-reference Book of Chemical and Physical Data.* CRC Press, Boca Raton, USA, 90. Auflage, 2009.

[LJJ+08]   LEE, S., Y. JEONG, S. JEONG, J. LEE, M. JEON und J. MOON: *Solution-processed ZnO nanoparticle-based semiconductor oxide thin-film transistors.* Superlattices and Microstructures, 44(6):761–769, 2008.

[LJK+07]   LEE, S., S. JEONG, D. KIM, K.B. PARK und J. MOON: *Fabrication of a solution-processed thin-film transistor using zinc oxide nanoparticles and zinc acetate.* Superlattices and Microstructures, 42(1-6):361–368, 2007.

[LKK+07]   LIM, C. S., H. S. KIM, B. J. KOO, H. J. LEE, H. C. KU, S. Y. YANG und T. ZYUNG: *Hysteresis of pentacene thin-film transistors and inverters with cross-linked poly(4-vinylphenol) gate dielectrics.* Applied Physics Letters, 90(17):173512–173513, 2007.

[LKL+05]   LIM, C. S., H. S. KIM, H. J. LEE, Y. H. YU, . PARK, D. KIM und T. ZYUNG: *Organic thin-film transistors on plastic substrates.* Materials Science and Engineering B, 121(3):211–215, 2005.

[LM70]   LAMPERT, A. M. und P. MARK: *Current injection in solids.* Electrical science. Academic Press, New York, USA, 1970.

[LS06]   LARSON, M. J. und P. J. SNYDER: *Overview and status of metal S/D Schottky-barrier MOSFET technology.* IEEE Transactions on Electron Devices, 53(5):1048–1058, 2006.

[LSH03]   LIU, Q., T. SAKURAI und T. HIRAMOTO: *Optimum Device Consideration for Standby Power Reduction Scheme Using Drain-Induced Barrier Lowering.* Japanese Journal of Applied Physics, 42(Part 1, No. 4B):2171, 2003.

[LSP⁺08]   LECHNER, R., R. A. STEGNER, N. R. PEREIRA, R. DIETMUELLER, S. M. BRANDT, A. EBBERS, M. TROCHA, WIGGERS und STUTZMANN M. H.: *Electronic properties of doped silicon nanocrystal films*. Journal of Applied Physics, 104(5):053701–053707, 2008.

[LSZ97]   LAGALY, G., O. SCHULZ und R. R. ZIMEHL: *Dispersionen und Emulsionen: Eine Einführung in die Kolloidik feinverteilter Stoffe einschließlich der Tonminerale*. Steinkopff Verlag, Darmstadt, Deutschland, 1997.

[LXL04]   LIUFU, S., H. XIAO und Y. LI: *Investigation of PEG adsorption on the surface of zinc oxide nanoparticles*. Powder Technology, 145(1):20–24, 2004.

[Mac06]   MACDONALD, A. W.: *Advanced Flexible Polymersic Substrates*. In: KLAUK, HAGEN (Herausgeber): *Organic electronics: Materials, manufacturing and applications*, Seiten 163–179. Wiley-VCH, 2006.

[Mae95]   MAEX, K.: *Properties of metal silicides*. IEE, London, United Kingdom, 1995.

[Mau10]   MAURER, J.: *Gedruckte Elektronik - Deutschlands feine Nische*. Handelsblatt (online: http://www.handelsblatt.com), 24.05.2010.

[MBNH10]   MECHAU, N., S. BUBEL, D. NIKOLOVA und H. HAHN: *Influence of stabilizers in ZnO nano-dispersions on the performance of solution-processed FETs*. physica status solidi (a), 207(7):1684–1688, 2010.

[Mer08]   MERCK SCHUCHARDT OHG: *Sicherheitsdatenblatt Aluminiumtrichlorid ($AlCl_3$)*. Hohenbrunn, Deutschland, 2008.

[MG02]   MÜLLER, G. und C. GROTH: *FEM für Praktiker - Band 1: Grundlagen*. Expert-Verlag, Renningen, Deutschland, 7. Auflage, 2002.

[Mic05]   MICROCHEMICALS GMBH: *Anwendungshinweis "Prozessierung von Umkehrlacken: Symptome, Diagnose und Abhilfe"*. Ulm, Deutschland, 2005.

[Mic06]   MICHAELI, W.: *Einführung in die Kunststoffverarbeitung*. Hanser Verlag, München, Deutschland, 5. Auflage, 2006.

[Mic07a]   MICROCHEMICALS GMBH: *Anwendungshinweis "Entwickeln von Fotolack"*. Ulm, Deutschland, 2007.

[Mic07b]   MICROCHEMICALS GMBH: *Anwendungshinweis "Lithografie Trouble-Shooter"*. Ulm, Deutschland, 2007.

[MO09]   MORKOÇ, H. und Ü. ÖZGÜR: *Zinc oxide: Fundamentals, materials and device technology*. Wiley-VCH, Weinheim, Deutschland, 2009.

[Mor81]   MORRISON, R. S.: *Semiconductor gas sensors*. Sensors and Actuators, 2:329–341, 1981.

[Mot38]   MOTT, F. N.: *Note on the contact between a metal and an insulator or semiconductor*. Mathematical Proceedings of the Cambridge Philosophical Society, 34(04):568–572, 1938.

[MPC$^+$09] MAENG, J., W. PARK, M. CHOE, G. JO, H. Y. KAHNG und T. LEE: *Transient drain current characteristics of ZnO nanowire field effect transistors.* Applied Physics Letters, 95(12):123101–123103, 2009.

[NA96] NÜTZEL, F. J. und G. ABSTREITER: *Segregation and diffusion on semiconductor surfaces.* Physical Review B, 53(20):13551, 1996.

[Nag71] NAGAO, M.: *Physisorption of water on zinc oxide surface.* The Journal of Physical Chemistry, 75(25):3822–3828, 1971.

[Nal02] NALWA, S. H.: *Nanomaterials and magnetic thin films*, Band 5 der Reihe *Handbook of thin film materials.* Academic Press, San Diego, USA, 2002.

[NCS$^+$03] NANDI, S., S. CHATTERJEE, S. SAMANTA, P. BOSE und C. MAITI: *Electrical characterization of low temperature deposited oxide films on ZnO/n-Si substrate.* Bulletin of Materials Science, 26(7):693–697, 2003.

[ND00] NISHI, Y. und R. DOERING: *Handbook Of Semiconductor Manufacturing Technology.* Marcel Dekker, Inc., New York, USA, 2000.

[NHO78] NAKASHITA, T., M. HIROSE und Y. OSAKA: *Localized States in Amorphous and Polycrystallized Si.* Japanese Journal of Applied Physics, 17(6):985, 1978.

[NNM$^+$08] NEDEV, N., D. NESHEVA, E. MANOLOV, R. BRUGGEMANN, S. MEIER und Z. LEVI: *Memory effect in MOS structures containing amorphous or crystalline silicon nanoparticles.* 26th International Conference on Microelectronics (MIEL), Seiten 117–120, 2008.

[NW00] NAST, O. und R. S. WENHAM: *Elucidation of the layer exchange mechanism in the formation of polycrystalline silicon by aluminum-induced crystallization.* Journal of Applied Physics, 88(1):124–132, 2000.

[NYAY07] NAKANOTANI, H., M. YAHIRO, C. ADACHI und K. YANO: *Ambipolar field-effect transistor based on organic-inorganic hybrid structure.* Applied Physics Letters, 90(26):262104–3, 2007.

[OHM10] ÖZGÜR, ÜMIT, D. HOFSTETTER und H. MORKOC: *ZnO Devices and Applications: A Review of Current Status and Future Prospects: Proceedings of the IEEE.* Proceedings of the IEEE, 98(7):1255–1268, 2010.

[OMNH08] OKAMURA, K., N. MECHAU, D. NIKOLOVA und H. HAHN: *Influence of interface roughness on the performance of nanoparticulate zinc oxide field-effect transistors.* Applied Physics Letters, 93(8):083105–1 – 3, 2008.

[O'N06] O'NEIL, J. M.: *The Merck index: An encyclopedia of chemicals, drugs, and biologicals.* Merck, Whitehouse Station, USA, 14. Auflage, 2006.

[ONMH09] OKAMURA, K., D. NIKOLOVA, N. MECHAU und H. HAHN: *Appropriate choice of channel ratio in thin-film transistors for the exact determination of field-effect mobility.* Applied Physics Letters, 94(18):183503–3, 2009.

[OOSS06]   OHTAKE, T., K. OHKAWA, N. SONOYAMA und T. SAKATA: *A novel synthesis of Zn_2SiO_4 thin film on n-type ZnO semiconductor electrode and its electrochemical luminescence under the anodic polarization.* Journal of Alloys and Compounds, 421(1-2):163–165, 2006.

[Pan06]   PANNEMANN, C.: *Prozesstechnik für organische Feldeffekt-Transistoren: Kontakte, Dielektrika und Oberflächenpassivierungen.* Dissertation, Universität Paderborn, 2006.

[PBD⁺99]   PAUTHE, M., E. BERNSTEIN, J. DUMAS, L. SAVIOT, A. PRADEL und M. A. RIBES: *Preparation and characterisation of Si nanocrystallites embedded in a silica matrix.* Journal of Materials Chemistry, 9(1):187–191, 1999.

[PDH⁺07]   PANNEMANN, C., T. DIEKMANN, U. HILLERINGMANN, U. SCHURMANN, M. SCHARNBERG, V. ZAPOROJTCHENKO, R. ADELUNG und F. FAUPEL: *PTFE encapsulation for pentacene based organic thin film transistors.* Materials science, 25(1):95–101, 2007.

[Pfl86]   PFLEIDERER, H.: *Elementary ambipolar field-effect transistor model.* IEEE Transactions on Electron Devices, 33(1):145–147, 1986.

[PK08]   PARK, H. J. und E. KIM: *Effect of electric-field-assisted thermal annealing of poly(4-vinylphenol) film on its dielectric constant.* Applied Physics Letters, 92(10):103311–103313, 2008.

[PL93]   PEURRUNG, M. und GRAVES D. B. L.: *Spin Coating Over Topography.* IEEE Transactions on Semiconductor Manufacturing, 6(1):72–76, 1993.

[Pla09]   PLAN OPTIK AG: *Produktinformation Borosilikatglas-Wafer.* Elsoff, Deutschland, 2009.

[PMCK07]   PI, D. X., L. MANGOLINI, A. S. CAMPBELL und U. KORTSHAGEN: *Room-temperature atmospheric oxidation of Si nanocrystals after HF etching.* Physical Review B, 75(8):085423–085425, 2007.

[PNI⁺03]   PEARTON, J. S., P. D. NORTON, K. IP, W. Y. HEO und T. STEINER: *Recent progress in processing and properties of ZnO.* Superlattices and Microstructures, 34(1-2):3–32, 2003.

[PSG06]   POP, E., S. SINHA und E. K. GOODSON: *Heat Generation and Transport in Nanometer-Scale Transistors.* Proceedings of the IEEE, 94(8):1587–1601, 2006.

[PSK⁺03]   POLYAKOV, A. Y., N.B. SMIRNOV, E. A. KOZHUKHOVA, V. I. VDOVIN, K. IP, Y. W. HEO, D. P. NORTON und S. J. PEARTON: *Electrical characteristics of Au and Ag Schottky contacts on n-ZnO.* Applied Physics Letters, 83(8):1575–1577, 2003.

[RAA⁺07]   REINDL, A., S. ALDABERGENOVA, E. ALTIN, G. FRANK und W. PEUKERT: *Dispersing silicon nanoparticles a stirred media mill-investigating the evolution of morphology, structure and oxide formation.* physica status solidi (a), 204(7):2329–2338, 2007.

[RC97]   RAI-CHOUDHURY, P.: *Handbook of Microlithography, Micromachining and Microfabrication*, Band 1.   SPIE Optical Engineering Press, Bellingham, USA, 1997.

[Red62]   REDHEAD, A. P.: *Thermal desorption of gases.*   Vacuum, 12(4):203–211, 1962.

[RFPB05]   ROURA, P., J. FARJAS, A. PINYOL und E. R. BERTRAN: *The crystallization temperature of silicon nanoparticles.* Nanotechnology, 18:175705, 2005.

[RKS02]   RANJAN, V., M. KAPOOR und V. A. SINGH: *The band gap in silicon nanocrystallites.* Journal of Physics: Condensed Matter, 14(26):6647, 2002.

[RLW03]   RYU, R. Y., S. T. LEE und W. H. WHITE: *Properties of arsenic-doped p-type ZnO grown by hybrid beam deposition.* Applied Physics Letters, 83(1):87–89, 2003.

[RM91]   RUGE, I. und H. MADER: *Halbleiter-Technologie.*   Springer-Verlag, Heidelberg, Deutschland, 3. Auflage, 1991.

[RPCV⁺01]   RODRÍGUEZ-PAÉZ, E. J., C. A. CABALLERO, M. VILLEGAS, C. MOURE, P. DURÁN und F. J. FERNÁNDEZ: *Controlled precipitation methods: formation mechanism of ZnO nanoparticles.* Journal of the European Ceramic Society, 21(7):925–930, 2001.

[RTM⁺05]   RAFIQ, A., Y. TSUCHIYA, H. MIZUTA, S. ODA, U. SHIGEYASU, Z. A. K. DURRANI und W. I. M. MILNE: *Charge injection and trapping in silicon nanocrystals.* Applied Physics Letters, 87(18):182101-1–3, 2005.

[RVG⁺08]   REINDL, A., A. VORONOV, K. P. GORLE, M. RAUSCHER, A. ROOSEN und W. PEUKERT: *Dispersing and stabilizing silicon nanoparticles in a lowepsilon medium.* Colloids and Surfaces A: Physicochemical and Engineering Aspects, 320(1-3):183–188, 2008.

[RYSS04]   RAGHU, P., C. YIM, F. SHADMAN und E. SHERO: *Susceptibility of SiO_2, ZrO_2 and HfO_2 dielectrics to moisture contamination.*   AIChE Journal, 50(8):1881–1888, 2004.

[SAr82]   SHATZKES, M. und M. AV-RON: *Determination of breakdown rates and defect densities in SiO_2.* Thin Solid Films, 91(3):217–230, 1982.

[SAW04]   SHUKLA, N., J. AHNER und D. WELLER: *Dip-coating of FePt nanoparticle films: surfactant effects: Proceedings of the International Conference on Magnetism (ICM 2003).* Journal of Magnetism and Magnetic Materials, 272-276(1):E1349–E1351, 2004.

[SC04]   SABIONI, S. und A. CLARET: *About the oxygen diffusion mechanism in ZnO.* Solid State Ionics, 170(1-2):145–148, 2004.

[Sch38]   SCHOTTKY, W.: *Halbleitertheorie der Sperrschicht.* Naturwissenschaften, 26:843, 1938.

[Sch05]   SCHMID, G.: *Nanoparticles: From theory to application*. Wiley-VCH, Weinheim, Deutschland, 1. Auflage, 2005.

[Sch06]   SCHRODER, K. D.: *Semiconductor material and device characterization*. Wiley Interscience, New York, USA, 3. Auflage, 2006.

[Sch09a]   SCHOTT TECHNICAL GLASS SOLUTIONS GMBH: *Produktfinformation AF 45™ Dünnglas*. Jena, Deutschland, 2009.

[Sch09b]   SCHOTT TECHNICAL GLASS SOLUTIONS GMBH: *Produktinformation AF 32™ Dünnglas*. Jena, Deutschland, 2009.

[Sch09c]   SCHOTT TECHNICAL GLASS SOLUTIONS GMBH: *Produktinformation Borofloat® 33*. Jena, Deutschland, 2009.

[SCR⁺93]   SEESE, P. A., K. D. CUMMINGS, D. J. RESNICK, A. W. YANOF, W. A. JOHNSON, G. M. WELLS und J. P. WALLACE: *Accelerated radiation damage testing of x-ray mask membrane materials: Electron-Beam, X-Ray, and Ion-Beam Submicrometer Lithographies for Manufacturing III*. 1924, 1993.

[SDB⁺07]   SONG, H. S., Y. DING, A. BAPAT, U. KORTSHAGEN und S. A. CAMPBELL: *N-channel Single Crystal Si Nanoparticle Schottky Barrier Transistor*. NSTI Nanotech, Nanotechnology Conference and Trade Show, Seiten 201–204, 2007.

[SFC⁺05]   SUBRAMANIAN, V., M. J. J. FRECHET, C. P. CHANG, C. D. HUANG, B. J. LEE, E. S. MOLESA, R. A. MURPHY, R. D. REDINGER und K. S. VOLKMAN: *Progress Toward Development of All-Printed RFID Tags: Materials, Processes, and Devices*. Proceedings of the IEEE, 93(7):1330–1338, 2005.

[SHKL08]   SONG, S., W. HONG, S. KWON und T. LEE: *Passivation effects on ZnO nanowire field effect transistors under oxygen, ambient, and vacuum environments*. Applied Physics Letters, 92(26):263109–3, 2008.

[Sho52]   SHOCKLEY, W.: *A Unipolar "Field-Effect" Transistor*. Proceedings of the IRE, 40(11):1365–1376, 1952.

[Sig09]   SIGMA-ALDRICH CHEMIE GMBH: *Sicherheitsdatenblatt Propylenglycol*. Steinheim, Deutschland, 2009.

[SJ75]   SETO, Y. und W. JOHN: *The electrical properties of polycrystalline silicon films*. Journal of Applied Physics, 46(12):5247–5254, 1975.

[SKC04]   SHEN, Z., U. KORTSHAGEN und S. A. CAMPBELL: *Electrical characterization of amorphous silicon nanoparticles*. Journal of Applied Physics, 96(4):2204–2209, 2004.

[SN07]   SZE, M. S. und K. K. NG: *Physics of semiconductor devices*. John Wiley & Sons, Hoboken, USA, 3. Auflage, 2007.

[SPK+08]   STEGNER, R. A., N. R. PEREIRA, K. KLEIN, R. LECHNER, R. DIETMUEL-LER, S. M. BRANDT, M. STUTZMANN und H. WIGGERS: *Electronic Transport in Phosphorus-Doped Silicon Nanocrystal Networks*. Physical Review Letters, 100(2):026803–026804, 2008.

[SPSM07]   SUN, B., L. R. PETERSON, H. SIRRINGHAUS und K. MORI: *Low-Temperature Sintering of In-Plane Self-Assembled ZnO Nanorods for Solution-Processed High-Performance Thin Film Transistors*. The Journal of Physical Chemistry C, 111(51):18831–18835, 2007.

[SPW94]   ST-PIERRE, J. und A. A. WRAGG: *Properties of the system H_2O—NaOH—ZnO part I: Density, velocity and boiling point*. Hydrometallurgy, 35(2):161–177, 1994.

[SR07]   SUN, Y. und J. A. ROGERS: *Inorganic Semiconductors for Flexible Electronics*. Advanced Materials, 19(15):1897–1916, 2007.

[SS72]   SPEARS, D. L. und H. I. SMITH: *High-Resolution Pattern Replication Using Soft X-Rays*. Electronics Letters, 8(4), 1972.

[SS05]   SUN, B. und H. SIRRINGHAUS: *Solution-processed zinc oxide field-effect transistors based on self-assembly of colloidal nanorods*. Nano letters, 5(12):2408–2413, 2005.

[SS06]   SUN, B. und H. SIRRINGHAUS: *Surface Tension and Fluid Flow Driven Self-Assembly of Ordered ZnO Nanorod Films for High-Performance Field Effect Transistors*. Journal of the American Chemical Society, 128(50):16231–16237, 2006.

[SSW+09]   SULESKI, T. J., W. V. SCHOENFELD, J. J. WANG, S. H. AHN und L. J. GUO: *High-speed roll-to-roll nanoimprint lithography on flexible substrate and mold-separation analysis: Advanced Fabrication Technologies for Micro/Nano Optics and Photonics II*. Proceedings of the SPIE, 7205:72050U–72050U–10, 2009.

[Ste04]   STEEN, E. VAN: *Recent advances in the science and technology of zeolites and related materials: Proceedings of the 14th International Zeolite Conference, Cape Town, South Africa, 25-30th April 2004*. Elsevier, Amsterdam, 1. Auflage, 2004.

[Sti08]   STIGLER, S.: *Fisher and the 5% level*. CHANCE, 21(4):12, 2008.

[STW+08]   SCHIERNING, G., R. THEISSMANN, H. WIGGERS, D. SUDFELD, A. EBBERS, D. FRANKE, V. T. WITUSIEWICZ und M. APEL: *Microcrystalline silicon formation by silicon nanoparticles*. Journal of Applied Physics, 103(8):084305, 2008.

[SV70]   SMITH, M. J. und E. W. VEHSE: *ESR of electron irradiated ZnO confirmation of the F+ center*. Physics Letters A, 31(3):147–148, 1970.

[SW65]   SHAPIRO, S. S. und B. M. WILK: *An analysis of variance test for normality (complete samples)*. Biometrika, 52(3-4):591–611, 1965.

[SWB89]   SILVERTHORNE, V. S., W. C. WATSON und D. R. BAXTER: *Characterization of a humidity sensor that incorporates a cmos capacitance measuring circuit*. Sensors and Actuators, 19(4):371–383, 1989.

[Syn09]   SYNFLEX ELEKTRO GMBH: *Datenblatt Teonex Q51 (PEN)*. Blomberg, Deutschland, 2009.

[SZA$^+$07]   SCHARNBERG, M., V. ZAPOROJTCHENKO, R. ADELUNG, F. FAUPEL, C. PANNEMANN, T. DIEKMANN und U. HILLERINGMANN: *Tuning the threshold voltage of organic field-effect transistors by an electret encapsulating layer*. Applied Physics Letters, 90(1):013501–013503, 2007.

[Sze81]   SZE, S. M.: *Physics of semiconductor devices*. John Wiley & Sons, Inc., New York, USA, 1981.

[Tho93]   THOMAS, L. E.: *Structure and properties of polymers*, Band 12 der Reihe *Materials Science and Technology*. VCH, Weinheim, 1993.

[TS88]   TARASEWICZ, W. S. und A. T. C. SALAMA: *Threshold voltage characteristics of ion-implanted depletion MOSFETs*. Solid-State Electronics, 31(9):1441–1446, 1988.

[TTIT94]   TAKAGI, S., A. TORIUMI, M. IWASE und H. TANGO: *On the universality of inversion layer mobility in Si MOSFET's: Part I-effects of substrate impurity concentration*. IEEE Transactions on Electron Devices, 41(12):2357–2362, 1994.

[TWC94]   TUCKER, R. J., C. WANG und S. P. CARNEY: *Silicon field-effect transistor based on quantum tunneling*. Applied Physics Letters, 65(5):618–620, 1994.

[UTA$^+$74]   UGAI, Y. A., L. Y. TVERDOKHLEBOVA, V. Z. ANOKHIN, N. I. LOSKUTOV und E. M. AVERBAKH: *Solid-phase reaction of aluminum films with silicon dioxide*. Inorganic Materials, Seiten 888–890, 1974.

[UTNK91]   UCHIDA, H., K. TAKECHI, S. NISHIDA und S. KANEKO: *High-Mobility and High-Stability a-Si:H Thin Film Transistors with Smooth SiNx/a-Si Interface*. Japanese Journal of Applied Physics, 30(Part 1, No. 12B):3691, 1991.

[VDM09]   VDMA (VEREIN DEUTSCHER MASCHINEN- UND ANLAGENBAU E.V.): *OE-A Roadmap for Organic and Printed Electronics*. Frankfurt am Main, Deutschland, 3 Auflage, 2009.

[VK91]   VOSSEN, J. L. und W. KERN (Herausgeber): *Thin Film Processes II*. Academic Press, London, United Kingdom, 1991.

[VMM$^+$05]   VOLKMAN, K. S., A. B. MATTIS, S. E. MOLESA, J. B. LEE, A. DE LA FUENTE VORNBROCK, T. BAKHISHEV und V. SUBRAMANIAN: *A novel transparent air-stable printable n-type semiconductor technology using ZnO nanoparticles*. 2004 International Electron Devices Meeting (IEEE Cat. No.04CH37602), 2005.

[VRR⁺95] VISWANATH, N. R., S. RAMASAMY, R. RAMAMOORTHY, P. JAYAVEL und T. NAGARAJAN: *Preparation and characterization of nanocrystalline ZnO based materials for varistor applications: Proceedings of the Second International Conference on Nanostructured Materials*. Nanostructured Materials, 6(5-8):993–996, 1995.

[VSH97] VOLLATH, D., V. D. SZABÓ und J. HAUELT: *Synthesis and properties of ceramic nanoparticles and nanocomposites*. Journal of the European Ceramic Society, 17(11):1317–1324, 1997.

[VWS⁺96] VANHEUSDEN, K., L. W. WARREN, H. C. SEAGER, R. D. TALLANT, A. J. VOIGT und E. B. GNADE: *Mechanisms behind green photoluminescence in ZnO phosphor powders*. Journal of Applied Physics, 79(10):7983–7990, 1996.

[WÖ08] WÖLL, C.: *Organic electronics: Structural and electronic properties of OFETs*. Wiley-VCH-Verlag, Weinheim, Deutschland, 2008.

[WA05] WASER, R. und J. APPENZELLER: *Nanoelectronics and information technology: Advanced electronic materials and novel devices*. Wiley-VCH, Weinheim, Deutschland, 2. Auflage, 2005.

[Wak04] WAKO CHEMICALS GMBH: *Sicherheitsdatenblatt NCW-1001*. Neuss, Deutschland, 2004.

[Wal08] WALTHER, S.: *Elektronische Bauelemente auf nanopartikulärer Basis (Fraunhofer Jahrestagung IISB 2008)*, 2008.

[WDH09] WOLFF, K., P. DOMBERT und U. HILLERINGMANN: *Elektrische Charakterisierung nanopartikulärer Silizium-Schichten für mikrosystemtechnische Anwendungen*. In: *Mikro-Nano-Integration (GMM-FB 60): Beiträge des 1. GMM-Workshops 12. - 13. März 2009 in Seeheim*. VDE-Verlag, 2009.

[WGW03] WILLIAMS, K. R., K. GUPTA und M. WASILIK: *Etch Rates for Micromachining Processing - Part II*. Journal of Microelectromechanical Systems, 12(6):761–778, 2003.

[WH10] WOLFF, K. und U. HILLERINGMANN: *Großflächige Integration von ZnO-Nanopartikel-Transistoren*. In: *Mikro-Nano-Integration (GMM-FB 63): Beiträge des 2. GMM-Workshops 3. - 4. März 2010 in Erfurt*, GMM-Fachbericht. VDE-Verlag, 2010.

[WK07] WU, B. und A. KUMAR: *Extreme ultraviolet lithography: A review*. Journal of Vacuum Science & Technology B: Microelectronics and Nanometer Structures, 25(6):1743–1761, 2007.

[WKL⁺04] WENCKSTERN, H., M. E. KAIDASHEV, M. LORENZ, H. HOCHMUTH, G. BIEHNE, J. LENZNER, V. GOTTSCHALCH, R. PICKENHAIN und

M. GRUNDMANN: *Lateral homogeneity of Schottky contacts on n-type ZnO*. Applied Physics Letters, 84(1):79–81, 2004.

[Wol06] WOLFF, K.: *Erzeugung von Nanostrukturen durch Kantenabscheidung*. Diplomarbeit (unveröffentlicht), Institut für Elektrotechnik und Informationstechnik, Fachgebiet Sensorik, Universität Paderborn, 2006.

[Won09] WONG, S. W.: *Flexible Electronics: Materials and Applications*. Electronic Materials : Science and Technology. Springer Verlag, New York, USA, 2009.

[WR00] WINSTEAD, B. und U. RAVAIOLI: *Simulation of Schottky barrier MOSFETs with a coupled quantum injection/Monte Carlo technique*. IEEE Transactions on Electron Devices, 47(6):1241–1246, 2000.

[WSR01] WIGGERS, H., R. STARKE und P. ROTH: *Silicon Particle Formation by Pyrolysis of Silane in a Hot Wall Gasphase Reactor*. Chemical Engineering & Technology, 24(3):261–264, 2001.

[WST99] WANG, C., P. J. SNYDER und R. J. TUCKER: *Sub-40 nm PtSi Schottky source/drain metal–oxide–semiconductor field-effect transistors*. Applied Physics Letters, 74(8):1174–1176, 1999.

[WWA01] WILK, D. G., M. R. WALLACE und M. J. ANTHONY: *High-κ gate dielectrics: Current status and materials properties considerations*. Journal of Applied Physics, 89(10):5243–5275, 2001.

[WWL$^+$96] WOHLFARTH, C., B. WOHLFARTH, D. M. LECHNER, H. LANDOLT, R. BÖRNSTEIN, W. MARTIENSSEN und O. MADELUNG: *Refractive indices of inorganic, organometallic and organononmetallic liquids and binary liquid mixtures*, Band a der Reihe *Optical constants*. Springer, Berlin, 1996.

[XGQ$^+$02] XU, X., C. GUO, Z. QI, H. LIU, J. XU, C. SHI, C. CHONG, W. HUANG, Y. ZHOU und C. XU: *Annealing effect for surface morphology and luminescence of ZnO film on silicon*. Chemical Physics Letters, 364(1-2):57–63, 2002.

[XWQ$^+$03] XU, X., P. WANG, Z. QI, XU J. H. MING, H. LIU, C. SHI, G. LU und W. GE: *Formation mechanism of Zn_2SiO_4 crystal and amorphous SiO_2 in ZnO/Si system*. Journal of Physics: Condensed Matter, 15(40):L607, 2003.

[YBK$^+$99] YANG, C., A. R. BLEY, M. S. KAUZLARICH, W. H. H. LEE und R. G. DELGADO: *Synthesis of Alkyl-Terminated Silicon Nanoclusters by a Solution Route*. Journal of the American Chemical Society, 121(22):5191–5195, 1999.

[YCHL08] YANG, F., K. CHANG, M. HSU und C. LIU: *High-performance poly(3-hexylthiophene) transistors with thermally cured and photo-cured PVP gate dielectrics*. Journal of Materials Chemistry, 18(48):5927–5932, 2008.

[YLPC07] YANG, M., T. LIANG, Y. PENG und Q. CHEN: *Synthesis and Characterization of a Nanocomplex of ZnO Nanoparticles Attached to Carbon Nanotubes*. Acta Physico-Chimica Sinica, 23(2):145–151, 2007.

[YSS07]   YAMASHITA, F., N. SHIBATA und T. SUZUKI: *Effect of pH and Hydrogen Peroxide on Ozonic Decomposition of NCW-1001*. Proceedings of European Congress of Chemical Engineering (ECCE-6), 2007.

[YYL08]   YOO, S. K., S. YANG und J. LEE: *Hydrogen Ion Sensing Using Schottky Contacted Silicon Nanowire FETs*. IEEE Transactions on Nanotechnology, 7(6):745–748, 2008.

[ZDZC09] ZHANG, Q., C. S. DANDENEAU, X. ZHOU und G. CAO: *ZnO Nanostructures for Dye-Sensitized Solar Cells*. Advanced Materials, 21(41):4087–4108, 2009.

[ZTZ05]   ZIENKIEWICZ, C. O., L. P. TAYLOR und Z. J. ZHU: *The Finite Element Method: Its basis and fundamentals*. Butterworth Heinemann, Oxford, United Kingdom, 2005.

[ZX94]   ZHAO, D. und P. XIAOREN: *Investigation of optical and electrical properties of ZnO ultrafine particle films prepared by direct current gas discharge activated reactive method*. Journal of Vacuum Science & Technology B, 12(5):2880–2883, 1994.